자동화설비산업기사
필기 기출문제

이학재 편저

일진사

머리말

우리나라의 산업 현장은 전통적인 뿌리 산업을 기반으로 꾸준히 성장해 왔습니다. 특히 제조업은 양적인 확장뿐 아니라 질적인 도약을 이루며 국가 경제를 견인해 왔습니다. 그러나 이러한 성장 과정에서 새로운 과제가 등장했습니다. 바로 소비자가 원하는 고품질의 제품을 적시에 생산할 수 있는 효율적인 시스템을 구축해 생산성을 획기적으로 높여야 한다는 점입니다.

이에 따라 산업 현장에서는 생산 설비의 첨단화와 시스템 자동화가 빠르게 이루어졌습니다. 산업이 고도화되고 기술이 정교해질수록 자동화설비 구축은 선택이 아닌 필수가 되었으며, 이 분야 전문 기술 인력의 역할과 책임 또한 점점 더 중요해지고 있습니다. 오늘날 자동화설비 분야는 기술 변화 속도를 따라잡고 전문 인력 수요에 부응해야 하는 시대적 요구에 직면해 있습니다.

이 책은 자동화설비산업기사 자격시험을 준비하는 수험생과 자동화설비 분야의 이론 및 실무를 체계적으로 익히고자 하는 학습자를 위해 집필되었습니다. 독자가 단기간에 효율적으로 실력을 쌓을 수 있도록 다음과 같은 특징으로 구성하였습니다.

첫째, 방대한 이론보다는 실전 중심의 문제풀이 방식으로 구성하여, 빠른 시간 안에 효과적으로 자격증을 준비할 수 있도록 하였습니다.
둘째, 최근 출제 경향을 반영하고, 과년도 문제를 접목하여 유사 문항을 반복 학습함으로써 문제의 흐름과 패턴을 자연스럽게 익히도록 하였습니다.
셋째, 각 문항의 핵심 해설을 요점식으로 정리해 이해하기 쉽게 구성하였으며, 필요한 부분에는 자세한 해설을 덧붙였습니다.
넷째, 난이도에 따라 도표와 그림을 보완하여 시각적으로 이해하기 쉽게 편집하였습니다.

이 책이 자동화설비산업기사 자격시험을 준비하는 여러분께 든든한 길잡이가 되기를 바랍니다. 끝으로, 집필 과정에서 많은 도움을 주신 전욱재 교수님과 도서출판 **일진사**의 모든 분들께 깊은 감사를 드립니다.

저자 씀

자동화설비산업기사 출제기준(필기)

직무분야	기계	중직무분야	기계장비설비·설치	자격종목	자동화설비산업기사	적용기간	2024.1.1. ~ 2026.12.31.
○ 직무내용 : 설비의 공정 자동화를 위해 기계·기구 메커니즘에 전기·전자 제어기술을 활용하여 효율적인 기계장치를 설치, 운용, 개선, 유지보수, 제어기 설계 등을 수행하는 직무이다.							
필기검정방법	객관식			문제수	60	시험시간	1시간 30분

필기 과목명	문제수	주요항목	세부항목	세세항목
자동제어	20	1. PLC제어특수모듈 프로그램 개발	1. 제어의 기초이론	1. 자동제어의 기본개념 2. 제어계의 전달함수 3. 주파수 응답
			2. PLC 특수 프로그래밍 준비	1. PLC 구성과 특성
			3. PLC 특수 프로그래밍	1. 모듈 간 인터페이스 2. 아날로그 프로그램 작성 3. PLC 프로그램 작성 4. 논리회로
			4. 시뮬레이션 및 수정보완	1. PLC 프로그램 디버깅 2. 데이터 통신 3. 통신 프로토콜
		2. HMI프로그램개발	1. HMI장치통합운용	1. HMI 2. SCADA
		3. 전기전자장치조립	1. 전기전자장치 조립	1. 전기전자 조립 공구와 장비 2. 전기전자 부품
			2. 전기전자장치 기능검사	1. 전류전압저항 측정
			3. 전기전자장치 안전성 검사	1. 전기전자장치 검사방법 2. 계측기기 유지보수
		4. 센서활용기술	1. 센서 선정	1. 센서의 종류와 특성
			2. 센서 회로 구성	1. 신호 변환, 전송, 처리, 출력
			3. 센서 신호	1. 센서 신호 측정방법
			4. 센서 관리	1. 센서 관리

차례

- 제1회 CBT 대비 실전문제 ·· 8
- 제2회 CBT 대비 실전문제 ·· 20
- 제3회 CBT 대비 실전문제 ·· 32
- 제4회 CBT 대비 실전문제 ·· 43
- 제5회 CBT 대비 실전문제 ·· 54
- 제6회 CBT 대비 실전문제 ·· 66
- 제7회 CBT 대비 실전문제 ·· 76
- 제8회 CBT 대비 실전문제 ·· 87
- 제9회 CBT 대비 실전문제 ·· 98
- 제10회 CBT 대비 실전문제 ·· 108
- 제11회 CBT 대비 실전문제 ·· 118
- 제12회 CBT 대비 실전문제 ·· 129
- 제13회 CBT 대비 실전문제 ·· 140
- 제14회 CBT 대비 실전문제 ·· 153
- 제15회 CBT 대비 실전문제 ·· 164
- 제16회 CBT 대비 실전문제 ·· 175
- 제17회 CBT 대비 실전문제 ·· 186
- 제18회 CBT 대비 실전문제 ·· 197
- 제19회 CBT 대비 실전문제 ·· 209
- 제20회 CBT 대비 실전문제 ·· 219

필기 과목명	문제수	주요항목	세부항목	세세항목
			5. 모터 제어	1. 제어방식 설계	1. 모터 구조와 특성
			2. 제어회로 구성	1. 모터 제어기
			3. 시험 운전	1. 제어기 간 상호 인터페이스
			4. 유지 보수	1. 모터 관리
기계요소설계	20	1. 체결요소설계	1. 요구기능 파악	1. 체결요소 기계적 특성
			2. 체결요소 선정	1. 체결요소
			3. 체결요소 설계	1. 체결요소 풀림방지 2. 체결요소 강도
		2. 조립도면작성	1. 부품규격 확인	1. 운동용 기계요소 2. 체결용 기계요소 3. 제어용 기계요소
			2. 도면 작성	1. 도면 양식 2. 투상법과 도형의 표시방법
		3. 조립도면해독	1. 부품도와 조립도 파악	1. 치수공차 및 기하공차 2. 표면 거칠기 및 열처리 기호 3. 가공기호
공유압	20	1. 공기압제어	1. 공기압제어 방식설계	1. 공기압 기초 2. 공기압 제어 3. 공기압축기 4. 공기압 밸브 5. 공기압 액추에이터 6. 공기압 기타 기기
			2. 공기압제어 회로구성	1. 공기압제어 회로기호 2. 공기압제어 회로
			3. 시험 운전	1. 공기압기기 관리
		2. 유압제어	1. 유압제어 방식 설계	1. 유압 기초 2. 유압 제어 3. 유압 펌프 4. 유압 밸브 5. 유압 액추에이터 6. 유압 기타 기기
			2. 유압제어 회로구성	1. 유압제어 회로기호 2. 유압제어 회로
			3. 시험 운전	1. 유압기기 관리

CBT 대비 실전문제

자동화설비산업기사

자동화설비 산업기사

제1회 CBT 대비 실전문제

1과목 자동 제어

1. 제어신호 흐름선도 용어 중에서 밖으로 향하는 가지만 가진 것은?
① 경로
② 출력마디
③ 입력마디
④ 혼합마디

해설
- 경로(path) : 동일한 진행 방향을 가진 연결 가지의 집합, 한 절을 두 번 거치면 안 된다.
- 출력 마디(out put node) : 들어오는 가지만 있고 밖으로 나가는 가지는 없는 마디를 말한다.
- 입력 마디(in put node) : 밖으로 나가는 가지만 있고 돌아오는 가지가 없는 절이다.

2. PLC 프로그램 로더의 주요 기능이 아닌 것은?
① 프로그램 입력
② 전원 안정화
③ 프로그램 모니터링
④ 프로그램 편집

해설 프로그램 로더
- 그래픽 로드 : 프로그램 작성용 전용 소프트웨어로, 프로그램의 입력, 수정, 편집, 모니터링의 구현
- 핸드 로더 : 니모닉 기호 프로그램의 입력, 수정, 편집, 모니터링 기능

3. 라플라스 변환의 특징이 아닌 것은?

① 시간 영역에서 해석을 쉽게 한다.
② 미분방정식을 선형 방정식화한다.
③ 주파수 영역에 대한 해석을 쉽게 한다.
④ 선형 시불변 미분방정식의 해를 구하는 데 사용할 수 있다.

해설 라플라스 변환 : 주파수 영역 해석법을 위한 필수적인 라플라스 변환법이 유용

4. 다음 중 연속회전용 유압모터가 아닌 것은?
① 제어모터
② 베인모터
③ 요동모터
④ 회전피스톤 모터

해설 유압 액추에이터
- 연속속적으로 회전하는 유압모터(기어모터, 베인모터, 회전피스톤 모터)
- 제한 운동(직선 왕복 운동)을 하는 진동 유압모터 또는 요동형 모터

5. 자동창고의 구성요소 중 다음 설명에 해당되는 것은?

"입고 스테이션(station)에서 컴퓨터로부터 입고 명령을 받아 물건을 일정한 선반 위에 적재하고, 또한 출고 명령을 받아 출고 스테이션에 하역하는 기능을 가지고 있다."

① 랙(rack)
② 컨베이어(conveyor)
③ 컨트롤러(controller)
④ 스태커 크레인(stacker crane)

정답 1. ③ 2. ② 3. ① 4. ③ 5. ④

해설 자동창고 시스템의 구성요소
- 스태커 크레인(S/C) : 저장 및 불출 기계 (S/R machine)
- 입출고 지점(I/O point)
- 컨베이어
- 지게차, 입출하 장비와 제어장치 및 컴퓨터

6. 퍼지 제어의 특징이 아닌 것은?
① 추론에 의한 인간의 판단에 가까운 제어가 가능하다.
② 많은 관측치를 입력하여 조작량을 얻어낼 수 있다.
③ PID와 같은 선형제어가 연산의 근본이다.
④ 외란에 강하다.

해설 퍼지 논리는 의미적으로 막연한 개념들을 취급하는 퍼지 집합론과 막연한 성질을 판단 및 전개할 수 있는 퍼지 측도로 구성한다. 퍼지 제어는 임의의 복잡한 비선형 시스템을 모델링한다.

7. 시간 함수 $V(t) = Ri(t) + L\frac{di}{dt}(t) + \frac{1}{C}\int i(t)dt$ 를 라플라스 함수로 변환한 식으로 옳은 것은?

① $V(s) = RI(s) + sLI(s) + \frac{1}{sC}I(s)$

② $V(s) = \frac{1}{R}I(s) + sLI(s) + \frac{1}{sC}I(s)$

③ $V(s) = RI(s) + \frac{1}{sL}I(s) + sCI(s)$

④ $V(s) = \frac{1}{R}I(s) + \frac{1}{sL}I(s) + sCI(s)$

해설 $V(s) = RI(s) + sLI(s) + \frac{1}{sC}I(s)$

8. 물체의 위치, 각도, 자세 등의 변위를 제어량으로 하는 제어 방식은?
① 서보제어
② 자동조정
③ 추종제어
④ 프로그램 제어

해설 제어량의 성질에 의한 분류
- 공정제어(process control)
  〈제어량〉 온도, 유량, 압력, 액위, 밀도, PH, 점도
- 서보기구
  〈제어량〉 물체의 위치, 방위, 자세
  〈용 도〉 비행기, 선박의 항법제어 시스템, 미사일 발사대의 자동위치제어 시스템, 자동조타장치, 추적용레이더, 공작기계, 자동평형기록계
- 자동조정 : 부하에 관계없이 출력을 일정하게 유지
  〈제어량〉 전압, 전류, 주파수, 회전속도
  〈용 도〉 정전압장치, 발전기의 조속기, 자동전원 조정장치

9. 유압밸브에서 온도가 변화하면 오일의 점도가 변화하여 유량이 변하게 된다. 이때 유량변화를 막기 위하여 열팽창률이 높은 금속봉을 이용하여 오리피스 개구 넓이를 작게 함으로써 유량변화를 보정하는 밸브는?
① 감압밸브
② 셔틀밸브
③ 스로틀 체크밸브
④ 압력 온도 보상형 유량조정밸브

해설 • 감압밸브 : 유압회로에서 어떤 부분 회로의 압력을 주회로의 압력보다 저압으로 해서 사용

정답 6. ③ 7. ① 8. ① 9. ④

- 스로틀 체크밸브 : 핸들을 조작하여 밸브 안의 스풀을 미소 유량으로 움직임으로써 대유량까지 조절하는 밸브이며, 한쪽 방향으로의 흐름을 제어하고 역방향의 흐름은 제어 불가
- 유량조절밸브(압력보상) : 입력보상 기구를 내장하고 있으므로 압력의 변동에 의하여 유량이 변동되지 않도록 회로에 흐르는 유량을 항상 일정하게 자동적으로 유지

10. 제어량을 어떤 일정한 목표값으로 유지하는 것을 목적으로 하는 장치제어에 속하지 않는 것은?

① 주파수 제어
② 발전기의 조속기
③ 자동전압 조정장치
④ 잉크젯 프린터 헤드 위치제어

해설 정치제어(constant value control) : 목표값이 시간에 대하여 변화하지 않는 제어로서 프로세스 제어, 자동조정(전압, 전류, 주파수, 회전속도)이 있고, 용도는 정전압장치, 발전기의 조속기, 자동전원 조정장치에 사용된다.

11. 1차 지연요소를 나타내는 전달 함수는?

① $1+sT$
② K/s
③ Ks
④ $K(1+sT)$

해설 전달 함수
- 비례요소 : $G(s)=K$
- 미분요소 : $G(s)=Ks$
- 적분요소 : $G(s)=\dfrac{1}{As}$
- 1차 지연요소 : $G(s)=\dfrac{K}{1+Ts}$
- 2차 지연요소 : $G(s)=\dfrac{K}{(1+T_1s)(1+T_2s)}$

12. 드 모르간 정리가 틀린 것은?

① $\overline{A+B}=\overline{A}\cdot\overline{B}$
② $\overline{A\cdot B}=\overline{A}+\overline{B}$
③ $\overline{\overline{A}+\overline{B}}=A\cdot B$
④ $\overline{A+B}=\overline{A}+\overline{B}$

해설 $\overline{\overline{A}+\overline{B}}=\overline{\overline{A}}+\overline{\overline{B}}=A\cdot B$

13. 피드백 제어계의 특징으로 적합하지 않은 것은?

① 외부조건 변화에 대한 영향력을 줄일 수 있다.
② Open loop 제어에 비해 정확성이 낮다.
③ 출력값을 제어에 활용한다.
④ 제어 시스템의 구성이 복잡해진다.

해설 피드백 제어계 또는 Closed loop 제어계는 Open loop 제어계에 비해서 정확성이 높다. 출력값을 제어의 입력으로 활용하기에 제어 시스템의 구성이 복잡해지고 외부 조건 변화에 대해 영향력을 줄일 수 있다.

14. 그림과 같이 전달 함수가 직렬로 결합되어 있을 때 하나의 등가전달 함수로 변환할 수 있다. 이를 옳게 표현한 것은?

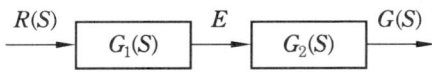

① $G(s)=G_1(s)\cdot G_2(s)$
② $G(s)=G_1(s)+G_2(s)$
③ $G(s)=G_1(s)-G_2(s)$
④ $G(s)=[G_1(s)\cdot G_2(s)]/R(s)$

해설 블록선도에서 전달요소가 직렬로 결합되어 있을 경우 전달요소를 서로 곱해서 표기한다.

15. 전달함수 $G(s)=\dfrac{1}{(S+2)^2}$에서 10rad/s에서의 Bode 선도의 기울기(dB/dec)는?

정답 10. ④ 11. ④ 12. ④ 13. ② 14. ① 15. ①

① −40 ② −20
③ 0 ④ 20

해설
$$G(s) = \frac{1}{(S+2)^2} = \frac{1}{s^2+4s+4}$$
$$= \frac{1}{(jw)^2+4jw+4}$$
$$= \frac{1}{-100+40j+4} = \frac{1}{-96+40j}$$
$$|G(s)| = \left|\frac{1}{-96+40j}\right| = \frac{1}{\sqrt{(-96)^2+(40j)^2}}$$
$$= \frac{1}{\sqrt{9,216-1,600}} = \frac{1}{\sqrt{7,616}}$$

이득 $20\log|G(s)| = -\frac{1}{2} \times 20\log(7,616)$
$= -38.8\,\text{dB}$

16. PLC 메모리부에 대한 설명으로 틀린 것은?

① 사용자 프로그램은 RAM에 보존된다.
② RAM 영역의 정보를 전지로 보존할 수 있다.
③ EP ROM에 쓰기(write)된 프로그램은 소거할 수 없다.
④ PLC를 동작시키는 시스템 프로그램은 ROM에 존재한다.

해설
• EPROM(Erasable Programmable ROM) : 기록과 소거가 가능, ROM 소거기를 사용하여 창 위에 자외선 10~20분 정도 조사
• ROM(Read Only Memory) : 읽기 전용으로 메모리 내용 변경불가
• RAM(Random Access Memory) : 메모리에 정보를 수시로 읽고 쓰기가 가능, 정보를 일시적으로 저장하는 용도

17. 서보모터의 특징이 아닌 것은?

① 제어회로가 간단하다.
② 정·역회전이 자유롭다.
③ 신속한 정지가 가능하다.
④ 속도, 위치제어가 가능하다.

해설 서보모터는 일반적인 모터(원형으로 빙빙 돌기만 함)와는 달리 움직임을 지정하면 제어계측회로에 의해 정확하게 움직일 수 있는 모터이며 제어회로가 복잡하다.

18. 다음 블록선도에서 $C(s)$는?

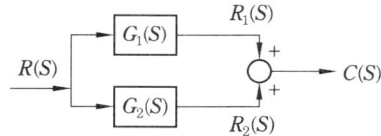

① $C(s) = C_1(s) + C_2(s)$
② $C(s) = C_1(s) \cdot C_2(s)$
③ $C(s) = [C_1(s) \cdot C_2(s)]/R(s)$
④ $C(s) = [C_1(s) + C_2(s)]/R(s)$

해설 블록선도에서 전달요소가 직렬로 위치한 경우 전달요소 간 곱셈으로 구성하고 병렬은 덧셈으로 구성한다.

19. UART를 이용한 데이터의 직렬(serial) 전송을 구성하기 위한 세트에 포함되지 않는 것은?

① 스톱 ② 체크
③ 스타트 ④ 패리티

해설 UART(Universal Asynchronous Receiver/Transmitter)
• 전송거리가 짧고, 잡음에 약하지만, 필요한 배선수가 적고 간단하다는 이점 때문에 데이터 전송 표준으로 많이 사용하고 있다.
• 기본적인 구성은 ① Baud Rate, ② Parity, ③ Stop Bit, ④ Data Bit로 되어 있다.

20. 공기압 실린더나 각종 제어 밸브가 원활히 작동할 수 있도록 윤활유를 공급해 주는 장치는?
① 압력 조절기(regulator)
② 윤활기(lubricator)
③ 공기 건조기(air dryer)
④ 압력 제어기(controller)

해설 윤활기는 Venturi 원리에 의해 작동되며 공압 기기에 충분한 윤활제를 공급해서 움직이는 부분의 마모를 적게 하고 마찰력을 감소시키며 장치의 부식을 방지한다.

2과목 기계 요소 설계

21. 회전수 600rpm, 베어링 하중 18kN의 하중을 받는 레이디얼 저널 베어링의 지름은 약 몇 mm인가? (단, 이때 작용하는 베어링 압력은 1N/mm², 저널의 폭(l)과 지름(d)의 비는 $l/d=2.0$으로 한다.)
① 80 ② 85 ③ 90 ④ 95

해설 $\dfrac{l}{d}=2.0$에서 $l=2d$

$P=\dfrac{W}{dl}$에서 $d=\dfrac{W}{P\times l}=\dfrac{W}{P\times 2d}$, $d^2=\dfrac{W}{P\times 2}$

$d^2=\dfrac{W}{2P}=\dfrac{18\times 1000}{2\times 1}=9000$

$\therefore d=\sqrt{9000}≒95\text{mm}$

22. 다음 중 재료의 기준 강도(인장 강도)가 400N/mm²이고 허용 응력이 100N/mm²일 때, 안전율은?
① 0.2 ② 1.0 ③ 4.0 ④ 16.0

해설 재료의 극한 강도와 허용 응력과의 비를 안전율이라 한다.

$\therefore$ 안전율 $=\dfrac{\text{극한 강도(인장 강도)}}{\text{허용 응력}}=\dfrac{400}{100}=4$

23. 핀 전체가 두 갈래로 되어 있어 너트의 물림 방지나 핀이 빠져 나오지 않게 하는 데 허용되는 핀은?
① 너클 핀   ② 분할 핀
③ 평행 핀   ④ 테이퍼 핀

해설 분할 핀의 용도는 너트의 풀림을 방지하기 위함이다.

24. 150rpm으로 5kW의 동력을 전달하는 중실축의 지름은 약 몇 mm 이상이어야 하는가? (단, 축 재료의 허용 전단 응력은 19.6MPa이다.)
① 36 ② 40
③ 44 ④ 48

해설 $T=9.55\times 10^6\times\dfrac{H}{N}=9.55\times 10^6\times\dfrac{5}{150}$

$≒318333\,\text{N}\cdot\text{mm}$

$\therefore d=\sqrt[3]{\dfrac{5.1T}{\tau_a}}=\sqrt[3]{\dfrac{5.1\times 318333}{19.6}}$

$≒44\text{mm}$

25. ( ) 안에 들어갈 말로 적절한 것은 어느 것인가?

> 나사가 저절로 풀리지 않고 체결되어 있는 나사의 상태를 자립 상태(selfsustenance)라고 한다. 이 자립 상태를 유지하기 위한 나사 효율은 ( )이어야 한다.

① 50% 이상
② 50% 미만
③ 25% 이상
④ 25% 미만

해설 나사의 자립 상태를 유지하려면 나사의 마찰각(ρ) ≥ 리드각(λ)이어야 하며, 자립 상태를 유지하는 나사 효율은 50% 미만이다.

26. 다음과 같이 제3각법으로 나타낸 도면에서 정면도와 우측면도를 고려할 때 평면도로 가장 적합한 것은?

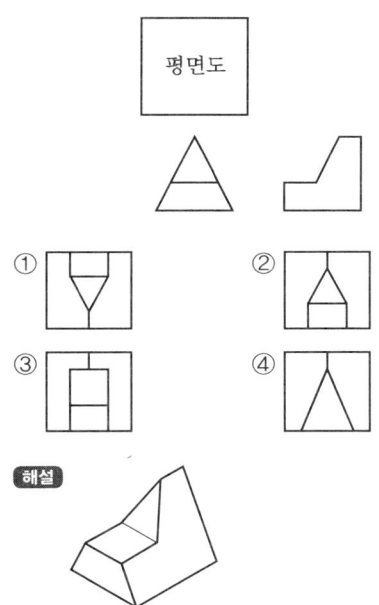

해설

27. 표준 스퍼 기어의 모듈이 2이고, 잇수가 35일 때, 이끝원(잇봉우리원)의 지름은 몇 mm로 도시하는가?

① 65 ② 70
③ 72 ④ 74

해설 $D = m(Z+2) = 2(35+2) = 74\,\text{mm}$

28. 다음 도면에서 대상물의 형상과 비교하여 치수 기입이 틀린 것은?

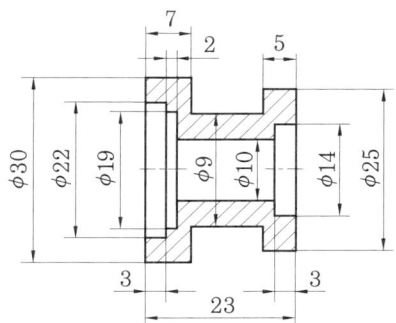

① 7   ② $\phi 9$
③ $\phi 14$ ④ $\phi 30$

해설 구멍의 지름이 $\phi 10$이므로 바깥지름은 $\phi 10$보다 커야 한다.

29. 그림과 같은 부등변 ㄱ 형강의 치수 표시 방법은? (단, 형강의 길이는 L이고 두께는 t로 동일하다.)

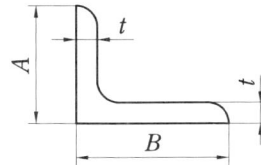

① $LA \times B \times t - L$
② $Lt \times A \times B \times L$
③ $LB \times A + 2t - L$
④ $LA + B \times \dfrac{t}{2} - L$

해설 부등변 ㄱ형강 치수 표기 방법
L(높이)×(폭)×(두께)-(길이)

30. 보기와 같이 정면도와 평면도가 표시될 때 우측면도가 될 수 없는 것은?

정답 26. ② 27. ④ 28. ② 29. ① 30. ②

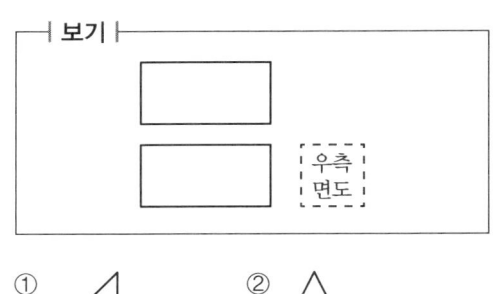

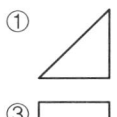 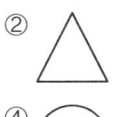

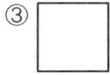 

31. 물체를 단면으로 나타낼 때 길이 방향으로 절단하여 나타내지 않는 부품으로만 짝 지어진 것은?

① 핀, 커버
② 브래킷, 강구
③ O-링, 하우징
④ 원통 롤러, 기어의 이

해설 길이 방향으로 절단하여 나타내지 않는 부품은 축, 핀, 볼트, 너트, 와셔, 작은 나사, 키, 강구, 원통 롤러, 기어의 이 등이다.

32. 가공 방법의 기호 중 호닝(honing) 가공의 기호는?

① SH
② GH
③ FR
④ SPL

해설 • SH : 형삭반 가공
• FR : 리머 가공
• SPL : 액체 호닝 가공

33. 다음과 같은 리벳의 호칭법으로 옳은 것은? (단, 재질은 SV330이다.)

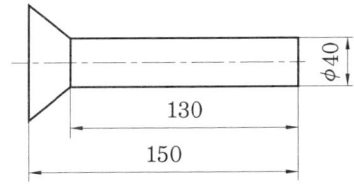

① 납작머리 리벳 40×130 SV330
② 납작머리 리벳 40×150 SV330
③ 접시머리 리벳 40×130 SV330
④ 접시머리 리벳 40×150 SV330

해설 접시머리 리벳은 머리 부분을 포함한 전체 길이로 호칭된다.

34. 다음 중 온 흔들림 기하 공차의 기호는?

① ∥ ② ⫽
③ ↗ ④ ⟋

해설 ↗ : 원주 흔들림

35. KS 재료 기호 중 'SS235'에서 '235'의 의미는?

① 경도
② 종별 번호
③ 탄소 함유량
④ 최저 항복 강도

해설 SS235의 첫 번째 S는 강, 두 번째 S는 일반 구조용 압연재, 끝부분 235는 최저 항복 강도가 $235 N/mm^2$임을 나타낸다.

36. 치수가 $80^{+0.008}_{+0.002}$일 경우 위 치수 허용차는 어느 것인가?

① 0.002 ② 0.006
③ 0.008 ④ 0.010

해설 위 치수 허용차
= 최대 허용 치수 − 기준 치수
= 80.008 − 80.0 = 0.008

정답 31. ④ 32. ② 33. ④ 34. ② 35. ④ 36. ③

37. 나사 제도에 대한 설명으로 틀린 것은?
① 나사부 길이의 경계가 보이는 경우는 그 경계를 굵은 실선으로 나타낸다.
② 숨겨진 암나사를 표시할 경우 나사산의 봉우리와 골밑은 모두 가는 파선으로 나타낸다.
③ 수나사를 측면에서 볼 경우 나사산 봉우리는 굵은 실선, 나사의 골밑은 가는 실선으로 나타낸다.
④ 나사의 끝면에서 본 그림에서 나사의 골밑은 굵은 실선으로 원둘레의 3/4에 거의 같은 원의 일부로 나타낸다.

해설 나사의 끝면에서 본 그림에서 나사의 골밑은 가는 실선으로 원둘레의 3/4에 가까운 원의 일부로 그린다.

38. 그림과 같은 입체도의 화살표 방향 투상도로 가장 적합한 것은?

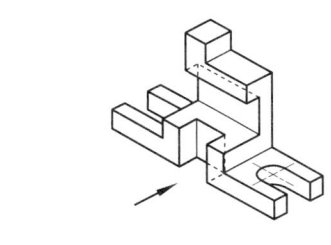

① 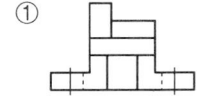 ②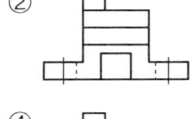
③ 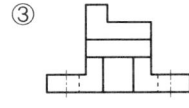 ④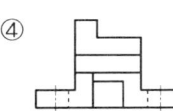

39. 다음 그림과 같은 도형일 경우 기하학적으로 정확한 도형을 기준으로 설정하고, 여기에서 벗어나는 어긋난 크기를 대상으로 하는 기하 공차는?

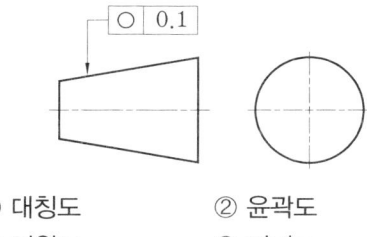

① 대칭도 ② 윤곽도
③ 진원도 ④ 평면도

40. 허용 한계 치수의 기입이 틀린 것은 어느 것인가?

해설 작은 공차값을 아래쪽에, 큰 공차값을 위쪽에 기입한다.

3과목 공유압

41. 압력의 크기가 다른 것은?
① 1 bar
② 14.5 psi
③ 10 kgf/cm^2
④ 750 mmHg

해설 1 bar = 14.5 psi = 100 kPa
= 1.01972 kgf/cm^2 = 0.986923 atm
= 10197.1626 mmH$_2$O = 750.062 mmHg

42. 실린더 동작 중 속도를 변화시키거나 부하가 큰 경우에 정지나 방향 전환 시 충격을 방지하는 경우 사용되는 밸브는?
① 엑셀레이터 밸브
② 급배기 밸브

정답 37. ④ 38. ③ 39. ③ 40. ② 41. ③ 42. ④

③ 압력 보상형 유량 제어 밸브
④ 디셀러레이션 밸브

[해설] 디셀러레이션 밸브의 구조는 방향 제어 밸브이나, 기능은 유량 제어 밸브이다.

43. 그림에서 제시한 2압 밸브의 특성으로 옳지 않은 것은?

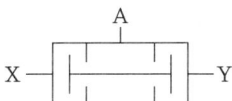

① AND의 논리를 만족한다.
② 먼저 들어온 고압 압력 신호가 출구 A로 나간다.
③ 압축공기가 2개의 입구 X, Y에 모두 작용할 때에만 출구 A에 압축공기가 흐른다.
④ 2개의 압력 신호가 다른 압력일 경우에는 낮은 압력 쪽의 공기가 출구 A로 출력된다.

[해설] 2압 밸브(two pressure valve) : 저압 우선형 셔틀 밸브, AND 밸브라고도 한다. AND 요소로서 두 개의 입구 X와 Y 두 곳에 동시에 공압이 공급되어야 하나의 출구 A에 압축공기가 흐르고, 압력 신호가 동시에 작용하지 않으면 늦게 들어온 신호가 A 출구로 나가며, 두 개의 신호가 다른 압력일 경우 낮은 압력 쪽의 공기가 출구 A로 나가게 되어 안전 제어, 검사 등에 사용된다

44. 압축공기의 건조에 사용되는 흡착식 건조기에 대한 설명 중 올바른 것은?

① 외부 에너지 공급이 필요하지 않다.
② 사용되는 건조제는 염화리튬 수용액, 폴리에틸렌 등이다.
③ 일시적으로 사용한다.
④ 물리적 방식을 사용하여 반영구적으로 사용할 수 있다.

[해설] 흡착식 공기 건조기 : 습기에 대하여 강력한 친화력을 갖는 실리카겔, 활성 알루미나 등의 고체 흡착 건조제를 두 개의 타워 속에 가득 채워 습기와 미립자를 제거하여 초건조 공기를 토출하며 건조제를 재생(제습 청정)시키는 방식이다. 최대 -70℃ 정도까지의 저 노점을 얻을 수 있다.

45. 전자 계전기를 사용할 때 주의사항이 아닌 것은?

① 계전기의 설치 높이를 확인한다.
② 정격 전압 및 정격 전류를 확인한다.
③ 본체 취부 시 확실히 고정하여야 한다.
④ 2개 이상의 계전기를 사용할 때 적당한 간격을 유지하여야 한다.

[해설] 전자 계전기는 계전기의 위치에 무관하다.

46. 사축식과 사판식으로 분류되며 고압 출력에 적합한 유압 펌프는?

① 기어 펌프
② 나사 펌프
③ 베인형 펌프
④ 피스톤 펌프

[해설] 피스톤 펌프(piston pump, plunger pump) : 사축형과 사판형 두 형태가 있으며, 피스톤을 실린더 내에서 왕복시켜 흡입 및 토출을 하는 것으로 고정 체적형이나 가변 체적형 모두 할 수 있다. 효율이 매우 좋고 균일한 흐름을 얻을 수 있어 성능이 우수하며 고속, 고압에 적합하나 복잡하여 수리가 곤란하고 값이 비싸다.

정답 43. ② 44. ④ 45. ④ 46. ④

47. 밸브의 조작력 또는 제어 신호가 걸리지 않을 때 밸브 몸체 위치는?
① 초기 위치
② 작동 위치
③ 과도 위치
④ 노멀 위치

[해설] 노멀 위치(normal position) : 조작력 또는 제어 신호가 걸리지 않을 때의 밸브 몸체의 위치

48. 유압 프레스를 설계하려고 한다. 사용 압력은 24MPa, 필요한 힘은 500kN일 경우 유압 실린더의 직경(cm)으로 가장 적합한 것은?
① 17 ② 27
③ 37 ④ 47

[해설] $F=PA$이므로
$$d=\sqrt{\frac{4F}{\pi P}}=\sqrt{\frac{4\times 500\times 10^3}{\pi\times 24}}$$
$=163\,\text{mm}≒17\,\text{cm}$

49. 다음 기호는 무엇을 나타내는가?

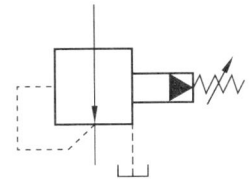

① 파일럿 작동형 감압 밸브
② 릴리프 붙이 감압 밸브
③ 일정 비율 감압 밸브
④ 파일럿 작동형 시퀀스 밸브

50. 다음 회로의 명칭으로 적합한 것은?

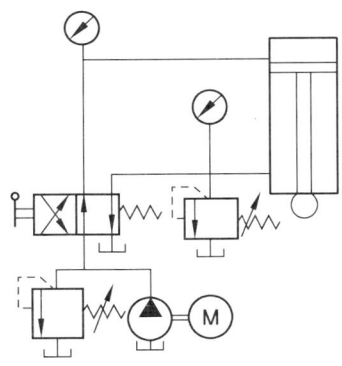

① 최고 압력 제한 회로
② 블리드 오프 회로
③ 무부하 회로
④ 증압 회로

[해설] 릴리프 밸브는 주로 회로의 최고 압력을 결정하는 데 사용되며, 실린더의 하강, 상승의 최고 압력을 별개로 설정하여 각각의 기능을 하도록 한다. 고압과 저압의 2종의 릴리프 밸브를 사용하여 상승 중에는 저압용 릴리프 밸브로 제어하여 동력의 절약, 발열 방지, 과부하 방지 등의 역할을 하고, 실제로 일을 하는 하강에서는 고압용 릴리프 밸브로 회로 압력을 제어한다.

51. 다음 중 공압 시스템의 특징으로 틀린 것은?
① 과부하에 대하여 안전하다.
② 에너지로서 저장성이 있다.
③ 사용 에너지를 쉽게 구할 수 있다.
④ 방청과 윤활이 자동으로 이뤄진다.

[해설] 공압 시스템에 방청과 윤활이 되려면 윤활기에서 오일이 공급되어야 한다.

52. 공기 압축기의 설치 조건으로 적합하지 않은 것은?

① 지반이 견고한 장소에 설치하여 소음, 진동을 예방한다.
② 고온, 다습한 장소에 설치하여 드레인 발생을 많게 한다.
③ 빗물, 바람, 직사광선 등에 보호될 수 있도록 한다.
④ 예방 정비가 가능하도록 충분한 공간을 확보한다.

해설 압축기의 설치 조건
㉠ 저온, 저습 장소에 설치하여 드레인 발생을 억제한다.
㉡ 지반이 견고한 장소에 설치한다($5 t/m^2$를 받을 수 있어야 되고, 접지 설치).
㉢ 유해 물질이 적은 곳에 설치한다.
㉣ 압축기 운전 시 진동을 고려한다(방음, 방진벽 설치).
㉤ 우수, 염풍, 일광의 직접 노출을 피하고 흡입 필터를 부착한다.

53. 공압 제어 밸브의 연결구 표시 방법이 틀린 것은?

① 압축공기 공급 라인 : P 또는 1
② 작업 라인 : A, B, C 또는 1, 2, 3
③ 배기 라인 : R, S, T 또는 3, 5, 7
④ 제어 라인 : Y, Z, X 또는 10, 12, 14

해설 밸브의 기호 표시법

라인	ISO 1219	ISO 5509/11
작업 라인	A, B, C -	2, 4, 6 -
공급 라인	P	1
배기구	R, S, T	3, 5, 7
제어 라인	Y, Z, X	10, 12, 14

54. 2개의 복동 실린더가 1개의 실린더의 형태로 조립되어 실린더 출력이 2배로 큰 힘을 얻는 것은?

① 충격 실린더
② 탠덤 실린더
③ 양로드 실린더
④ 다위치 실린더

해설 탠덤형 실린더 : 하나의 피스톤 로드에 두 개의 피스톤을 부착하여 실린더 전진 운동 시 수압 면적이 두 배가 될 수 있어 같은 크기의 다른 실린더에 비하여 두 배 크기의 힘을 낼 수 있는 실린더

55. 다음 기호의 설명으로 적합한 것은 어느 것인가?

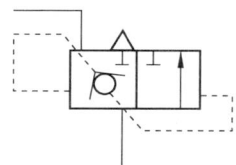

① 공압 장치의 배기 시 저항을 줄여 액추에이터의 속도를 증가시키게 한다.
② 공압 장치의 벤트 포트를 열어 무부하 운전이 용이하도록 한다.
③ 공압 장치의 맥동 현상을 방지하는 특수 밸브이다.
④ 공압 장치의 파일럿 작동에 의한 작은 힘으로 작동하여 작동 압력을 줄일 수 있다.

해설 급속 배기 밸브(quick release valve or quick exhaust valve) : 액추에이터의 배출 저항을 적게 하여 실린더의 귀환 행정 시 일을 하지 않을 경우 귀환 속도를 빠르게 하는 밸브이다. 가능한 액추에이터 가까이에 설치하며, 충격 방출기는 급속 배기 밸브를 이용한 것이다.

56. 다음 그림의 논리 회로에서 램프에 불이 들어올 수 있는 경우를 S_1, S_2의 순서로 표시한 것으로 맞는 것은?

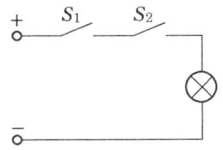

① 0, 0　　　② 0, 1
③ 1, 0　　　④ 1, 1

해설 두 스위치가 동시에 눌러져야 램프에 불이 들어온다.

57. 유체의 성질에 대한 설명 중 옳은 것은 어느 것인가?

① 유체의 속도는 단면적이 큰 곳에서는 빠르다.
② 유속이 느리고 가는 관을 통과할 때 난류가 발생한다.
③ 유속이 빠르고 굵은 관을 통과할 때 층류가 발생한다.
④ 점성이 없는 비압축성의 유체가 수평관을 흐를 때 압력, 위치, 속도 에너지의 합은 일정하다.

58. 내경 32mm의 실린더가 10mm/s의 속도로 움직이려 할 때 필요한 최소 펌프 토출량은 약 몇 l/min인가?

① 0.48　　　② 1.04
③ 1.52　　　④ 2.17

해설 ㉠ $A = \dfrac{\pi d^2}{4} = \dfrac{\pi \times 32^2}{4} = 804.25 \, \text{mm}^2$
㉡ $Q = AV = 804.25 \times 10 = 8042.5 \, \text{mm}^3/\text{s}$
　$= \dfrac{8042.5 \times 60}{10^6} ≒ 0.48 \, l/\text{min}$

59. 압력 릴리프 밸브의 용도에 따른 분류가 아닌 것은?

① 감압 밸브
② 안전 밸브
③ 압력 시퀀스 밸브
④ 카운터 밸런스 밸브

해설 감압 밸브는 압력을 일정하게 유지하는 기기이다.

60. 다음 실린더 중 피스톤이 없이 로드 자체가 피스톤 역할을 하는 실린더는?

① 탠덤 실린더
② 양로드형 실린더
③ 램형 실린더
④ 로드리스 실린더

해설 램형 실린더 : 피스톤 지름과 로드 지름의 차가 없는 가동부를 갖는 구조, 즉 피스톤 없이 로드 자체가 피스톤의 역할을 하게 된다. 로드는 피스톤보다 약간 작게 설계한다. 로드의 끝은 약간 턱이 지게 하거나 링을 끼워 로드가 빠져 나가지 못하도록 한다. 이 실린더는 피스톤형에 비하여 로드가 굵기 때문에 부하에 의해 휠 염려가 적으며, 패킹이 바깥쪽에 있기 때문에 실린더 안벽의 긁힘이 패킹을 손상시킬 우려가 없고, 같은 크기의 실린더일 때 로드의 좌굴 하중을 가장 크게 받을 수 있는 실린더로 공기 구멍을 두지 않아도 된다. 공압용으로는 사용 빈도가 적다.

정답 56. ④　57. ④　58. ①　59. ①　60. ③

제2회 CBT 대비 실전문제

자동화설비 산업기사

1과목   자동 제어

1. 서보모터의 속도나 위치 검출에 사용되지 않는 것은?
① 로드셀   ② 리졸버
③ 엔코더   ④ 타코미터

[해설] • 회전변위 센서 : 싱크로, 리졸버, 엔코더, 타코미터
• 로드셀 : 압력 센서(중력 센서)

2. 4/3-way 밸브의 중립위치 형식 중에서 A 포트가 막히고 다른 포트들은 서로 통하게 되어 있는 형식은?
① 클로즈드 센터형
② 탱크 클로즈드 센터형
③ 펌프 클로즈드 센터형
④ 실린더 클로즈드 센터형

[해설] 공기압 실린더의 중간정지나, 기계의 조정작업 등을 위해 3위치나 4위치 밸브를 사용하는 경우가 종종 있다. 이러한 밸브의 제어위치 중 중앙의 것을 중립위치라 말하고 이 중립 위치에서 흐름의 형식에 따라 클로즈 센터(올 포트 블록), ABR 접속(이그조스트 센터), PAB 접속(프레셔센터)형 등이 있다. 클로즈 센터형은 중앙위치에서 모든 포트가 닫혀 있는 상태로 3포트 3위치 밸브와 같다.

3. 로터리 엔코더가 부착된 DC 서보 모터에서 로터리 엔코더가 1회전할 때마다 360개의 펄스신호가 출력된다고 한다. 이 모터가 회전할 때 로터리 엔코더에서 나오는 펄스수를 카운터로 계수하였더니 720개의 펄스수가 계수되었다고 하면 모터의 회전수는?
① 0.5회전   ② 1회전
③ 2회전   ④ 4회전

[해설] 회전수 = $\dfrac{\text{최대 응답 펄스수}}{\text{분해능(1회당 펄스수)}}$
$= \dfrac{720}{360} = 2$

4. 어떤 NC(Numerical Control) 기계의 제어 장치는 스테핑 모터를 제어하는 데 있어서 12초 동안 20,000pulse를 발생한다. 만약 이 기계의 pulse당 이송거리가 0.01mm/pulse라면 이때의 분당 이동속도는 몇 m/min인가?
① 0.2   ② 1   ③ 2   ④ 10

[해설] 초당 펄스수
$N = \dfrac{\text{최대 응답 펄스수}}{\text{카운터 시간(sec)}} = \dfrac{20,000}{12} = 1666.7$

분당 이동 속도 m/min : 펄스당 이송거리
$(1 \times 10^{-5} \text{m/pulse}) \times 초당 펄스수(166.7) \times 60$
$= 1$

5. 다음 중 전달 함수 $G(s) = \dfrac{s+b}{s+a}$ 를 갖는 회로가 지상보상회로의 특성을 갖기 위한 조건은? (단, a와 b의 값은 절댓값이다.)
① $a > b$ ② $b > a$
③ $s = b$ ④ $s = a$

[해설] 지상회로의 전달 함수에서 $G(s) = \dfrac{s+b}{s+a}$,
실수 영점 $s = -b$이고, 실수 극점 $s = -a$,

정답   1. ①   2. ④   3. ③   4. ②   5. ②

극점은 영점보다 항상 오른쪽에 위치한다.
a, b는 절댓값이므로 $b > a$이다.

6. 제어대상의 현재 출력값과 미래 출력의 예상값을 이용하여 제어하며, 응답속응성의 개선에 쓰이는 동작은?

① 비례동작　　② 적분동작
③ 비례미분동작　④ 비례적분동작

해설 제어기동작에 의한 분류
- 비례(P)제어 : 잔류편차(offset 발생)(속응성)
- 적분(I)제어 : offset 제거 – 느리게 제어(정확성)
- 미분(D)제어 : 오차가 커지는 것을 미연에 방지, 과도응답 작게(안정성)
- 비례적분동작 : offset 소멸, 진동으로 접근하기 쉽다.
- 비례미분동작 : 제어 결과에 빨리 도달하도록 미분동작을 부가한 동작
- 비례적분미분동작 : 허비 시간이 큰 제어 대상인 경우 비례적분동작이 제어 결과가 진동적으로 되기 쉬우므로 이 결점을 방지하기 위해 PID 제어한다. (진동방지)

7. PLC의 주요 구성요소가 아닌 것은?

① 입력부　　② 조작부
③ 출력부　　④ 중앙처리장치

해설

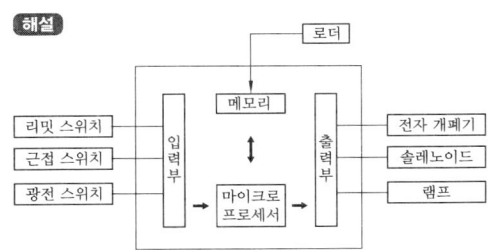

PLC는 마이크로프로세서(microprocessor) 및 메모리를 중심으로 구성되어 인간의 두뇌 역할을 하는 중앙처리장치(CPU), 외부 기기와의 신호를 연결시켜 주는 입출력부, 각 부에 전원을 공급하는 전원부, PLC 내의 메모리에 프로그램을 기록하는 주변 장치로 구성되어 있다.

8. 다음 그림의 CNC 공작기계의 서보제어 방식으로 옳은 것은?

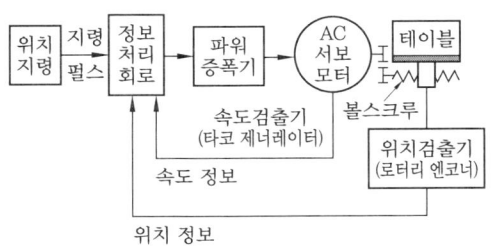

① 개방회로 방식　　② 복합회로 방식
③ 폐쇄회로 방식　　④ 반폐쇄회로 방식

해설 위치검출기의 위치정보와 속도검출기의 속도정보가 정보처리 회로로 피드백되어 제어되는 방식이기에 폐쇄회로 방식이다.

9. PLC 제어 프로그램에서 프로그램의 오류를 찾거나 연산과정을 추적하는 것은?

① Debug　　② Restart
③ Scan time　④ Parameter

해설 PLC 제어 프로그램 연산처리
- 스캔 타임 : 프로그램을 처음부터 마지막까지 순차적으로 연산을 실행하고 출력 리플래시
- 디버그 : 사용자가 작성한 PLC 프로그램을 PLC CPU에 쓰고, PLC 프로그램이 정상적으로 동작하는지를 테스트
- 리스타트 : 전원을 재투입하거나 또는 모드 전환에 의해서 RUN 모드로 운전을 시작할 때, 변수 및 시스템을 어떻게 초기화한 후 RUN 모드로 운전을 할 것인가를 설정

10. 다음 스테핑 모터의 구동 신호 패턴 중 가장 고분해능을 낼 수 있는 구동 방식은?

① 1상 여자 방식　　② 2상 여자 방식
③ 1-2상 여자 방식　④ 3상 여자 방식

해설 • 1상 여자 방식 : 4개의 코일 중 언제나 하나의 코일만 여자하는 운전법이다.
• 2상 여자 방식 : 4개의 코일을 모두 하나의 상으로 보고 그중 언제나 2개의 코일을 여자하여 한쪽은 흡인력, 반대쪽은 반발력을 만들어 회전 운동에 사용하는 운전법을 말한다.
• 1-2 여자 방식 : 홀수 스텝은 1개 상이 여자되고 짝수 스텝은 2개 상이 여자되는 방식. 이 운전법에서는 스텝당 진행각이 2상 여자 때의 1/2이기 때문에 하프 스텝 운전법이라 한다. (스텝 각 1.8°의 유니폴라 모터를 1-2상 여자법으로 운전하면 0.9°의 분해능)

11. PD 제어기는 제어계의 과도특성 개선을 위해 쓰인다. 이것에 대응하는 보상기는?

① 과도보상기　　② 동상보상기
③ 지상보상기　　④ 진상보상기

해설 • 진상보상기 : PD 제어기 특성
• 지상보상기 : PI 제어기 특성
• 지상 · 진상보상기 : PID 제어기 특성

12. PLC 출력부에 부착하여 사용할 수 없는 것은?

① 전자밸브　　② 리밋 스위치
③ 전자 클러치　④ 파일럿 램프

해설 리밋 스위치 : PLC 입력부에 장착하여 사용하는 센서의 일종이며 전자밸브, 전자 클러치, 파일럿 램프는 출력부에 장착하는 액추에이터이다.

13. 생산설비에 자동 제어 기법을 적용한 경우의 특징이 아닌 것은?

① 원자재비 증가
② 연속작업이 가능
③ 제품 품질의 균일화
④ 정밀한 작업이 가능

해설 생산설비에 자동 제어 기법을 적용할 경우 원자재비의 감소 효과를 얻을 수 있다.

14. C언어의 반복제어문에 해당되지 않는 것은?

① for문
② while문
③ do-while문
④ switch-case문

해설 Switch-Case문 : switch의 입력 조건에 따라 분기하여 실행되는 조건 분기문이다.

15. 다음 그림과 같은 형태의 보드(bode) 선도를 가지는 전달 함수는?

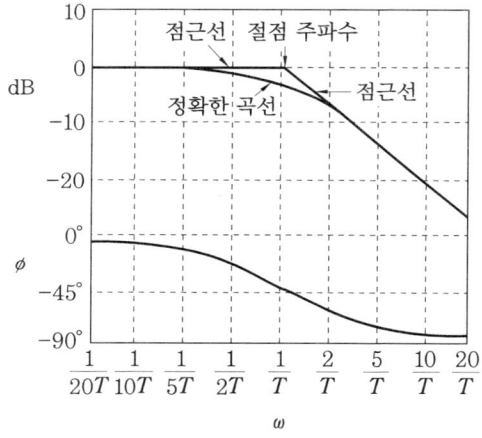

① $G(s) = \dfrac{1}{Ts}$　　② $G(s) = \dfrac{1}{Ts^2}$
③ $G(s) = \dfrac{1}{Ts^3}$　④ $G(s) = \dfrac{1}{Ts+1}$

정답 10. ③　11. ④　12. ②　13. ①　14. ④　15. ④

해설 1차 지연 요소의 보드 선도

전달 함수 $G(s) = \dfrac{1}{1+Ts}$

$G(jw) = \dfrac{1}{1+jwT} = \dfrac{1}{1+w^2T^2}(1-jwT)$

이득 $g = 20\log\dfrac{1}{\sqrt{1+w^2T^2}}$
$= -10\log(1+w^2T^2)$

위상 $\theta = -\tan^{-1}wT$

16. 전달 함수를 정의할 때 고려해야 할 사항 중 가장 적합하게 표현하고 있는 것은?

① 입력만을 고수한다.
② 주파수를 고려한다.
③ 시간영역 특성만을 고려한다.
④ 모든 초깃값을 0으로 고려한다.

해설 제어계의 입력 신호와 출력 신호의 관계를 나타내는 방법은 전달 함수라 하며, 모든 초깃값은 0으로 가정했을 때 출력 신호의 라플라스 변환과 입력 신호의 라플라스 변환의 비이다.

$G(s) = \dfrac{\text{출력의 라플라스 변환}}{\text{입력의 라플라스 변환}}$

17. 유압시스템에서 사용하는 유량제어 밸브에 해당되지 않는 것은?

① 감압 밸브
② 교축 밸브
③ 압력 보상형 유량조절 밸브
④ 압력온도 보상형 유량조절 밸브

해설 • 감압 밸브(reducing valve) : 주회로의 압력보다 저압으로 감압시켜 사용할 때 사용하는 밸브로 고압의 압축유체를 감압시켜 사용조건이 변동되어도 설정공급압력을 일정하게 유지시키며 출구 압력을 일정하게 유지

• 교축 밸브 : 유량 조절 밸브 중 구조가 가장 간단하며 통로 단면을 변화시켜 유량을 조절하는 밸브로서 압력보상이 없는 밸브

18. SI(international system of unit) 단위계에서 압력의 기본 단위는?

① Pa
② bar
③ psi
④ kgf/cm²

해설 압력의 기본 단위는 파스칼(Pa) = N/m²
= kg · m⁻¹ · s⁻² 또는 kg/m · s²

19. 다음 그림의 전달 함수의 값으로 옳은 것은?

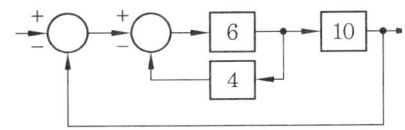

① 0.6 ② 0.7 ③ 0.8 ④ 0.9

해설

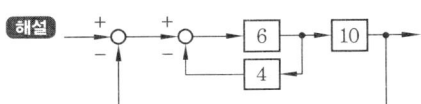

$\dfrac{G}{1+G\cdot H} = \dfrac{6}{1+6\cdot 4}$

$\dfrac{G}{1+G} = \dfrac{\dfrac{6\times 10}{25}}{1+\dfrac{6\times 10}{25}} = \dfrac{60}{85} = 0.7$

20. 공작물 수치제어 좌표계에서 절대위치 결정 방법에 대한 설명으로 옳은 것은?

① 공구의 위치를 항상 원점(영점)을 기준으로 표시

정답 16. ④ 17. ① 18. ① 19. ② 20. ①

② 공구의 위치를 항상 앞의 공구위치를 기준으로 표시
③ 공구의 위치를 원점(영점)과 앞의 공구위치를 기준으로 표시
④ 공구의 위치를 X, Y축 선상에서 어느 한 점을 기준으로 표시

해설 • 절대지령(absolute) 방법 : 공구의 위치를 항상 원점(영점)을 기준으로 표시
• 증분지령(relative) 방법 : 공구의 위치를 항상 앞의 공구위치를 기준으로 표시
• 혼합지령 방법 : 공구의 위치를 원점(영점)과 앞의 공구위치를 병행하여 기준으로 표시

2과목 기계 요소 설계

21. 너클 핀 이음에서 인장력이 50kN인 핀의 허용 전단 응력을 50MPa이라 할 때 핀의 지름 d는 몇 mm인가?

① 3.4 ② 22.8 ③ 28.2 ④ 35.7

해설 $d = \sqrt{\dfrac{2P}{\pi\tau}} = \sqrt{\dfrac{2 \times 50000}{\pi \times 50}} \fallingdotseq 25.2\,\text{mm}$

22. 45kN의 하중을 받는 엔드 저널의 지름은 약 몇 mm인가? (단, 저널의 지름과 길이의 비인 $\dfrac{길이}{지름}$=1.5이고, 저널이 받는 평균 압력은 5MPa이다.)

① 70.9 ② 74.6 ③ 77.5 ④ 82.4

해설 $\dfrac{l}{d}=1.5$이므로 $l=1.5d$

$p_a = \dfrac{P}{d \times l} = \dfrac{P}{d \times 1.5d} = \dfrac{P}{1.5d^2}$

$\therefore d = \sqrt{\dfrac{P}{1.5p_a}} = \sqrt{\dfrac{45 \times 10^3}{1.5 \times 5}} \fallingdotseq 77.5\,\text{mm}$

23. 회전수 1500rpm, 축의 지름 110mm인 묻힘 키를 설계하려고 한다. 폭 28mm, 높이 18mm, 길이 300mm일 때 묻힘 키가 전달할 수 있는 최대 동력(kW)은? (단, 키의 허용 전단 응력 τ_a=40MPa이며, 키의 허용 전단 응력만을 고려한다.)

① 933 ② 1265
③ 2903 ④ 3759

해설 $T = \dfrac{bld\tau_a}{2} = \dfrac{28 \times 300 \times 110 \times 40}{2}$
$= 18480 \times 10^3\,\text{N} \cdot \text{mm}$
$= 18480\,\text{N} \cdot \text{m}$

$\therefore H = \dfrac{2\pi NT}{60} = \dfrac{2\pi \times 1500 \times 18480}{60}$
$\fallingdotseq 2903000\,\text{1W}$
$\fallingdotseq 2903\,\text{kW}$

24. 나사의 종류 중 먼지, 모래 등이 나사산 사이에 들어가도 나사의 작동에 별로 영향을 주지 않으므로 전구와 소켓의 결합부 또는 호스 이음부에 주로 사용되는 나사는?

① 사다리꼴 나사
② 톱니 나사
③ 유니파이 보통 나사
④ 둥근 나사

해설 둥근 나사
• 너클 나사, 원형 나사라고도 하며 쇠붙이, 먼지, 모래 등이 많은 곳에 사용한다.
• 박판의 원통을 전조하여 제작한다.
• 큰 힘을 견딜 수 있으므로 진동 부분에 사용해도 효과적이다.

25. 하중 3kN이 걸리는 압축 코일 스프링의 변형량이 10mm라고 할 때 스프링 상수는 몇 N/mm인가?

정답 21. ② 22. ③ 23. ③ 24. ④ 25. ④

① 300
② $\dfrac{1}{300}$
③ 100
④ $\dfrac{1}{100}$

해설 $k = \dfrac{W}{\delta} = \dfrac{3000}{10} = 300\,\text{N/mm}$

26. 다음 그림과 같은 I 형강의 표기 방법으로 옳은 것은? (단, L은 형강의 길이이다.)

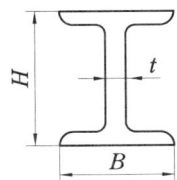

① $IH \times B \times t \times L$
② $IB \times H \times t - L$
③ $IB \times H \times t \times L$
④ $IH \times B \times t - L$

해설 형강의 치수 표기 방법
(형강 기호)(높이)×(폭)×(두께)−(길이)

27. 그림과 같은 탄소강 재질 가공품의 질량은 약 몇 g인가? (단, 치수의 단위는 mm이며, 탄소강의 밀도는 7.8g/cm³로 계산한다.)

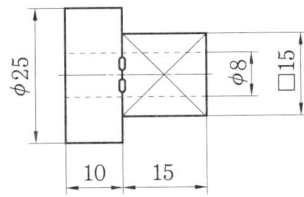

① 49.09
② 54.81
③ 64.54
④ 71.75

해설 체적 $= \dfrac{\pi d_1^2}{4} \times l_1 + a \times b \times l_2 - \dfrac{\pi d_2^2}{4} \times L$

$= \dfrac{\pi \times 25^2}{4} \times 10 + 15 \times 15 \times 15$

$\quad - \dfrac{\pi \times 8^2}{4} \times 25$

$\fallingdotseq 7027\,\text{mm}^3 = 7.027\,\text{cm}^3$

∴ 질량 = 밀도 × 체적 = $7.8 \times 7027 \fallingdotseq 54.81\,\text{g}$

28. 다음 기하 공차 중에서 자세 공차를 나타내는 것은?

① ─ ② ▱
③ ○ ④ ⊥

해설 자세 공차는 데이텀이 있어야 하는 관련 형체로 평행도, 직각도, 경사도가 있다.

29. 구멍의 치수가 $\phi 50^{+0.005}_{-0.004}$ 이고, 축의 치수가 $\phi 50^{+0.005}_{-0.004}$ 일 때 최대 틈새는?

① 0.004 ② 0.005
③ 0.008 ④ 0.009

해설 최대 틈새
= 구멍의 최대 허용치수 − 축의 최소 허용치수
= 50.005 − 49.996 = 0.009

30. KS 재료 기호 명칭 중에서 "SF340A"로 나타낸 재질의 명칭은?

① 냉간 압연 강재
② 탄소강 단강품
③ 보일러용 압연 강재
④ 일반 구조용 탄소 강관

31. 그림의 기호가 의미하는 표면 무늬결의 지시에 대한 설명으로 옳은 것은?

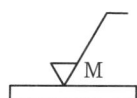

① 표면의 무늬결은 여러 방향이다.
② 표면의 무늬결 방향은 기호가 사용된 투상면에 수직이다.
③ 기호가 적용되는 표면의 중심에 관해 대략적으로 원이다.
④ 기호가 사용되는 투상면에 관해 2개의 경사 방향에 교차한다.

해설
- = : 투상면에 평행
- ⊥ : 투상면에 직각
- X : 경사지고 두 방향으로 교차
- M : 여러 방향으로 교차 또는 무방향
- C : 면의 중심에 대하여 대략 동심원 모양
- R : 면의 중심에 대하여 대략 레이디얼 모양

32. 다음 제3각법으로 투상된 도면 중 잘못된 투상도가 포함된 것은?

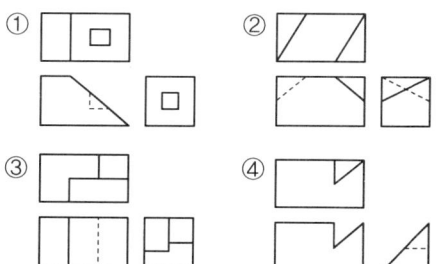

33. 다음과 같은 기하 공차에 대한 설명으로 틀린 것은?

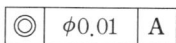

① 허용 공차가 ⌀0.01 이내이다.
② 문자 'A'는 데이텀을 나타낸다.
③ 기하 공차는 원통도를 나타낸다.
④ 지름이 여러 개로 구성된 다단축에 주로 적용하는 기하 공차이다.

해설 기하 공차는 동심도(◎)를 나타낸다.

34. 그림과 같이 절단할 곳의 전후를 파단선으로 끊어서 회전 도시 단면도로 나타낼 때 단면도의 외형선은 어떤 선을 사용해야 하는가?

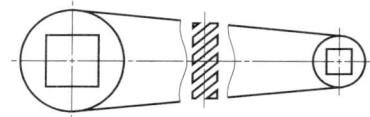

① 굵은 실선
② 가는 실선
③ 굵은 1점 쇄선
④ 가는 2점 쇄선

해설 회전 도시 단면도 : 절단할 곳의 전후를 끊어서 그 사이에 절단면을 그리거나 절단선의 연장선 위에 그릴 때는 굵은 실선으로 그리며, 도형 내의 절단한 곳에 겹쳐서 그릴 때는 가는 실선으로 그린다.

35. 그림과 같은 입체도에서 화살표 방향이 정면일 경우 평면도로 가장 적합한 투상도는?

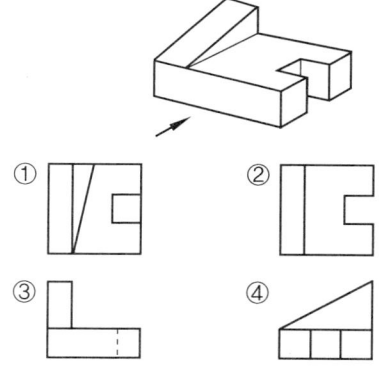

정답 31. ① 32. ③ 33. ③ 34. ① 35. ②

36. 다음과 같이 3각법으로 그린 투상도의 입체도로 가장 옳은 것은? (단, 화살표 방향이 정면이다.)

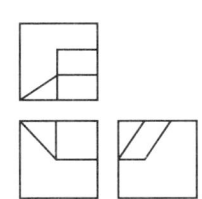

① 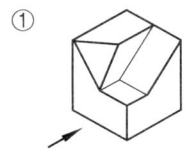 ②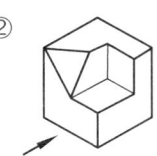

③ 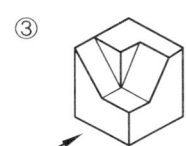 ④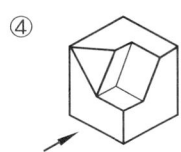

37. 일반적으로 그림과 같은 입체도를 제1각법과 제3각법으로 도시할 때 배열 위치가 동일한 것을 모두 고른 것은?

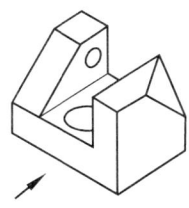

① 정면도, 배면도 ② 정면도, 평면도
③ 우측면도, 배면도 ④ 정면도, 우측면도

해설 제1각법과 제3각법은 정면도를 기준으로 투상도를 배치하며, 배면도는 우측면도의 오른쪽 또는 좌측면도의 왼쪽에 배치한다.

38. 다음 그림에서 L로 표시된 부분의 길이(mm)는?

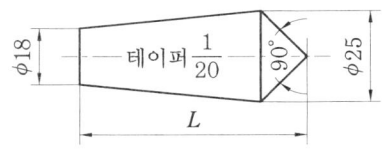

① 52.5 ② 85.0
③ 140.0 ④ 152.5

해설 $\dfrac{1}{20} = \dfrac{25-18}{l_1}$ 이므로

$l_1 = (25-18) \times 20 = 140$

$l_2 = \dfrac{25}{2} = 12.5$

∴ $L = l_1 + l_2 = 152.5$

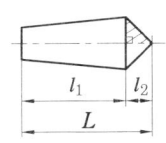

39. 다음 그림에서 도시한 KS A ISO 6411-A4/8.5의 해석으로 틀린 것은?

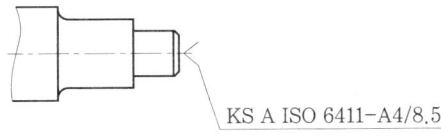

① 센터 구멍의 간략 표시를 나타낸 것이다.
② 종류는 A형으로 모따기가 있는 경우를 나타낸다.
③ 센터 구멍이 필요한 경우를 그림으로 나타내었다.
④ 드릴 구멍의 지름은 4mm, 카운터싱크 구멍의 지름은 8.5mm이다.

해설 A형은 모따기가 없는 경우를 나타낸다.

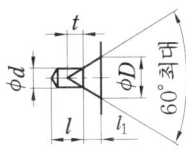

40. 베어링 호칭 번호가 6301인 구름 베어링의 안지름은 몇 mm인가?
① 10 ② 11 ③ 12 ④ 15

정답 36. ④ 37. ① 38. ④ 39. ② 40. ③

해설 베어링의 안지름
00 : 10mm, 01 : 12mm, 02 : 15mm, 03 : 17mm이며, 04부터는 5배 한다.

3과목 공유압

41. 면적이 10cm²인 곳을 50kgf의 무게로 누르면 작용 압력은?

① 5kgf/cm² ② 10kgf/cm²
③ 15kgf/cm² ④ 50kgf/m²

해설 $P = \dfrac{F}{A}$

42. 토출되는 압축공기가 왕복 운동을 하는 피스톤과 직접 접촉하지 않아 주로 깨끗한 환경에 사용되는 압축기는?

① 격판 압축기 ② 베인 압축기
③ 스크류 압축기 ④ 피스톤 압축기

43. 공기 탱크와 공압 회로 내의 공기압을 규정 이상으로 상승되지 않도록 하며 주로 안전 밸브로 사용되는 밸브는?

① 감압 밸브 ② 교축 밸브
③ 릴리프 밸브 ④ 시퀀스 밸브

해설 릴리프 밸브 : 직동형 압력 제어 밸브에 보완 장치를 갖춘 것으로 시스템 내의 압력이 최대 허용 압력을 초과하는 것을 방지해 준다. 교축 밸브의 아래쪽에는 압력이 작용하도록 하여 압력 변동에 의한 오차를 감소시키며, 주로 안전 밸브로 사용된다.

44. 서비스 유닛을 구성하는 기기의 순서가 올바른 것은?

① (유입 측)-필터-윤활기-압력 조절기(유출 측)
② (유입 측)-필터-압력 조절기-윤활기-(유출 측)
③ (유입 측)-압력 조절기-필터-윤활기-(유출 측)
④ (유입 측)-압력 조절기-윤활기-필터-(유출 측)

45. 그림의 변위-단계 선도에서 실린더 A, B의 작동 순서는?

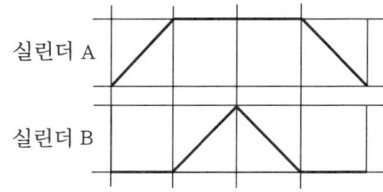

① 실린더 A 전진-실린더 A 후진-실린더 B 전진-실린더 B 후진
② 실린더 A 전진-실린더 B 전진-실린더 A 후진-실린더 B 후진
③ 실린더 B 전진-실린더 B 후진-실린더 A 전진-실린더 A 후진
④ 실린더 A 전진-실린더 B 전진-실린더 B 후진-실린더 A 후진

46. 공압 타이머에서 제어 신호가 존재함에도 출력 신호가 발생하지 않았을 때 점검해야 할 사항은?

① 탱크가 더러운지 확인한다.
② 서비스 유닛이 잠겨 있는지 확인한다.
③ 윤활유에 수분이 섞여 있는지 확인한다.
④ 유량 조절용 밸브의 조절 나사를 완전히 열고 공기의 새는 소리를 확인한다.

해설 제어 신호가 존재한다는 것은 공압이 서비스 유닛을 통과하였다는 뜻이다.

정답 41. ① 42. ① 43. ③ 44. ② 45. ④ 46. ④

47. 높은 압력과 많은 토출량을 필요로 하는 유압 장치에 적합한 펌프는?

① 기어 펌프　　② 나사 펌프
③ 베인 펌프　　④ 회전 피스톤 펌프

해설 피스톤 펌프는 고압 대유량에 좋다.

48. 유압기기 중 불필요한 오일을 탱크로 방출시켜 펌프에 부하가 걸리지 않도록 하는 밸브는?

① 감압 밸브
② 교축 밸브
③ 무부하 밸브
④ 카운터 밸런스 밸브

해설 무부하 밸브 : 계통의 압력이 설정값에 달하면 펌프를 무부하로 하고, 또한 계통 압력이 설정값까지 저하되면, 다시 계통으로 압력 유체를 공급하여 동력의 절감과 유온 상승을 피할 수 있는 압력 제어 밸브

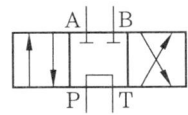

49. 유압 모터의 특징으로 틀린 것은?

① 소형 경량으로도 큰 출력을 낼 수 있다.
② 토크 제어의 기계에 사용하면 편리하다.
③ 최대 토크를 제한하는 기계에 사용하면 편리하다.
④ 회전 속도는 쉽게 변화시킬 수 있으나 역회전을 할 수 없다.

해설 기어 모터, 베인 모터 등은 역회전이 가능하다.

50. 어큐뮬레이터(accumulator)의 일반적인 기능이 아닌 것은?

① 맥동 제거용　　② 압력 감소
③ 충격 완충　　　④ 에너지 축적

해설 어큐뮬레이터(accumulator)의 일반적인 기능 : 유압 에너지의 축적, 서지압 흡수, 압력 보상, 맥동 제거, 충격 완충, 액체의 수송, 유체의 반송 및 증압

51. 다음 유압기기 그림의 기호로 옳은 것은 어느 것인가?

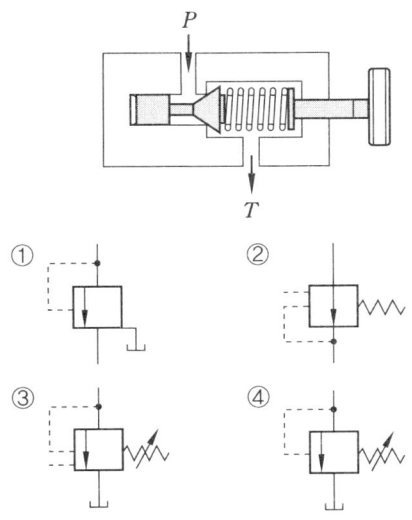

해설 문제의 밸브는 릴리프 밸브이다.

52. 다음 중 유압 펌프 소음 발생 원인으로 가장 적합한 것은?

① 작동유의 오염
② 에어 필터의 막힘
③ 내부 누설의 증가
④ 외부 누설의 증가

해설 펌프 소음 결함의 원인 : 펌프 흡입 불량, 공기 흡입 밸브 필터 막힘, 이물질 침입, 작동유 점성 증대, 구동 방식 불량, 펌프 고속 회전, 외부 진동, 펌프 부품의 마모, 손상

정답　47. ④　48. ③　49. ④　50. ②　51. ④　52. ②

53. 공유압 회로 손실에 대한 설명으로 틀린 것은?

① 층류와 난류의 경계는 Re = 1320이다.
② 레이놀즈 수에 따라 층류와 난류로 구별된다.
③ 손실 수두는 유체의 운동 에너지에 비례한다.
④ 손실 수두는 마찰계수와 직접적인 관계가 있다.

해설 관을 흐르는 유체는 레이놀즈 수(Reynolds number)에 따라 층류와 난류로 구별되며 레이놀즈 수가 작은 경우, 즉 상대적으로 유속과 지름이 작거나 점성계수가 큰 경우에 층류가 되고, 레이놀즈 수가 큰 경우에는 난류가 된다. 그 경계값은 보통 Re = 2320 정도이다.

54. 다음의 진리표와 관계있는 밸브는 다음 중 어느 것인가?

S1	S2	H
0	0	0
0	1	0
1	0	0
1	1	1

① 2압 밸브
② OR 밸브
③ 교축 밸브
④ 체크 밸브

해설 AND 논리는 2개의 입력을 가질 때 연결도 가능하며, 이때에 모든 입력 신호가 만족되어야만 출력이 발생한다.

55. 큰 운동 에너지를 얻기 위해 설계된 것으로 리벳팅, 펀칭, 프레싱 작업 등에 사용하는 실린더는?

① 충격 실린더
② 양로드 실린더
③ 쿠션 내장형 실린더
④ 텔레스코프형 실린더

해설 충격 실린더(impact cylinder) : 실린더 내에 있는 공기 탱크에서 피스톤에 공기 압력을 급격하게 작용시켜 피스톤에 충격 힘(25~500 N·m 정도)을 고속인 속도 에너지로 이용하게 된 실린더이다. 보통 실린더는 성형 작업을 할 때에 추력에 제한을 받게 되므로 운동 에너지를 얻기 위해 이 실린더를 설계하였으며, 속도를 7.5~10 m/s까지 얻을 수 있고 프레싱, 플랜징, 리베팅, 펀칭 등의 작업에 이용한다.

56. 다음의 기호가 나타내는 것은?

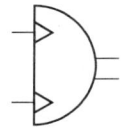

① 요동형 공기압 펌프
② 요동형 공기압 모터
③ 요동형 공기압 압축기
④ 요동형 공기압 실린더

57. 공압 배관 연결 작업이나 용접 작업 시 발생되는 이물질이 공압 시스템으로 유입되어 고장이 발생하는데, 이로 인한 고장으로 가장 거리가 먼 것은?

① 압력 스프링 손상으로 누설이 생긴다.
② 슬라이드 밸브의 고착 현상이 생긴다.
③ 포핏 밸브의 시트부에 융착되어 누설이 생긴다.
④ 유량 제어 밸브에 융착되어 속도 제어를 방해한다.

58. 단단 펌프 2개를 1개의 본체 내에 직렬로 연결시킨 펌프로, 고압의 출력이 요구되는 액추에이터의 구동에 적합한 펌프는?

① 2단 베인 펌프
② 단단 베인 펌프
③ 2연 베인 펌프
④ 복합 베인 펌프지

해설 2단 베인 펌프(two stage vane pump) : 베인 펌프의 단점인 고압을 가능하게 하기 위해 용량이 같은 단단 펌프 2개를 1개의 본체 내에 직렬로 연결시킨 것으로 고압 출력이 필요한 곳에 사용하나 소음이 발생한다. 정지 압력은 14 MPa, 최대 압력은 21 MPa까지도 발생할 수 있으며, 회전수는 600~1500 rpm 정도이다.

59. 유압 회로의 최고 압력을 제한하여 회로 내의 과부하를 방지하며, 유압 모터의 토크나 실린더의 출력을 조절하는 밸브는?

① 릴리프 밸브 ② 시퀀스 밸브
③ 언로딩 밸브 ④ 스로틀 밸브

해설 릴리프 밸브 : 실린더 내의 힘이나 토크를 제한하여 부품의 과부하(over load)를 방지하고 최대 부하 상태로 최대의 유량이 탱크로 방출되기 때문에 작동 시 최대의 동력이 소요된다.

60. 유압 모터 중 가장 간단하며 출력 토크가 일정하고 정·역회전이 가능하지만 정밀 서보기구에는 부적합한 모터는?

① 기어 모터
② 베인 모터
③ 레디얼 피스톤 모터
④ 액시얼 피스톤 모터

해설 기어 모터(gear motor) : 유압 모터 중 구조면에서 가장 간단하며 유체 압력이 기어의 이에 작용하여 토크가 일정하고, 또한 정회전과 유체의 흐름 방향을 반대로 하면 역회전이 가능하다. 기어 펌프의 경우와 같이 체적은 고정되며, 압력 부하에 대한 보상 장치가 없다.

정답 58. ① 59. ① 60. ①

자동화설비 산업기사

제3회 CBT 대비 실전문제

1과목 자동 제어

1. PLC의 통신 중 RS-422방식에 대한 설명으로 틀린 것은?

① 1byte 단위로 data가 전송된다.
② 전송속도가 느리나 소프트웨어가 간단하다.
③ 데이터를 1개의 케이블을 통해 1bit씩 전송된다.
④ RS-232C에 의해 전송길이가 길고 1 : N 접속이 가능하다.

[해설] RS-422방식 : 송수신 각각 2선씩, 전원은 5V로 낮은 전압, 꼬인 쌍선(Twisted Pair ; TP)을 써서 장거리를 저잡음으로 통신 가능, 동시 송수신이 가능, 직렬 통신 규격

2. 출력이 0.5mV/℃인 열전대 센서에서 0~200℃의 온도 범위를 분해능 0.5℃로 측정하고자 할 때, 필요한 A/D 변환기의 최소 비트수는?

① 6 ② 7 ③ 8 ④ 8

[해설] 최소 스텝 : $\dfrac{200}{0.5}$ = 400스텝 이상을 만들어야 한다.

9bit = 1 1 1 1 1 1 1 1 1
       2^8 2^7 2^6 2^5 2^4 2^3 2^2 2^1 2^0
511 = 256 128 64 32 16 8 4 2 1

3. 공압장치의 구성기기가 아닌 것은?

① 공기탱크   ② 서비스 유닛
③ 애프터 쿨러 ④ 어큐뮬레이터

[해설] 최대 틈새
- 공기 압축기(air-compressor)
- 냉각기(cooler)
- 공기탱크(air tank)
- 공기 건조기(air-dryer)
∴ 어큐뮬레이터(accumulator) : 용기 내에 오일을 고압으로 압입하여 유용한 작업을 하는 유압유 저장용기

4. 제어의 종류를 제어량에 따라 분류했을 때 다음 중 공정제어와 가장 관계가 먼 것은?

① 위치 제어   ② 유량 제어
③ 온도 제어   ④ 액면 제어

[해설] 제어량의 종류에 의한 분류
- 프로세서 제어(process control) : 플랜트나 생산 공정 중의 온도, 유량, 압력, 레벨, 효율 등의 공업 프로세서의 상태량을 제어량으로 하는 제어
- 서보기구 : 물체의 위치, 각도 등을 제어량으로 하고 목표값의 임의의 변화에 추종하는 것
- 자동 조정 : 제어량은 회전수, 압력, 전압, 주파수, 온도, 속도 등

5. 동기기형 서보 전동기에 관한 설명으로 틀린 것은?

① 신뢰성이 높다.
② 시스템이 간단하고 저가이다.
③ 고속, 고 토크 이용이 가능하다.
④ 브러시가 없어 보수가 용이하다.

[해설] 장점
- 브러시가 없어 보수가 용이하다.

[정답] 1.① 2.④ 3.④ 4.① 5.②

- 내 환경성이 좋다.
- 신뢰성이 높다.
- 고속, 고 토크 이용이 가능하다.
- 방열이 좋다.

단점
- 시스템이 복잡하고 고가이다.
- 전기적 시정수가 크다.
- 회전 검출기가 필요하다.

- 속도제어, 정·역회전 변경이 쉽다.
- 같은 크기의 AC 모터에 비해 출력이 크고 동시에 효율이 좋다.
- AC 모터에 비해 저전압 사양 및 절연의 간소화가 가능하다.
- 브러시의 마모로 수명에 한계가 있다.
- 브러시와 정류자에 의해서 노이즈가 발생된다.

6. 다음 중 생산 공정이나 기계장치 등을 자동화하였을 때 효과로 가장 거리가 먼 것은?
① 인건비 감소
② 생산속도 증가
③ 제품 품질의 균일화
④ 생산 설비의 수명 감소

해설 생산 공정이나 기계장치 등을 자동화하였을 때 생산 설비의 수명 증가 효과를 얻을 수 있다.

7. 제어 대상의 제어량을 제어하기 위하여 제어요소를 만들어 내는 회전력, 열, 수증기, 빛 등과 같은 것으로 제어요소가 제어대상에 주는 신호는?
① 목표값   ② 제어량
③ 조작량   ④ 동작신호

해설 조작량 : 제어요소가 제어대상에 주는 신호

8. DC 모터에 대한 설명으로 틀린 것은?
① 가격이 저렴하고 기동 토크가 크다.
② 입력 주파수에 따라 속도가 가변된다.
③ 브러시에 의한 노이즈 발생이 심하다.
④ 인가전압에 따른 회전특성이 직선적이다.

해설 DC모터의 특징
- 기동 토크가 커서 기동이 뛰어나다.

9. 순차 제어시스템과 되먹임 제어시스템을 비교하는 경우 되먹임 제어시스템에만 있는 구성요소는?
① 비교부 ② 조작부 ③ 조절부 ④ 출력부

해설 비교부 : 검출부에서 검출된 신호와 입력 신호를 비교하는 부분

10. 8bit 데이터 버스 D0~D7를 통해서 전송되는 데이터 값이 95H이다. 데이터 버스 각 핀의 신호 중 High(ON 또는 1)가 아닌 신호 핀은?
① D0   ② D2   ③ D4   ④ D6

해설

Data bus	D7	D6	D5	D4	D3	D2	D1	D0
Data	1	0	0	1	0	1	0	1
	(9				5)			H

11. 리셋 신호가 들어오지 않은 상태에서 입력신호가 몇 번 들어 왔는가를 계수하여 설정값이 되면 출력을 내보내는 PLC의 기능으로 옳은 것은?
① 로드   ② 함수   ③ 카운터   ④ 타이머

해설 카운터 : 리셋 신호가 들어오지 않은 상태에서 입력신호가 몇 번 들어 왔는가를 계수하여 설정값이 되면 출력

정답 6. ④ 7. ③ 8. ② 9. ① 10. ④ 11. ③

12. 다음 컴퓨터 구성장치 중 입력장치가 아닌 것은?

① OMR(Optical Mark Reader)
② OCR(Optical Character Reader)
③ COM(Computer Output Microfilmer)
④ MICR(Magnetic Ink Character Reader)

해설 타이프라이터, 천공카드, 자기테이프, 자기디스크, A/D 변환기
- R(Optical Mark Reader) : 광학식 마크 판독장치
- OCR(Optical Character Reader) : 광학적 문자 판독장치
- COM(Computer Output Microfilm) : 자기테이프장치에서 정보를 마이크로 필름상에 출력하는 장치
- MICR(Magnetic Ink Character Reader) : 자기 잉크 문자 판독 장치

13. 그림에서 $R(s)=101$, $C(s)=10$일 때 전달 함수 G의 값은?

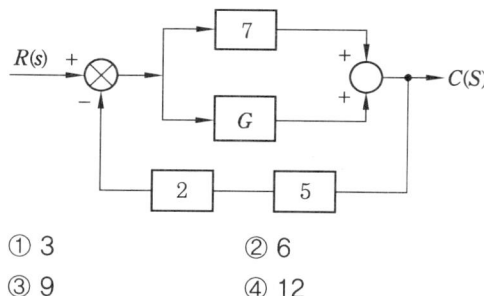

① 3　　② 6
③ 9　　④ 12

해설 그림의 전달 함수 G를 계산하면
$$G(s)=\frac{C(s)}{R(s)}=\frac{10}{101}=\frac{2\times 5}{1+(7+G)\times 2\times 5}$$
$10+(7+G)\times 100=10$
$10+700+100G=1010$
$G=\dfrac{300}{100}=3$

14. 제어계가 안정하려면 특성 방정식의 근이 다음 그림과 같은 s-평면에서 어느 곳에 위치하여야 하는가?

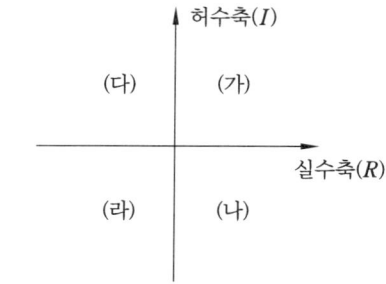

① (가), (나)　　② (가), (다)
③ (나), (라)　　④ (다), (라)

해설

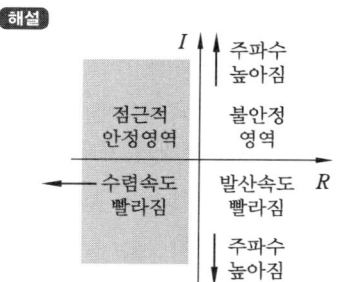

15. 회전형 공기 압축기가 아닌 것은?

① 베인형　　② 스크루형
③ 스크롤형　　④ 다이어프램형

해설 회전형 공기 압축기 종류
- 베인(vane)형 공기 압축기
- 스크루(screw)형 공기 압축기
- 스크롤(scroll)형 공기 압축기
- 루트 블로워(roots blower)형 공기 압축기

16. 전자력을 이용하여 유체의 방향을 제어하는 밸브 조작 방식으로 사용되는 것은?

① 수동 방식
② 공기압 방식
③ 기계 작동 방식

정답 12. ③　13. ①　14. ④　15. ④　16. ④

④ 솔레노이드 방식

[해설] 솔레노이드 : 원통형으로 감은 전기 코일에 전류를 흘리면 원의 내측에 자기장이 생기며, 자성 물질인 쇠막대를 움직여 전기 에너지를 기계 에너지로 변환시키는 것

17. 제어계의 과도 응답을 조사하는 데 사용되는 입력은?

① 램프 함수 ② 사인 함수
③ 포물선 함수 ④ 단위 계단 함수

[해설] 과도 응답(transient response), 램프 함수(ramp function, 경사 함수), 사인 함수(sine function, 정현파 함수), 포물선 함수(parabola function), 단위 계단 함수(unit step function)

18. $G(s) \cdot H(s) = \dfrac{K(s+3)}{s(s+1)^3(s+2)}$ 에서 근궤적의 수는?

① 4 ② 5 ③ 6 ④ 7

[해설] $K=0$은 $G(s) \cdot H(s)$의 극점이므로 근궤적의 수는 극점의 수이다.
$s=0$, $s=-1$, $s=-1\pm j$, $s=-2$의 5개 극점을 가진다.

19. 다음 FND로 숫자 '2'를 표시하고자 할 때 옳은 데이터는?

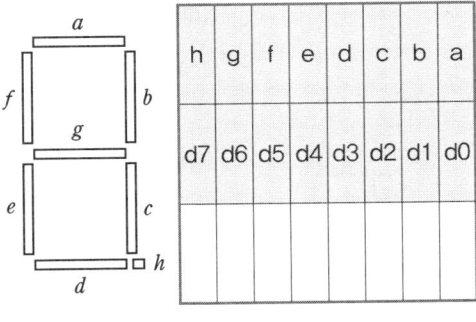

① 4AH ② 4BH
③ 5AH ④ 5BH

[해설]

h	g	f	e	d	c	b	a	FND
d7	d6	d5	d4	d3	d2	d1	d0	
0	1	0	1	1	0	1	1	2진수
5				B				Hex

20. 무접점 시퀀스회로 구성에서 검출기로부터 신호를 받아서 제어대상에 어떠한 조작을 가할 것인가라는 것을 판단하고 조작기기에 명령을 내리는 회로는?

① 논리회로
② 입력회로
③ 제어회로
④ 출력회로

[해설] 무접점 시퀀스 : 논리회로를 응용한 것이다.

2과목 기계 요소 설계

21. 다음 중 베어링 설치 시 고려해야 하는 예압(preload)에 관한 설명으로 틀린 것은?

① 예압은 축의 흔들림을 적게 하고, 회전 정밀도를 향상시킨다.
② 베어링 내부 틈새를 줄이는 효과가 있다.
③ 예압량이 높을수록 예압 효과는 커지고, 베어링 수명에 유리하다.
④ 적절한 예압을 적용할 경우 베어링의 강성을 높일 수 있다.

[해설] 예압을 크게 하면 베어링 수명이 단축되고 베어링 온도가 상승한다.

정답 17. ④ 18. ② 19. ④ 20. ① 21. ③

22. 50kN의 축 방향 하중과 비틀림이 동시에 작용하고 있을 때 가장 적절한 최소 크기의 체결용 미터 나사는? (단, 허용 인장 응력은 45N/mm²이고, 비틀림 전단 응력은 수직 응력의 1/3이다.)

① M36 ② M42
③ M48 ④ M56

해설 $d = \sqrt{\dfrac{8W}{3\sigma}} = \sqrt{\dfrac{8 \times 50 \times 1000}{3 \times 45}}$
$\fallingdotseq 54.43 \text{mm}$

23. 변형률(strain, ε)에 관한 식으로 옳은 것은? (단, l : 재료의 원래 길이, λ : 줄거나 늘어난 길이, A : 단면적, σ : 작용 응력)

① $\varepsilon = \lambda \times l^2$ ② $\varepsilon = \dfrac{\sigma}{l}$
③ $\varepsilon = \dfrac{\lambda}{A}$ ④ $\varepsilon = \dfrac{\lambda}{l}$

해설 • 세로 변형률(ε) = $\dfrac{\lambda}{l} = \dfrac{l'-l}{l}$
• 가로 변형률(ε') = $\dfrac{\delta}{d} = \dfrac{\delta'-\delta}{d}$

24. 1줄 겹치기 리벳 이음에서 리벳의 개수는 3개, 리벳의 지름은 18mm, 작용 하중은 10kN일 때 리벳 하나에 작용하는 전단 응력은 약 몇 MPa인가?

① 6.8 ② 13.1 ③ 24.6 ④ 32.5

해설 $P_s = \dfrac{\pi d^2}{4} \tau$ 이므로 $\tau = \dfrac{4P_s}{\pi d^2}$
$\tau = \dfrac{4P_s}{\pi d^2} = \dfrac{4 \times 10 \times 1000}{\pi \times 18^2} \fallingdotseq 39.3 \text{MPa}$
리벳의 개수가 3개이므로
리벳 1개에 작용하는 전단 응력 = $\dfrac{39.3}{3}$
$= 13.1 \text{MPa}$

25. 단면 50mm×50mm, 길이 100mm인 탄소 강재가 있다. 여기에 10kN의 인장력을 길이 방향으로 주었을 때 0.4mm가 늘어났다면, 이때 변형률은?

① 0.0025 ② 0.004
③ 0.0125 ④ 0.025

해설 $\varepsilon' = \dfrac{\delta}{d} = \dfrac{0.4}{100} = 0.004$

26. ϕ100e7인 축에서 치수 공차가 0.035이고, 위 치수 허용차가 −0.072라면 최소 허용 치수는 얼마인가?

① 99.893
② 99.928
③ 99.965
④ 100.035

해설 • 아래 치수 허용차
= 위 치수 허용차 − 치수 공차
= −0.072 − 0.035 = −0.107
• 최소 허용 치수
= 기준 치수 + 아래 치수 허용차
= 100 − 0.107 = 99.893

27. 화살표 방향이 정면일 경우 입체도의 평면도로 가장 적합한 투상도는?

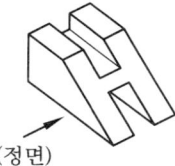
(정면)

① 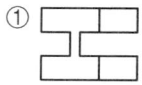   ②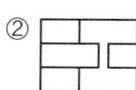
③ 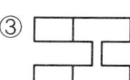   ④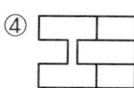

28. 다음 중 주어진 평면도와 우측면도를 보고 누락된 정면도로 가장 적합한 것은?

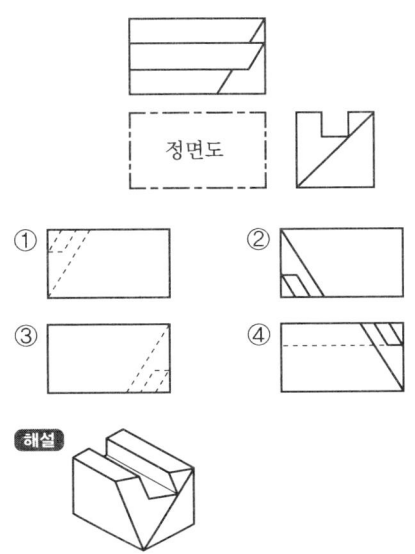

29. 기하 공차를 나타내는 데 있어서 대상면의 표면은 0.1mm만큼 떨어진 두 개의 평행한 평면 사이에 있어야 한다는 것을 나타내는 것은?

① ⎯ 0.1   ② ▱ 0.1
③ ⌀ 0.1   ④ ⊥ 0.1 A

해설 평면도는 공차역만큼 떨어진 2개의 평행한 평면 사이에 끼인 영역으로, 단독 형체이므로 데이텀이 필요하지 않다.

30. 재료 기호가 'STD 10'으로 나타날 때 이 강재의 종류로 옳은 것은?

① 기계 구조용 합금강
② 탄소 공구강
③ 기계 구조용 탄소강
④ 합금 공구강

해설 • 탄소 공구강 강재 : STC
• 기계 구조용 탄소 강재 : SM
• 합금 공구강 강재 : STS, STD, STF

31. 나사의 호칭 방법 'LM20×2-6H'의 설명으로 옳은 것은?

① 리드 3mm
② 암나사 등급 6H
③ 왼쪽 감김 방향 2줄 나사
④ 나사산의 수 6개

해설 나사산의 감김 방향은 왼쪽, 1줄 나사, 나사의 호칭은 M20, 미터 가는 나사, 피치 2, 암나사 등급 6H이다.

32. 기계 도면을 용도에 따른 분류와 내용에 따른 분류로 구분할 때, 용도에 따른 분류에 속하지 않는 것은?

① 부품도   ② 제작도
③ 견적도   ④ 계획도

해설 기계 도면의 용도에 따른 분류
제작도, 설명도, 계획도, 견적도, 주문도, 승인도, 공정도

33. 다음 그림과 같은 정면도와 평면도에 가장 적합한 우측면도는?

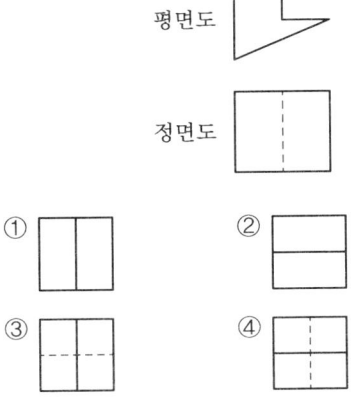

해설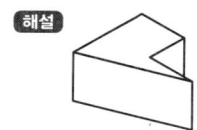

34. 기계 제도의 투상도법에 대한 설명으로 옳은 것은?

① KS 규격은 제3각법만 사용한다.
② 제1각법은 물체와 눈 사이에 투상면이 있는 것이다.
③ 제3각법은 평면도가 정면도 위에, 우측면도가 정면도 오른쪽에 있다.
④ 동일한 부품을 각각 제1각법과 제3각법으로 도면을 작성할 경우 배면도의 투상도는 다르다.

해설 기계 제도의 투상도법
- KS 규격은 제1각법과 제3각법을 사용한다.
- 제1각법은 물체가 눈과 투상면 사이에 있다.
- 동일 부품을 각각 제1각법과 제3각법으로 도면을 작성할 경우 배면도의 투상도는 항상 동일하다.

35. 나사의 종류 중 ISO 규격에 있는 관용 테이퍼 나사에서 테이퍼 암나사를 표시하는 기호는?

① PT ② PS ③ Rp ④ Rc

해설
- PT : 관용 테이퍼 나사(ISO 규격에 없는 것)
- PS : 관용 평행 암나사(ISO 규격에 없는 것)
- Rp : 관용 평행 암나사(ISO 규격에 있는 것)
- Rc : 관용 테이퍼 암나사(ISO 규격에 있는 것)

36. 그림과 같은 도면에서 '가' 부분에 들어갈 가장 적절한 기하 공차 기호는?

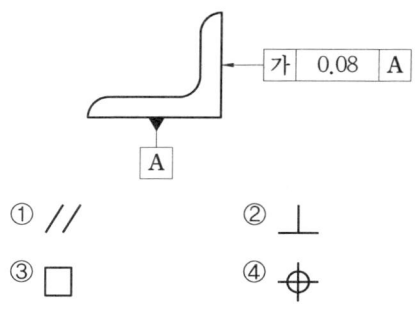

① // ② ⊥
③ □ ④ ⌖

해설 도면상에서 직각을 이루고 있는 형상이므로 데이텀 A를 기준으로 직각도 공차를 지시한다.

37. M20 3줄 나사에서 피치가 1.5이면 리드(lead)는 몇 mm인가?

① 1.5 ② 2.5 ③ 3.5 ④ 4.5

해설 $l = np = 3 \times 1.5 = 4.5\,\text{mm}$

38. 기어 제도에서 선의 사용법으로 틀린 것은?

① 피치원은 가는 1점 쇄선으로 표시한다.
② 축에 직각인 방향에서 본 그림을 단면도로 도시할 때는 이골(이뿌리)의 선은 굵은 실선으로 표시한다.
③ 잇봉우리원(이끝원)은 가는 실선으로 표시한다.
④ 내접 헬리컬 기어의 잇줄 방향은 3개의 가는 실선으로 표시한다. 이끝원은 굵은 실선으로 표시한다.

해설 잇봉우리원(이끝원)은 굵은 실선으로 표시한다.

39. 기하 공차의 종류에서 위치 공차에 해당되지 않는 것은?

① 동축도 공차 ② 위치도 공차
③ 평면도 공차 ④ 대칭도 공차

정답 34.② 35.④ 36.② 37.④ 38.③ 39.③

해설 모양 공차에는 진직도, 평면도, 진원도, 원통도, 선의 윤곽도, 면의 윤곽도가 있다.

40. 다음 그림에서 지시선에 기입된 12× φ7 드릴과 2× φ3드릴은 무엇을 뜻하는가?

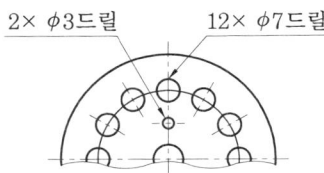

① 지름 7mm의 구멍 12개와 지름 3mm의 구멍 2개를 각각 드릴로 뚫는다.
② 지름 12mm의 구멍 7개와 지름 2mm의 구멍 3개를 각각 드릴로 뚫는다.
③ 지름 12mm, 깊이 7mm의 구멍과 지름 2mm, 깊이 3mm의 구멍을 각각 1개씩 뚫는다.
④ 지름 12mm의 구멍을 7mm 간격으로, 지름 2mm의 구멍을 수평 중심선을 대칭으로 하여 3mm 간격으로 뚫는다.

해설
• 12×φ7드릴 : 지름 7mm, 구멍 12개
• 2×φ3드릴 : 지름 3mm, 구멍 2개

3과목　공유압

41. A_1의 면적은 30cm²이고 유속 V_1은 2m/s이다. A_2의 면적이 10cm²일 때 유속 V_2[m/s]는 얼마인가?

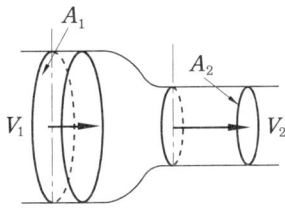

① 3　② 6　③ 12　④ 24

해설 $Q = A_1 V_1 = A_2 V_2$

42. 압축기는 변동하는 공기의 수요에 공급량을 맞추기 위해 적절한 조절 방식에 의해 제어된다. 다음 중 무부하 조절 방식이 아닌 것은?
① 배기 조절 방식
② 흡입량 조절 방식
③ 차단 조절 방식
④ 그립 – 암 조절 방식

해설 무부하 조절 방식에는 배기 제어, 차단 제어, 그립 – 암 제어가 있다.

43. 공압 모터의 장점이 아닌 것은?
① 회전수와 토크를 자유롭게 조정할 수 있다.
② 다른 원동기에 비해 온도, 습도의 영향이 적다.
③ 에너지 변환 효율이 매우 높다.
④ 폭발의 위험성이 있는 곳에서도 안전하다.

해설 공압 모터의 특징
㉠ 장점
• 값이 싼 제어 밸브만으로 속도, 토크를 자유롭게 조절할 수 있어 속도 범위가 크다.
• 과부하 시에도 아무런 위험이 없고, 폭발성도 없다.
• 시동, 정지, 역전 등에서 어떤 충격도 일어나지 않고 원활하게 이루어진다.
• 에너지를 축적할 수 있어 정전 시 비상용으로 유효하다.
㉡ 단점
• 에너지의 변환 효율이 낮고, 배출음이 크다.
• 이물질에 민감하고, 공기의 압축성 때문에 제어성이 그다지 좋지 않다.

정답 40. ①　41. ②　42. ②　43. ③

• 부하에 의한 회전 때문에 변동이 크고, 일정 속도를 높은 정확도로 유지하기가 어렵다.

44. 공압기기에서 비접촉식 감지 장치가 아닌 것은?

① 압력 증폭기
② 반향 감지기
③ 배압 감지기
④ 공기 배리어(barrier)

해설 비접촉식 감지 장치를 공압에서는 근접 감지 장치라 하고, 이의 원리에는 자유 분사 원리(free jet principle)와 배압 감지(back pressure sensor) 원리의 두 가지가 있다.

45. 제어 시스템에서 신호 발생 요소의 작동 상태를 알 수 있으며 시퀀스 상의 간섭 유무를 판별할 수 있는 것은?

① 논리도
② 제어 선도
③ 내부 결선도
④ 변위 단계 선도

해설 제어 선도(control diagram) : 신호 발생 요소의 신호 영역을 프로그램 플로 차트의 기호 ON-OFF 표시 방식으로 표현함으로써 각 신호 발생 요소의 작동 상태를 알 수 있으며, 각 신호 발생 요소 간의 신호 간섭 현상을 예측할 수 있다. 이 선도는 제어 시스템에 발생되는 신호 간섭의 원인 파악이 가능하여 간섭 해결의 방안을 모색할 수 있다.

46. 유압 장치의 구성 요소와 해당 기기의 연결이 옳은 것은?

① 동력원-전동기, 엔진, 윤활기
② 동력 장치-오일 탱크, 유압 모터
③ 구동부-실린더, 유압 펌프, 요동 액추에이터
④ 제어부-압력 제어 밸브, 유량 제어 밸브, 방향 제어 밸브

해설 ㉠ 동력원-전동기, 엔진
㉡ 동력 장치-오일 탱크, 유압 펌프
㉢ 구동부-실린더, 유압 모터, 요동 액추에이터

47. 유압 장치의 특성에 대해 잘못 설명된 것은?

① 큰 힘을 낼 수 있다.
② 공압에 비해 작업 속도가 빠르다.
③ 무단 변속이 가능하다.
④ 균일한 속도를 얻을 수 있다.

해설 작업 속도는 유압에 비해 공압이 빠르다.

48. 다음은 3위치 4포트 밸브 중 클로즈 센터형 밸브에 대한 설명이다. 밸브의 설명으로 옳지 않은 것은?

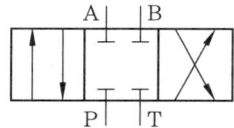

① 실린더를 임의의 위치에서 정지시킬 수 있다.
② 중립 위치에서 펌프를 무부하시킬 수 있다.
③ 1개의 펌프로 2개 이상의 실린더를 작동시킬 수 있다.
④ 급격한 밸브 전환 시 서지압(surge pressure)이 발생된다.

해설 클로즈 센터형 밸브는 중립 위치에서 펌프를 무부하시킬 수 없다.

정답 44.① 45.② 46.④ 47.② 48.②

49. 유압 작동유의 구비 조건으로 맞지 않는 것은?

① 비압축성이어야 한다.
② 적절한 점도가 유지되어야 한다.
③ 발생되는 열을 잘 보관, 저장하여야 한다.
④ 녹이나 부식이 생기지 않고 장시간 사용에도 화학적으로 안정되어야 한다.

해설 열에 의하여 점도가 변하는 것을 방지하기 위해 유압 작동유의 발생열을 잘 방출하여야 한다.

50. 유압 펌프가 기름을 토출하지 않고 있다. 다음 중 검사 방법이 적합하지 않은 것은?

① 펌프의 온도를 측정한다.
② 펌프의 흡입 쪽을 검사한다.
③ 펌프의 상태를 검사한다.
④ 펌프의 회전 방향을 확인한다.

해설 ㉠ 펌프의 회전 방향 확인
㉡ 흡입 쪽 검사 : 오일 탱크에 오일량의 적정량 여부, 석션 스트레이너의 막힘 여부, 흡입관으로 공기를 빨아들이지 않는지, 점도의 적정 여부
㉢ 펌프의 정상 상태 검사 : 축의 파손 여부, 내부 부품의 파손 여부를 위한 분해·점검, 분해 조립 시 부품의 누락 여부

51. 공압장치인 서비스 유닛의 구성품으로 맞는 것은?

① 윤활기, 필터, 감압 밸브
② 윤활기, 실린더, 압축기
③ 압축기, 탱크, 필터
④ 압축기, 필터, 모터

해설 서비스 유닛 : 공기필터, 압축공기 조정기, 압력계, 윤활기가 한 조로 이루어진 것

52. 압력 제어 밸브에서 급격한 압력 변동에 따른 밸브 시트를 두드리는 미세한 진동이 생기는 현상은?

① 노킹   ② 채터링
③ 해머링   ④ 캐비테이션

해설 채터링(chattering) : 릴리프 밸브 등에서 밸브 시트를 두드려 비교적 높은 음을 발생시키는 일종의 자려 진동 현상

53. 다음과 같이 1개의 입력 포트와 1개의 출력 포트를 가지고 입력 포트에 입력이 되지 않은 경우에만 출력 포트에 출력이 나타나는 회로는?

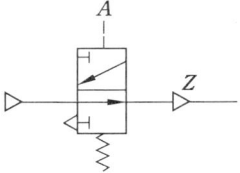

① NOR 회로   ③ NOT 회로
② AND 회로   ④ OR 회로

54. 다음의 변위 단계 선도에서 실린더 동작 순서가 옳은 것은? (단, + : 실린더의 전진, - : 실린더의 후진)

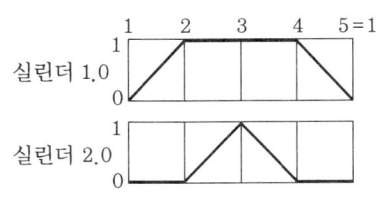

① 1.0+ 2.0+ 2.0- 1.0-
② 1.0- 2.0- 2.0+ 1.0+
③ 2.0+ 1.0+ 1.0- 2.0-
④ 2.0- 1.0- 1.0+ 2.0+

해설 실린더 A전진 → B전진 → B후진 → A후진

55. 입력신호 A, B에 대한 출력 C가 갖는 회로의 이름은?

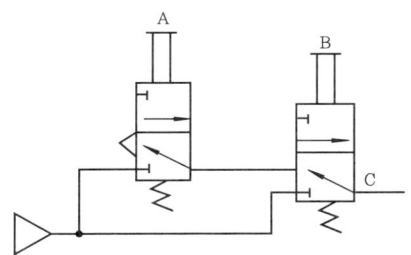

① AND 회로　　② OR 회로
③ NOT 회로　　④ NOR 회로

56. 유압 펌프에서 축 토크를 $Tp[\text{kg} \cdot \text{cm}]$, 축동력을 L이라 할 때 회전수 $n[\text{rev/s}]$을 구하는 식은?

① $n = 2\pi T_p$　　② $n = \dfrac{T_p}{2\pi L}$

③ $n = \dfrac{L}{2\pi T_p}$　　④ $n = \dfrac{2\pi L}{T_p}$

해설 축동력$(L) = 2\pi n T_p$이므로 $n = \dfrac{L}{2\pi T_p}$

57. 흡착식 공기 건조기에서 사용되는 고체 흡착제는?

① 암모니아　　② 실리카겔
③ 프레온 가스　　④ 진한 황산

해설 흡착식 건조기의 건조제로는 실리카겔, 활성 알루미나 등을 사용한다.

58. 다음 중 유압회로에서 주요 밸브가 아닌 것은?

① 압력 제어 밸브
② 회로 제어 밸브
③ 유량 제어 밸브
④ 방향 제어 밸브

해설 밸브는 기능상 압력 제어 밸브, 유량 제어 밸브, 방향 제어 밸브 3가지로 분류한다.

59. 호스 이음 재료로 틀린 것은?

① 강　　② 황동
③ 고무　　④ 스테인리스강

해설 호스 이음 재질은 강, 황동, 스테인리스강 등으로 되어 있으나, 플라스틱으로 제작된 것도 있다.

60. 다음의 기호를 보고 알 수 없는 것은?

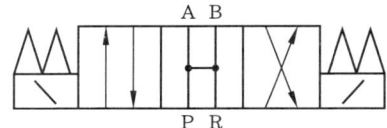

① 4 포트 밸브
② 오픈 센터
③ 개스킷 접속
④ 3 위치 밸브

해설 이 밸브는 오픈 센터 타입 방향 제어 밸브로 4/3way 밸브이다.

제4회 CBT 대비 실전문제

자동화설비 산업기사

1과목 자동 제어

1. 정보처리회로에서 서보기구로 보내는 신호의 형태는?
① 변위 ② 전류
③ 전압 ④ 펄스

해설 서보기구
- 사람의 손과 발에 해당하는 것으로, 정보처리회로에서 전달된 신호에 의하여 공작기계의 테이블 등을 움직이게 하는 기구
- 신호는 펄스(Pulse : 일정값 이상의 전압을 가진 순간적인 전류)의 형태로 전달

2. 어큐뮬레이터(acumulator)의 용도로 틀린 것은?
① 에너지 축적용
② 펌프 맥동 흡수용
③ 충격 압력의 완충용
④ 오일 중 공기나 이물질 분리용

해설 어큐뮬레이터 : 축압기는 유체의 압력을 축적하여 유체의 흐름을 일정하게 조절해 주는 장치로서 맥동을 방지하는 데 사용

3. 1차 지연요소의 전달 함수는? (단, K : 이득 상수, T : 시정수, s : 라플라스 연산자이다.)
① $1+Ls$
② $1+Ls+Ks^2$
③ $\dfrac{K}{1+sT}$
④ $\dfrac{K}{1+sT_i+s^2T_2}$

해설 입력대비 시간이 지연되어 출력이 나오는 RLC 직렬회로로서 다음과 같은 형태를 가지는 전달 함수이다.
$$G(s)=\frac{Y(s)}{G(s)}=\frac{b}{s+a}$$

4. 다음 중 로터리 엔코더에서 출력되는 펄스 신호를 PLC에 입력하기 위해서 사용하는 특수 유닛의 명칭은?
① PID 유닛
② D/A 변환 유닛
③ 고속 카운터 유닛
④ 컴퓨터 링크 유닛

해설
- 로터리 엔코더는 회전체(모터)에서 출력되는 반복적인 신호를 펄스화해서 출력하는 센서로서 PLC에서는 이를 적산하는 기능이 필요하다.
- PLC 입출력 유닛 중에서 고속 카운터 유닛은 펄스신호를 적산(카운팅)하는 모듈이다.

5. NC 공작기계의 주요 구성부가 아닌 것은?
① 스크루 ② 입력부
③ 서보 제어부 ④ 연산 제어부

해설 NC 공작기계는 입력부, 출력부, 서보 제어부, 연산제어부로 구성되며 연산제어부의 프로그래밍이 필수적이다.

6. 다음 중 인칭(Inching)회로를 사용하는 목적으로 옳은 것은?
① 전압을 높이기 위하여
② 사용자의 안전을 위하여

정답 1.④ 2.④ 3.③ 4.③ 5.① 6.②

③ 토크를 크게 하기 위하여
④ 기동전류를 제한하기 위하여

해설 촌동(Inching)회로 : 버튼을 누르고 있는 동안만 동작하는 회로이다. 사용자가 의도하는 동안만 작동하기 때문에 사용자가 인지하지 못하는 동작에 의한 사고를 방지할 수 있다.

7. PLC의 출력에 해당하지 않는 것은?
① Lamp
② Motor
③ Sensor
④ Solenoid valve

해설 램프, 모터, 솔레노이드 밸브는 PLC의 출력신호에의 동작하는 출력장치에 해당하며 센서는 외부 신호를 감지하여 PLC에 입력으로 전달하는 입력장치에 해당

8. 4,096bps를 사용하기 위한 1bit 전송시간은 약 몇 ms인가?
① 0.48
② 0.69
③ 0.244
④ 0.288

해설 $\frac{1}{4,096} = 0.00024414\,\text{s} = 0.24414\,\text{ms}$

9. 서보기구용 검출기 중 변위를 자기장의 변화로 감지하는 것은?
① 압력계
② 속도검출기
③ 전압검출기
④ 차동변압기

해설 차동변압기(LVDT ; Linear Variable Diffe-rential Transformer) : 철심이 직선 운동을 하면 2차 코일이 상호유도현상에 따라 변압되는 원리

10. 그림과 같은 되먹임 제어계의 전달 함수는?

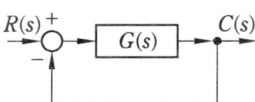

① $\dfrac{G(s)}{1+R(s)}$
② $\dfrac{C(s)}{1+R(s)}$
③ $\dfrac{R(s)C(s)}{1+G(s)}$
④ $\dfrac{G(s)}{1+G(s)}$

해설 $G(s) = \{R(s) - C(s)\}\,G(s)$
$= R(s)G(s) - C(s)G(s)$
$C(s) + C(s)G(s) = R(s)G(s)$
$C(s)\,1 + G(s) = R(s)G(s)$
$\dfrac{G(s)}{R(s)} = \dfrac{G(s)}{1+G(s)}$

11. 다음 전기회로의 입력과 출력 간 전달 함수 $\dfrac{V_o(s)}{V_i(s)}$ 는?

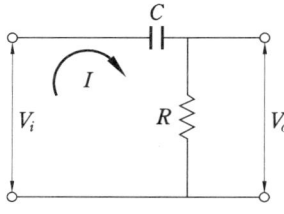

① $RCs+1$
② $\dfrac{RCs+1}{RCs}$
③ $\dfrac{1}{RCs+1}$
④ $\dfrac{RCs}{RCs+1}$

해설 $V_o(s) = R,\ V_o(s) = \dfrac{1}{Cs} + R = \dfrac{RCs+1}{Cs}$

$\dfrac{V_o(s)}{V_i(s)} = Cs \cdot \dfrac{1}{RCs+1}$

12. PLC의 RS232C 커넥터를 이용하여 PC와 직접 연결하려고 한다면, RXD 단자는 상대편의 어느 단자와 연결해야 하는가?

① DCD ② DTR
③ RXD ④ TXD

해설

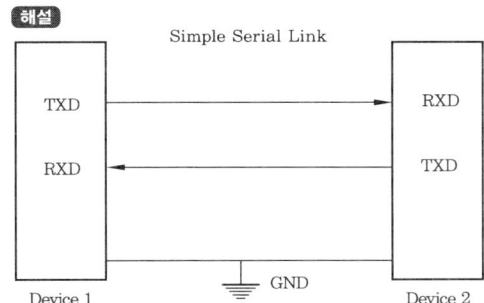

RXD : Receive Data, TXD : Transmit Data, GND : Ground

13. 시퀀스 제어회로에서 스위치를 ON으로 조작하는 것과 동시에 작동하고 타이머의 설정시간 후에 정지하는 회로는?

① 반복동작회로
② 지연동작회로
③ 일정시간동작회로
④ 지연복귀동작회로

해설
- 반복동작회로 : 2개의 타이머를 사용하여 각각 타이머의 설정시간에 따라서 On과 Off의 반복동작을 행하는 회로
- 지연동작회로 : 전압을 인가하면 타이머의 설정시간 후에 동작하는 회로
- 일정시간동작회로 : 전압을 인가하면 동시에 동작하여 타이머의 설정시간 후에 정지하는 회로
- 지연복귀동작회로 : 스위치를 Off 조작한 후 타이머의 설정시간 정도만 지연되고 원래의 상태로 복귀하는 회로

14. 10진법의 수 0에서 7까지를 2진법으로 표현하기 위한 최소 자릿수는?

① 1   ② 2   ③ 3   ④ 4

해설

2진수 자릿수	2^2	2^1	2^0
7(10)	1×2^2	1×2^1	1×2^0

$7 = 1 \times 2^2 + 1 \times 2^1 + 1 \times 2^0$

15. 유압제어의 일반적인 특징으로 틀린 것은?

① 무단 변속이 가능하다.
② 입력에 대한 출력 응답이 빠르다.
③ 작은 장치로 큰 출력을 얻을 수 있다.
④ 전기, 전자의 조합으로 자동제어가 가능하다.

해설 파스칼의 원리는 유체역학에서 막혀 있는 비압축성 유체 공간 속에서 임의의 한 부분에 가해진 압력은 유체의 다른 모든 부분에도 똑같이 전달된다는 원리이다.

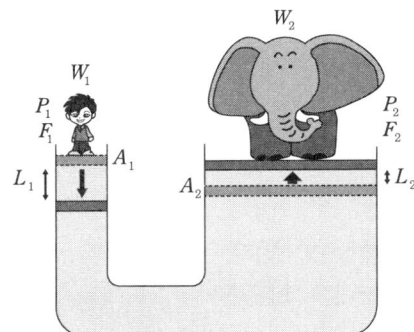

16. $\dfrac{A(s)}{B(s)} = \dfrac{2}{s+1}$ 의 전달 함수를 미분방정식으로 나타내는 것은?

① $\dfrac{da(t)}{dt} + a(t) = 2b(t)$

② $\dfrac{da(t)}{dt} + 2a(t) = b(t)$

③ $\dfrac{da(t)}{dt} + 2a(t) = 2b(t)$

④ $\dfrac{2da(t)}{dt} + a(t) = b(t)$

해설 $\dfrac{A(s)}{B(s)} = \dfrac{2}{s+1}$

$(s+1)A(s) = 2B(s)$

$sA(s) + A(s) = 2B(s)$

$\dfrac{d}{dt}a(t) + a(t) = 2b(t)$

17. 스테핑 모터에 대한 설명으로 틀린 것은?

① 고속운전 시에 탈조하기 쉽다.
② 회전각 검출을 위한 피드백이 필요 없다.
③ 스테핑 모터의 총회전각은 입력 펄스의 총수에 비례한다.
④ 1스텝당 각도오차가 작고 회전각 오차는 스텝마다 누적된다.

해설 스테핑 모터는 스텝별로 동작 오차가 발생하지만 입력신호에 따라 정해진 스텝의 위치제어를 따르므로 회전 시 오차가 누적되지는 않는다.

18. 근궤적의 대칭에 대한 설명으로 옳은 것은?

① 대칭성이 없다.
② 원점과 대칭이다.
③ 실수축과 대칭이다.
④ 허수축과 대칭이다.

해설 근궤적은 K가 $0 \sim +\infty$로 변할 때, $G(s)H(s) = -1/K$를 만족하며 근이 그리는 궤적이다.

- 근궤적의 출발점($K=0$ → 극점), 종착점($K=\infty$ → 영점 또는 무한대)
  - 출발점 : $K=0$에서 개루프 전달 함수 $G(s)H(s)$가 극점에 접근한다.
  - 종착점 : $K=\infty$에서 개루프 전달 함수 $G(s)H(s)$가 영점 또는 무한대에 접근한다.

여기서, 무한대는 극점 개수가 영점 개수보다 많은 경우에 한한다.

- 근궤적의 가지수 = 특성방정식의 차수
  - 근궤적 수는 폐루프 전달 함수의 극점 수(특성방정식의 근 수)와 같다. 즉, 특성방정식의 차수만큼의 근궤적이 존재한다.
  ※ K가 $0 \sim +\infty$ 변할 때의 각 근이 취하는 궤적으로써, 결국 근의 수와 같다.
- 근궤적이 실수축에 대해 대칭적
  - 물리적 구현 가능 시스템이려면, 특성방정식 근이 실근 또는 복소 공액근이어야 한다.

19. 피드백 제어계 중 물체의 위치·각도 등의 기계적 변위를 제어량으로 하여 목표값의 임의의 변화를 추종하도록 구성된 제어계는?

① 서보제어
② 자동제어
③ 프로그램 제어
④ 프로세스 제어

해설 서보제어는 물체의 위치·각도·방위·자세 등의 기계적 변위를 제어량으로 읽어서 제어하는 시스템이다.

20. 어떤 제어계에 대하여 단위 1인 크기의 계단 입력에 대한 응답을 무엇이라 하는가?

① 과도 응답
② 선형 응답
③ 정상 응답
④ 인디셜 응답

해설 스텝 응답, 단위스텝 응답, 인디셜 응답은 모두 동일한 응답으로서 단위 1인 크기의 계단 입력에 대한 응답을 지칭한다.

2과목 기계 요소 설계

21. 3000 kgf의 수직 방향 하중이 작용하는 나사 잭을 설계할 때, 나사 잭 볼트의 바깥지름은? (단, 허용 응력은 6kgf/mm², 골지름은 바깥지름의 0.8배이다.)
① 12mm ② 32mm
③ 74mm ④ 126mm

해설 $d = \sqrt{\dfrac{2W}{\sigma_t}} = \sqrt{\dfrac{2 \times 3000}{6}} \fallingdotseq 32\,\text{mm}$

22. 나사 클램프의 설명이다. 틀린 것은?
① 클램핑 기구로 광범위하게 많이 사용된다.
② 설계가 간단하고 제작비가 저렴하다.
③ 리드각이 큰 나사를 사용하면 급속 클램핑이 되어 잘 풀리지 않는다.
④ 클램핑 동작이 느리다.

해설 리드각이 큰 나사를 사용하면 급속 클램핑이 되어 나사가 풀리기 쉽다.

23. 940 N·m의 토크를 전달하는 지름 50 mm인 축에 안전하게 사용할 키의 최소 길이는 약 몇 mm인가? (단, 묻힘 키의 폭과 높이 $b \times h = 12\text{mm} \times 8\text{mm}$이고, 키의 허용 전단 응력은 78.4N/mm²이다.)
① 40 ② 50
③ 60 ④ 70

해설 $\tau = \dfrac{2T}{bld},\ l = \dfrac{2T}{b\tau d}$
$\therefore\ l = \dfrac{2 \times 940}{12 \times 78.4 \times 50} \fallingdotseq 0.040\,\text{m}$
$= 40\,\text{mm}$

24. 리드각 α, 마찰계수 $\mu = \tan\rho$인 나사의 자립 조건을 만족하는 것은? (단, ρ는 마찰각을 의미한다.)
① $\alpha < 2\rho$ ② $2\alpha < \rho$
③ $\alpha < \rho$ ④ $\alpha > \rho$

해설 $\rho > \alpha$일 때 다른 외력이 없다면 스스로 풀리지 않게 되는 자립 상태가 된다.

25. 볼트 이음이나 리벳 이음과 비교하여 용접 이음의 일반적인 장점으로 틀린 것은?
① 잔류 응력이 거의 발생하지 않는다.
② 기밀 및 수밀성이 양호하다.
③ 공정 수를 줄일 수 있고 제작비가 저렴하다.
④ 전체적인 제품 중량을 적게 할 수 있다.

해설 용접 이음은 용접 후 잔류 응력이 발생하여 치수가 변형된다.

26. M20 3줄 나사에서 피치가 1.5이면 리드(lead)는 몇 mm인가?
① 1.5 ② 2.5 ③ 3.5 ④ 4.5

해설 $l = np = 3 \times 1.5 = 4.5\,\text{mm}$

27. 기어 제도에서 선의 사용법으로 틀린 것은?
① 피치원은 가는 1점 쇄선으로 표시한다.
② 축에 직각인 방향에서 본 그림을 단면도로 도시할 때는 이골(이뿌리)의 선은 굵은 실선으로 표시한다.
③ 잇봉우리원(이끝원)은 가는 실선으로 표시한다.
④ 내접 헬리컬 기어의 잇줄 방향은 3개의 가는 실선으로 표시한다. 이끝원은 굵은 실선으로 표시한다.

정답 21. ② 22. ③ 23. ① 24. ③ 25. ① 26. ④ 27. ③

해설 잇봉우리원(이끝원)은 굵은 실선으로 표시한다.

28. 기하 공차의 종류에서 위치 공차에 해당되지 않는 것은?
① 동축도 공차 ② 위치도 공차
③ 평면도 공차 ④ 대칭도 공차

해설 모양 공차에는 진직도, 평면도, 진원도, 원통도, 선의 윤곽도, 면의 윤곽도가 있다.

29. 다음 그림에서 지시선에 기입된 12× φ7 드릴과 2× φ3드릴은 무엇을 뜻하는가?

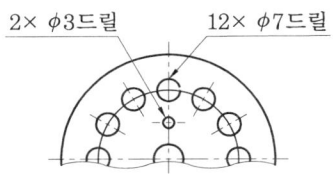

① 지름 7mm의 구멍 12개와 지름 3mm의 구멍 2개를 각각 드릴로 뚫는다.
② 지름 12mm의 구멍 7개와 지름 2mm의 구멍 3개를 각각 드릴로 뚫는다.
③ 지름 12mm, 깊이 7mm의 구멍과 지름 2mm, 깊이 3mm의 구멍을 각각 1개씩 뚫는다.
④ 지름 12mm의 구멍을 7mm 간격으로, 지름 2mm의 구멍을 수평 중심선을 대칭으로 하여 3mm 간격으로 뚫는다.

해설 • 12×φ7드릴 : 지름 7mm, 구멍 12개
• 2×φ3드릴 : 지름 3mm, 구멍 2개

30. 가공 방법의 약호 중에서 다듬질 가공인 스크레이핑 가공은?
① FS   ② FSU
③ CS   ④ FSD

해설 • FS : 스크레이핑
• CS : 사형 주조

31. 선의 용도가 기술, 기호 등을 표시하기 위해 끌어내는 데 사용하는 선의 명칭은?
① 기준선   ② 가상선
③ 지시선   ④ 절단선

해설 지시선 : 기술, 기호 등을 나타내기 위해 끌어내는 데 사용하며, 가는 실선으로 나타낸다.

32. 보기에서 화살표 방향에서 본 투상을 정면으로 할 경우 우측면도로 옳은 것은?

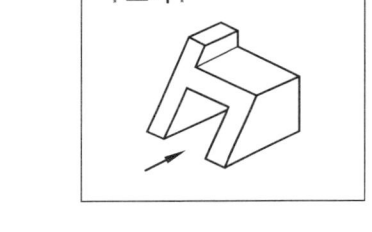

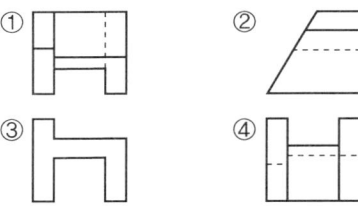

33. 기하 공차 중 단독 형체에 관한 것들로만 짝지어진 것은?
① 진직도, 평면도, 경사도
② 진직도, 동축도, 대칭도
③ 평면도, 진원도, 원통도
④ 진직도, 동축도, 경사도

해설 단독 형체 : 진직도, 평면도, 진원도, 원통도 등으로 데이텀이 필요하지 않은 것이다.

정답 28. ③ 29. ① 30. ① 31. ③ 32. ② 33. ③

34. 그림과 같이 표시된 기호에서 Ⓜ은 무엇을 나타내는가?

| ⌖ | 0.01 | AⓂ |

① A의 원통 정도를 나타낸다.
② 기계 가공을 나타낸다.
③ 최대 실체 공차 방식을 나타낸다.
④ A의 위치를 나타낸다.

[해설] Ⓜ : 최대 실체 공차 방식으로, 해당 부분의 실체가 최대 질량을 가질 수 있도록 치수를 정하라는 의미이다.

35. 구멍에 끼워맞추기 위한 구멍, 볼트, 리벳 이 기호 표시에서 구멍 가까운 면에 카운터 싱크가 있고, 현장에서 드릴 가공 및 끼워맞춤에 해당하는 것은?

[해설] 카운터 싱크 방향으로 ∨ 표시를 하고, 드릴 가공 및 끼워맞춤이 2번이므로 현장 용접 기호인 깃발 2개를 표시한다.

36. 다음 중 "SPP"로 나타내는 재질의 명칭은 어느 것인가?

① 일반 구조용 탄소 강관
② 냉간 압연 강재
③ 일반 배관용 탄소 강관
④ 보일러용 압연 강재

[해설]
• 일반 구조용 탄소 강관 : ST
• 냉간 압연 강판 및 강재 : SPC
• 보일러용 압연 강재 : SB

37. 제3각법으로 투상한 다음 도면에 가장 적합한 입체도는?

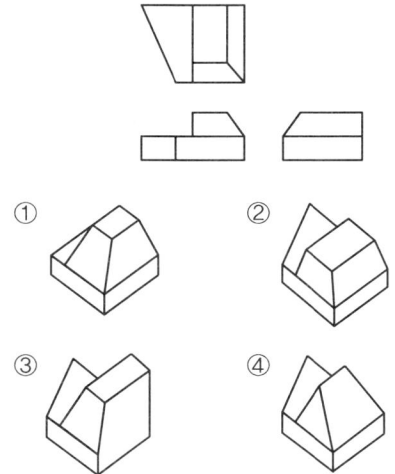

38. 보기와 같이 지시된 표면의 결 기호의 해독으로 올바른 것은?

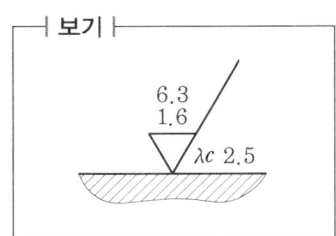

① 제거 가공 여부를 문제 삼지 않는 경우이다.
② 최대 높이 거칠기의 하한값은 6.3μm이다.
③ 기준 길이는 1.6μm이다.
④ 2.5는 컷오프값이다.

[해설]
• 제거 가공을 필요로 하는 가공면으로 가공 흔적이 거의 없는 중간 또는 정밀 다듬질이다.
• 가공면의 하한값은 1.6μm, 상한값은 6.3μm, 컷오프값은 2.5이다.

39. Tr 40×7-6H로 표시된 나사의 설명 중 틀린 것은?

① Tr : 미터 사다리꼴나사
② 40 : 나사의 호칭 지름
③ 7 : 나사산의 수
④ 6H : 나사의 등급

해설 • 7 : 피치
• 6H : 암나사 등급

40. h6 공차인 축에 중간 끼워맞춤이 적용되는 구멍의 공차는?

① R7
② K7
③ G7
④ F7

해설 축 기준식 끼워맞춤

기준축	헐거운 끼워맞춤			중간 끼워맞춤			억지 끼워맞춤	
h6	F6	G6	H6	JS6	K6	M6	N6	P6
	F7	G7	H7	JS7	K7	M7	N7	P7	R7

3과목 공유압

41. 다음 그림은 무슨 기호인가?

① 분류 밸브
② 셔틀 밸브
③ 디셀러레이션 밸브
④ 체크 밸브

해설 체크 밸브(check valve)는 유체를 한쪽 방향으로만 흐르게 하고, 다른 한쪽 방향으로 흐르지 않게 하는 기능을 가진 밸브이다.

42. 공유압 변환기의 사용상 주의점이 아닌 것은?

① 액추에이터 및 배관 내의 공기를 충분히 뺀다.
② 공유압 변환기는 수평 방향으로 설치한다.
③ 열원의 가까이에서 사용하지 않는다.
④ 공유압 변환기는 반드시 액추에이터보다 높은 위치에 설치한다.

해설 공유압 변환기는 액추에이터보다 높은 위치에 수직 방향으로 설치한다.

43. 감압 밸브에서 1차측의 공기압력이 변동했을 때 2차측의 압력이 어느 정도 변화했는가를 나타내는 특성은?

① 크래킹 특성
② 압력 특성
③ 감도 특성
④ 히스테리시스 특성

해설 압력 특성 : 1차 압력이 변동하면 2차 압력도 따라서 변동하는 특성

44. 밸브의 변환 및 피스톤의 완성력에 의해 과도적으로 상승한 압력의 최댓값을 무엇이라고 하는가?

① 크래킹 압력
② 서지 압력
③ 리시트 압력
④ 배압

정답 39. ③ 40. ② 41. ④ 42. ② 43. ② 44. ②

45. 3개의 공압 실린더를 A+, B+, A−, C+, C−, B−의 순으로 제어하는 회로를 설계하고자 할 때, 신호의 중복(트러블)을 피하려면 몇 개의 그룹으로 나누어야 하는가? (단, A, B, C, : 공압 실린더, + : 전진 동작, − : 후진 동작이다.)

① 2 ② 3
③ 4 ④ 5

해설 (A+, B+), (A−, C+), (C−, B−) 그룹이므로 3개

46. 유량 제어 밸브의 사용 목적과 거리가 먼 것은?

① 액추에이터의 속도 제어
② 솔레노이드 밸브의 신호기간 제어
③ 실린더의 배출되는 공기량 제어
④ 공기식 타이머의 시간 제어

해설 이 밸브는 액추에이터의 속도 제어가 주 목적이기는 하나, 공기식 타이머의 시간 제어 등에도 사용된다.

47. 어큐뮬레이터의 용도가 아닌 것은?

① 에너지 축적
② 서지압 방지
③ 자동 릴레이 작동
④ 펌프 맥동 흡수

해설 어큐뮬레이터의 사용 목적
(1) 유압 에너지의 축적
(2) 2차 회로의 구동
(3) 압력 보상
(4) 맥동 제거
(5) 충격 완충
(6) 액체의 수송

48. 유압유의 점성이 지나치게 큰 경우 나타나는 현상이 아닌 것은?

① 유동의 저항이 지나치게 많아진다.
② 마찰에 의한 열이 발생한다.
③ 부품 사이의 누출 손실이 커진다.
④ 마찰 손실에 의한 펌프의 동력이 많이 소비된다.

해설 점성이 지나치게 작은 경우 누유가 발생된다.

49. 저압의 피스톤 패킹에 사용되고 피스톤에 볼트로 장착할 수 있으며 저항이 다른 것에 비해 적은 것은?

① V형 패킹   ② U형 패킹
③ 컵형 패킹 ④ 플런저 패킹

해설 컵형 패킹 : 볼트로 죄어 설치하게 되어 있다. 컵형의 끝 부분만이 실린더와 접촉하여 미끄럼 작용을 하므로 그 저항이 다른 것에 비하여 적고, 또 실린더와 피스톤 사이의 간극이 어느 정도 커도 오일이 누출되지 않는다. 그러나 고압에는 적합하지 않고, 저압용으로 사용된다.

50. 유압 모터를 선택하기 위한 고려사항이 아닌 것은?

① 체적 및 효율이 우수할 것
② 모터의 외형 공간이 충분히 클 것
③ 주어진 부하에 대한 내구성이 클 것
④ 모터로 필요한 동력을 얻을 수 있을 것

해설 유압 모터 선정 시 고려사항
(1) 체적 및 효율이 우수할 것
(2) 주어진 부하에 대한 내구성이 클 것
(3) 모터로 필요한 동력을 얻을 수 있을 것

정답 45. ② 46. ② 47. ③ 48. ③ 49. ③ 50. ②

51. 다음의 기호에 해당되는 밸브가 사용되는 경우는?

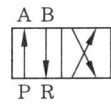

① 실린더 유량의 제어
② 실린더 방향의 제어
③ 실린더 압력의 제어
④ 실린더 힘의 제어

[해설] 이 밸브는 4/2way 방향 제어 밸브이다.

52. 다음 중 같은 크기의 실린더 지름으로 보다 큰 힘을 낼 수 있는 실린더는?

① 다위치 제어 실린더
② 케이블 실린더
③ 로드리스 실린더
④ 탠덤 실린더

[해설] 탠덤 실린더 : 두 개의 복동 실린더가 1개의 실린더 형태로 길이 방향으로 연결되어 있어 실린더 출력은 거의 2배의 큰 힘을 얻을 수 있어 실린더의 지름이 한정된 단계적 고출력 제어가 가능하다.

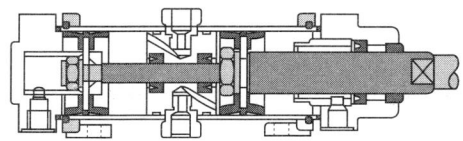

53. 실린더 중 양 방향의 운동에서 모두 일을 할 수 있는 것은?

① 단동 실린더(피스톤식)
② 램형 실린더
③ 다이어프램 실린더(비피스톤식)
④ 복동 실린더(피스톤식)

[해설] 복동 실린더 : 공기압을 피스톤 양쪽에 다 공급하여 피스톤의 왕복 운동이 모두 공기압에 의해 행해지는 것으로서 가장 일반적인 실린더이다.

54. 다음 중 공압 모터의 특징으로 맞는 것은 어느 것인가?

① 압축공기 이외의 가스는 사용할 수 없다.
② 속도 제어와 정역회전의 변환이 복잡하다.
③ 시동정지가 원활하며, [출력/중량]비가 작다.
④ 공기의 압축성으로 회전속도는 부하의 영향을 받는다

[해설] 공압 모터는 공기의 압축성 때문에 제어성이 그다지 좋지 않고, 부하에 의한 회전 때문에 변동이 크며, 일정 속도를 높은 정확도로 유지하기가 어렵다.

55. 공압장치의 공압 밸브 조작 방식으로 사용되지 않는 것은?

① 인력 조작 방식
② 래칫 조작 방식
③ 파일럿 조작 방식
④ 전기 조작 방식

[해설] 공압장치의 공압 밸브 조작 방식에는 인력 조작, 파일럿 조작, 전기 조작 방식 등이 있다.

56. 피스톤의 지름과 로드의 지름이 같은 것으로 출력축인 로드의 강도를 필요로 하는 경우 자주 이용되는 것은?

① 단동 실린더
② 램형 실린더
③ 다이어프램 실린더
④ 양로드 복동 실린더

[정답] 51. ② 52. ④ 53. ④ 54. ④ 55. ② 56. ②

해설 램형 실린더 : 피스톤의 지름과 로드의 지름이 같은 것으로 피스톤이 없이 로드 자체가 피스톤의 역할을 하게 된다.

57. 공압 실린더의 쿠션 조절의 의미는?
① 실린더의 속도를 빠르게 한다.
② 실린더의 힘을 조절한다.
③ 전체 운동속도를 조절한다.
④ 운동의 끝부분에서 완충한다.

해설 쿠션 장치는 쿠션의 수에 따라 한쪽 쿠션과 양쪽 쿠션으로 나누어진다. 쿠션은 피스톤 행정의 끝 수 cm 앞에서 배출구가 쿠션 보스에 의해서 막히면 공기는 쿠션용 니들 밸브를 통해 대기 중으로 배출되고, 실린더 내 배출구 쪽의 압력(배압)이 높게 되어 피스톤의 속도가 감속되는 원리로 작동된다.

58. 공압용 솔레노이드 형태의 전환 밸브에서 밸브의 구체적인 전환 방식은?
① 레버 조작
② 롤러 조작
③ 전기 조작
④ 디텐트 조작

해설 솔레노이드는 전자석을 이용한 전기 제어 방식이다.

59. 그림과 같은 실린더 장치에서 A의 지름이 40mm, B의 지름이 100mm일 때 A에 16kg의 물을 올려놓는다면 B는 몇 kgf의 무게를 올려 놓아야 양 피스톤이 평형을 이루겠는가?

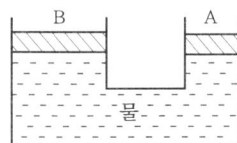

① 10 kgf
② 40 kgf
③ 100 kgf
④ 160 kgf

해설 $\dfrac{F_A}{A_A} = \dfrac{F_B}{A_B}$ ($P_A = P_B$)이므로

$F_B = F_A\left(\dfrac{A_B}{A_A}\right) = F_A\left(\dfrac{d_B}{d_A}\right)^2 = 16\left(\dfrac{100}{40}\right)^2 = 100\,\text{kgf}$

60. 유압장치에서 방향 제어 밸브의 일종으로서 출구가 고압측 입구에 자동적으로 접속되는 동시에 저압측 입구를 닫는 작용을 하는 밸브는?
① 실렉터 밸브
② 셔틀 밸브
③ 바이패스 밸브
④ 체크 밸브

해설 셔틀 밸브 : 양쪽 제어(double control) 밸브 또는 양쪽 체크 밸브(double check valve)라고 한다. 이 논 리턴 밸브는 두 개의 입구 X와 Y를 갖고 있으며 출구는 A 하나이다.

제5회 CBT 대비 실전문제

1과목 자동 제어

1. 프로그래밍 언어 중에서 기계어를 문자와 1 : 1로 매칭하여 만든 언어는?

① C언어
② 기계어
③ 고급언어
④ 어셈블리 언어

해설 • C언어 : 1972년에 벨 연구소의 데니스 리치가 PDP-11 컴퓨터를 제어하기 위해 B언어의 특징을 물려받은 'C'라는 이름으로 언어가 만들었다.
• 기계어 : 기계어(機械語)는 CPU가 직접 해독하고 실행할 수 있는 비트 단위로 쓰인 컴퓨터 언어를 통칭한다.
• 고급언어 : 고급 프로그래밍 언어 또는 하이 레벨 프로그래밍 언어(high-level programming language)로 사람이 이해하기 쉽게 작성된 프로그래밍 언어이다.
• 어셈블리 언어 : 어셈블리어(영어 ; assembly language) 또는 어셈블러 언어 (assembler language)는 기계어와 일대일 대응이 되는 컴퓨터 프로그래밍의 저급 언어이다.

2. PLC의 IEC 표준 언어인 문자식 언어에 포함되지 않는 것은?

① IL(Instruction List)
② ST(Structured Text)
③ FBD(Function Block Diagram)
④ SFC(Sequential Function Chart)

해설 • IEC에서 표준화한 PLC 언어는 두 개의 도형기반 언어, 두 개의 문자기반언어, SFC로 이루어진다.
• 도형식 언어
 - LD(Ladder Diagram) : 릴레이 로직 표현 방식
 - FBD(Function Block Diagram) : 블록화한 기능을 서로 연결하는 프로그램
• 문자식 언어
 - IL(Instruction List) : 어셈블리 언어 형태
 - ST(Structured Text) : : 파스칼 형식의 고수준 언어
• SFC(Sequential Function Chart) : 플로우 차트 방식의 그래픽한 언어이며 스텝 및 트랜지션에 프로그램 작성

3. 제어계에서 제어량을 조절하기 위해 제어대상에 가하는 양은?

① 제어량
② 조작량
③ 기준 입력
④ 동작신호

해설 • 제어량 : 제어대상의 현상을 나타내는 양이며 측정되고 제어되는 양
• 조작량 : 제어량을 조절하기 위해 조작되는 양
• 기준 입력 : 목표값에 비례하는 신호 입력
• 동작신호 : 기준 입력과 제어량의 차이로 제어동작을 일으키는 신호로, 다른 말로 편차

정답 1. ④ 2. ③ 3. ②

4. 다음 데이터의 비트값을 연산한 결과로 옳은 것은?

```
       10110100
   ( & ) 00110011
```

① 00110000 ② 01111000
③ 10000111 ④ 10110111

해설 &연산(AND연산)은 양쪽 입력이 모두 참(1)일 때 참의 결과를 출력한다.

```
      1 0 1 1 0 1 0 0
 (&)  0 0 1 1 0 0 1 1
      0 0 1 1 0 0 0 0
```

5. PLC의 접지 방법으로 적절한 것은?
① 접지 거리는 최대한 길게 접지한다.
② 접지선은 1mm² 이하의 전선을 사용한다.
③ 접지는 제3종 접지의 전용 접지를 사용한다.
④ PLC 내부 접지가 되어 있어 접지를 하지 않아도 된다.

해설
- 접지선은 안전사고 발생 시 최대전류를 대지로 흘려보내기 위한 목적으로 신호 라인보다 같거나 굵어야 한다.
- PLC는 단독접지를 하고 접지선 길이는 최대한 짧게 해야 Surge 발생 시 장비에 피해를 적게 준다.
- 제3종접지 : 0V~400V까지의 전압을 말한다.

6. 다음 래더 다이어그램을 니모닉으로 프로그램 할 때 스텝수는 몇 개인가? (단, END는 스텝수에 포함하지 않는다.)

```
   X01  X00    X04 X05
  ─┤/├─┬─┤├─┬─┤/├─┤├─<Y20>
       │ X02 │
       └─┤├──┘
```

① 4 ② 5
③ 6 ④ 7

해설
LDI X01
AND X00
OR X02
ANI X04
ANI X05
OUT Y20

7. PI 제어기 설계 시 비례상수가 3이고, 적분시간이 5인 조절계의 전달 함수를 복소수 평면 S로 표현한 것으로 옳은 것은?

① $\dfrac{5}{3S}$ ② $\dfrac{3}{5S}$

③ $\dfrac{15S+5}{3S}$ ④ $\dfrac{15S+3}{5S}$

해설 PI 제어기 전달 함수

$$K(s) = K_p\left(1 + \dfrac{1}{T_i s}\right)$$

적분시간 $T_i = 5$, 비례상수 $K_p = 3$

$$K(s) = 3\left(1 + \dfrac{1}{5s}\right) = \dfrac{15S+3}{5S}$$

8. 다음 PLC 래더 다이어그램의 설명으로 틀린 것은?

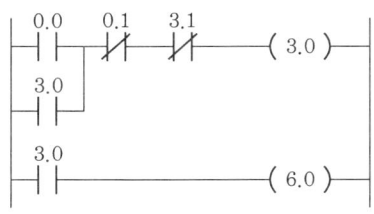

① 0.0은 입력이다.
② 0.1은 기동이다.
③ 3.1은 인터록이다.
④ 3.0은 자기유지이다.

해설
- 0.0은 평상시 열려 있는 상태로 A접점이라 하고 NO(Normal Open, 평상시 열림)라 한다.
- 0.1은 평상시 닫혀 있는 상태로 B접점이라 하고 NC(Normal Close, 평상시 닫힘)라 한다.
- 3.0은 자기유지 입력이다.
- 인터록은 정·역회전 구동을 위한 전기회로로서 정회전 구동 시 역회전 구동이 되지 않도록 역회전 정지조건을 넣어주는 회로이다.

9. 직류서보 전동기 운전 시 일정 토크 조건하에서 자속이 증가하면 회전수는 어떻게 변하는가?

① 불변이다.
② 감소한다.
③ 증가한다.
④ 0(zero)이 된다.

해설 모터의 회전 속도는 입력 Power에 따라 회전을 하게 되면서 발생하는 역기전력의 크기로 구할 수 있다. 발생 역기전력이 클수록 회전속도가 높아진다. ($e=k\phi N$) 역기전력이 작아지게 하는 전류 I_a가 작을수록, 회전을 방해하는 자속이 작을수록 회전속도는 커진다.

10. $\dfrac{X(s)}{R(s)} = \dfrac{1}{s+4}$의 전달 함수를 미분방정식으로 표현한 것으로 옳은 것은?

① $\dfrac{dr(t)}{dt} + 4r(t) = x(t)$

② $\dfrac{dx(t)}{dt} + 4x(t) = r(t)$

③ $\int r(t)dt + 4r(t) = x(t)$

④ $\int x(t)dt + 4x(t) = r(t)$

해설 $\dfrac{X(s)}{R(s)} = \dfrac{1}{s+4}$

$X(s)(s+4) = R(s)$

$sX(s) + 4X(s) = R(s)$

$\dfrac{d}{dt}x(t) + 4x(t) = r(t)$

11. 전동기의 출력이 300kW이고 회전수가 1,500rpm인 경우에 전동기의 토크(kgf·m)는 약 얼마인가?

① 195
② 300
③ 390
④ 500

해설 전동기 토크
$T = 0.975 \dfrac{P}{N} = 0.975 \dfrac{300,000}{1,500} = 195$

12. 그림과 같은 블록선도의 결합 방법으로 옳은 것은?

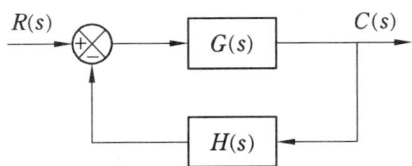

① 병렬결합
② 직렬결합
③ 직병렬결합
④ 피드백 결합

해설 예시 블록다이어그램은 출력 $C(s)$를 입력 $R(s)$에 $-C(s) \cdot H(s)$로 궤환 결합하는 피드백 결합이다.

13. 실제의 시간과 관계된 신호로 제어가 행해지는 제어계는?

① 2진 제어계
② 논리 제어계
③ 동기 제어계
④ 디지털 제어계

해설
- 2진 제어계 : 하나의 제어 변수에 2가지의 가능한 값, 신호의 유/무, 1/0, ON/

OFF, YES/NO 등과 같은 2진 신호를 이용하여 제어하는 시스템
- 논리 제어계 : 제어 시스템이 제어하려는 입력조건에 만족하면, 동일한 제어 신호를 출력하는 제어 시스템
- 동기 제어계 : 실시간 제어(real time control)를 의미, 실제 시간과 제어시간을 동시에 제어하는 기법
- 디지털 제어계 : 정보의 범위를 여러 단계로 등분하여 이 각각의 단계에 하나의 값을 부여한 디지털 제어 신호에 의하여 제어되는 시스템

14. PD(비례미분) 제어기는 제어계의 과도특성을 개선하기 위하여 쓴다. 이것에 대응하는 보상기는?

① 과도보상기
② 동상보상기
③ 지상보상기
④ 진상보상기

해설
- 지상보상기 : 이득을 재조정하여 정상편차를 개선 과도 특성을 해치지 않는다.
- 진상보상기 : 제어계의 안정도 속응성 및 과도 특성을 개선한다.

15. 단위 계단 함수 $u(t)$의 라플라스 변환으로 옳은 것은?

① 1
② s
③ $u(s)$
④ $\dfrac{1}{s}$

해설

$f(t)$	$F(s)$
$\delta(t)$(unit impulse)	1
$u(t)$(unit impulse)	$\dfrac{1}{s}$
$tu(t)$	$\dfrac{1}{s^2}$

16. 다음 방향 제어 밸브 기호의 포트와 위치가 옳은 것은?

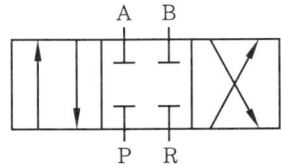

① 3포트 3위치
② 4포트 3위치
③ 3포트 4위치
④ 4포트 2위치

해설

포트 수	제어 위치	밸브의 기본표시와 기능
2	2	P(공급구) / A(출구)
3	2	A / PR(배기구)
4	2	AB(출구) / PR
5	2	AB / R₁PR₂
3	3	A / PR 중립위치 클로우즈센터형
4	3	AB / PR 중립위치 클로우즈센터형
4	3	AB / PR 중립위치 엑조스트센터형
4	3	AB / PR 중립위치 프레셔센터형

정답 14. ④ 15. ④ 16. ②

17. 서보기구에서 제어량에 속하는 것은?

① 수위, PH
② 온도, 압력
③ 위치, 각도
④ 속도, 전기량

해설 서보기구 : 물체의 위치·방위·자세 등을 제어량(출력)으로 하고 목표값(입력)의 임의의 변화에 추종하도록 구성된 제어계

18. 위치제어 서보유압 시스템의 구성요소 중 명령신호와 피드백신호의 오차에 비례하여 서보밸브의 스풀을 절환하여 유압을 실린더로 보내는 역할을 하는 요소로 옳은 것은?

① 플래퍼
② 서보앰프
③ 토크모터
④ 피드백 신호발생기

해설
- 플래퍼 : 유압서보밸브의 플래퍼가 어느 한 방향으로 움직이면 플래퍼 양단의 노즐부에 압력차가 발생하고, 이 압력 차이에 의하여 메인 스풀이 움직여 유량을 토출하게 된다. 이때 스풀의 움직임에 따라 피드백 스프링이 같은 방향으로 움직이고, 이 결과로 플래퍼 양단의 노즐 차압이 일정하게 되며, 메인스풀은 이동을 멈춘다.
- 서보앰프 : 서보 앰프는 전달받은 지령에 의해 모터가 동작되도록 여자 전류를 흐르게 하는 기능을 담당한다. 즉, 지령과 같은 출력이 나오도록 조정하는 역할을 하고 있다.
- 토크모터 : 큰 기동 토크와 수하의 특성을 가지는 모터 0의 속도에서 최대 토크가 발생하며 속도가 증가할수록 토크가 감소한다.
- 피드백 신호발생기 : 동작신호를 얻기 위하여 기준 입력과 비교되는 신호로서 제어량의 함수관계에 해당하는 신호 발생기를 말한다.

19. 열처리로의 온도 제어는 어느 것에 속하는가?

① 비율제어
② 정치제어
③ 추종제어
④ 프로그램 제어

해설
- 비율제어 : 목표값이 다른 양과 일정한 관계에서 변화되는 추치제어
- 정치제어 : 목표값의 시간 변화에 의한 분류로써 목표값이 시간적으로 변화하지 않는 일정한 제어
- 추종제어 : 목표값이 임의적으로 변화하는 제어(자기조성제어)
- 프로그램 제어 : 목표값이 다른 양과 일정한 비율관계에서 변화되는 추치제어

20. 제어량을 어떤 일정한 목표값으로 유지하는 것을 목적으로 하는 정치제어에 속하지 않는 것은?

① 주파수 제어
② 발전기의 조속기
③ 자동전압
④ 잉크젯 프린터 헤드 위치제어

해설 정치제어 : 목표값의 시간 변화에 의한 분류로써 목표값이 시간적으로 변화하지 않는 일정한 제어

2과목 기계 요소 설계

21. 재료를 인장시험할 때 재료에 작용하는 하중을 변형 전의 단면적으로 나눈 응력은?

① 인장 응력
② 압축 응력
③ 공칭 응력
④ 전단 응력

해설 공칭 응력 : 재료에 작용하는 하중을 최초의 단면적으로 나눈 응력값으로, 복잡한 응력 분포나 변형은 고려하지 않고 무시한다.

정답 17. ③ 18. ① 19. ② 20. ④ 21. ③

22. 판의 두께 15mm, 리벳의 지름 20mm, 피치 60mm인 1줄 겹치기 리벳 이음을 하고자 할 때, 강판의 인장 응력과 리벳 이음 판의 효율은 각각 얼마인가? (단, 12.26kN의 인장 하중이 작용한다.)

① 20.43MPa, 66%
② 20.43MPa, 76%
③ 32.96MPa, 66%
④ 32.96MPa, 76%

해설
- $\sigma = \dfrac{W}{A}$
  $= \dfrac{12260}{15(60-20)} \fallingdotseq 20.43\,\mathrm{MPa}$
- $\eta = \dfrac{p-d}{p}$
  $= \dfrac{60-20}{60} \fallingdotseq 0.66 = 66\%$

23. 2.2kW의 동력을 1800rpm으로 전달시키는 표준 스퍼 기어가 있다. 이 기어에 작용하는 회전력은 약 몇 N인가? (단, 스퍼 기어 모듈은 4이고 잇수는 25이다.)

① 163   ② 195   ③ 233   ④ 289

해설 $D = mZ = 4 \times 25 = 100$
$v = \dfrac{\pi DN}{60 \times 1000}$
$= \dfrac{\pi \times 100 \times 1800}{60 \times 1000} = 9.42\,\mathrm{m/s}$
$\therefore F = \dfrac{1000 \times H}{v}$
$= \dfrac{1000 \times 2.2}{9.42} \fallingdotseq 233\,\mathrm{N}$

24. 높이 50mm의 사각봉이 압축 하중을 받아 0.004의 변형률이 생겼다면 이 봉의 높이는 얼마가 되었는가?

① 49.8mm
② 49.9mm
③ 49.96mm
④ 49.99mm

해설 $\varepsilon = \dfrac{\lambda}{l}$, $\lambda = l \times \varepsilon = 50 \times 0.004 = 0.2$
$\therefore 50 - 0.2 = 49.8\,\mathrm{mm}$

25. 수직 방향 하중이 3500kgf로 작용하는 나사 잭을 설계할 때, 나사 잭 볼트의 바깥지름은? (단, 허용 응력은 4kgf/mm², 골지름은 바깥지름의 0.8배이다.)

① 42mm   ② 50mm
③ 54mm   ④ 72mm

해설 $d = \sqrt{\dfrac{2W}{\sigma_t}} = \sqrt{\dfrac{2 \times 3500}{4}} \fallingdotseq 42\,\mathrm{mm}$

26. 다음 그림과 같이 제3각법으로 투상한 도면에서 "?"에 해당하는 부분의 평면도로 가장 적합한 것은?

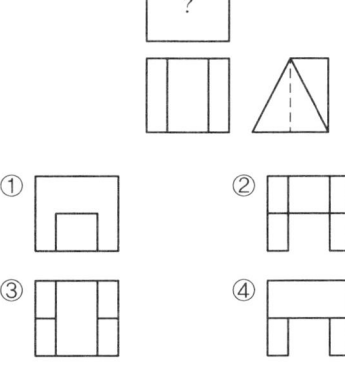

해설

27. 축 중심의 센터 구멍 표현법으로 옳지 않은 것은?

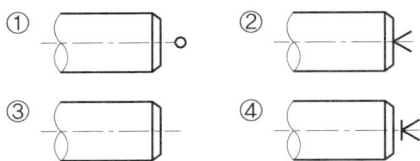

해설 ② 센터 구멍을 남겨둘 것
③ 센터 구멍의 유무에 상관없이 가공할 것
④ 센터 구멍이 남아있지 않도록 가공할 것

28. 그림에서 ⊠로 표시한 부분의 의미로 올바른 것은?

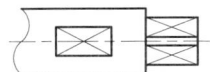

① 정밀 측정 부분
② 평면 자리 부분
③ 가공 금지 부분
④ 단조 가공 부분

해설 축 등 원통 부분 중 평면 가공이 있는 경우는 가는 실선을 사용하여 대각선으로 그린다.

29. 그림과 같이 3각법으로 정투상한 도면에서 A의 치수는?

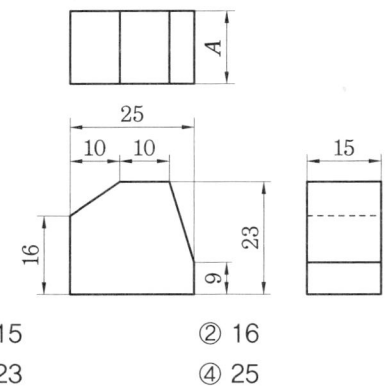

① 15   ② 16
③ 23   ④ 25

해설 평면도의 높이는 우측면도 폭의 치수와 동일하다.

30. 줄무늬 방향의 기호에 대한 설명으로 틀린 것은?

① = : 가공에 의한 컷의 줄무늬 방향이 기호를 기입한 그림의 투영면에 평행
② X : 가공에 의한 컷의 줄무늬 방향이 다방면으로 교차 또는 무방향
③ C : 가공에 의한 컷의 줄무늬가 기호를 기입한 면의 중심에 대하여 거의 동심원 모양
④ R : 가공에 의한 컷의 줄무늬가 기호를 기입한 면의 중심에 대하여 거의 방사 모양

해설 X : 가공에 의한 컷의 줄무늬 방향이 두 방향으로 교차 또는 무방향

31. 다음 도면에서 X 부분의 치수는?

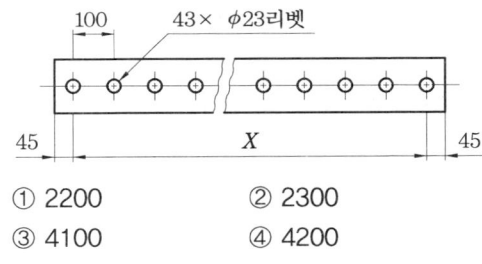

① 2200   ② 2300
③ 4100   ④ 4200

해설 $X = (43-1) \times 100 = 4200 \, \text{mm}$

32. 다음 중 치수 공차가 0.1이 아닌 것은?

① $50^{+0.1}_{0}$ ② 50 ± 0.05
③ $50^{+0.07}_{-0.03}$ ④ 50 ± 0.1

해설 치수 공차
= 위 치수 허용차 − 아래 치수 허용차
① $+0.1 - 0 = +0.1$
② $+0.05 - (-0.05) = +0.1$
③ $+0.07 - (-0.03) = +0.1$
④ $+0.1 - (-0.1) = +0.2$

정답 27.① 28.② 29.① 30.② 31.④ 32.④

33. 지름이 10cm이고 길이가 20cm인 알루미늄 봉이 있다. 비중량이 2.7이라 하면 중량(kg)은?

① 0.4242kg ② 4.242kg
③ 42.42kg   ④ 4242kg

해설 중량(m) = 부피(V) × 비중(ρ)
$V = \dfrac{\pi d^2}{4} \times l = \dfrac{\pi \times 10^2}{4} \times 20 ≒ 1571 \text{cm}^3$
$\therefore m = V \times \rho = 1571 \times 2.7$
$≒ 4242 \text{g} = 4.242 \text{kg}$

34. 그림과 같은 단면도의 형태는?

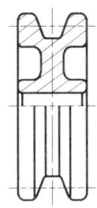

① 온단면도
② 한쪽 단면도
③ 부분 단면도
④ 회전 도시 단면도

해설 한쪽 단면도 : 상하 또는 좌우가 각각 대칭인 물체를 중심선을 기준으로 내부 모양과 외부 모양을 동시에 그리는 투상도로, 반단면도라고도 한다.

35. 그림과 같은 제3각 정투상도의 입체도로 가장 적합한 것은?

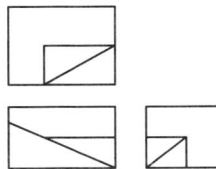

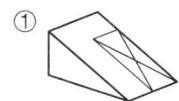 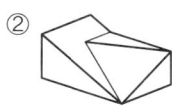

36. M50×3-6H로 표시된 나사의 설명 중 틀린 것은?

① M : 미터나사
② 50 : 나사의 호칭 지름
③ 3 : 피치
④ 6H : 수나사의 등급

해설 6H : 암나사 등급

37. 복렬 깊은 홈 볼 베어링의 약식 도시 기호가 바르게 표시된 것은?

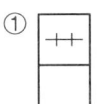 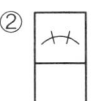
 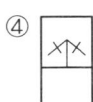

해설 ② 복렬 자동 조심 볼 베어링
③ 복렬 앵귤러 콘택트 볼 베어링

38. 호의 치수 기입을 나타낸 것은?

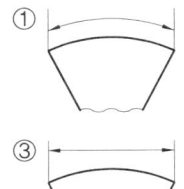 
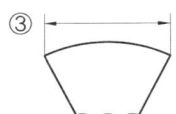 

해설 치수 기입법

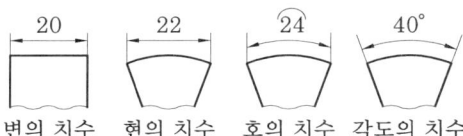

39. I 형강의 치수 기입이 옳은 것은? (단, B : 폭, H : 높이, t : 두께, L : 길이)

① $IB \times H \times t - L$
② $IH \times B \times t - L$
③ $It \times H \times B - L$
④ $IL \times H \times B - t$

해설 I 형강의 치수 표기 방법
형강 기호(I) 높이(H) × 폭(B) × 두께(t) - 길이(L)

40. 다음 형상 공차의 종류별 기호를 잘못 나타낸 것은?

① 평면도 : ▱   ② 위치도 : ⊕
③ 진원도 : ○   ④ 원통도 : ◎

해설 • ◎ : 동축도(동심도)
• ⌿ : 원통도

3과목 공유압

41. 포핏 방식의 방향 전환 밸브가 갖는 장점이 아닌 것은?

① 누설이 거의 없다.
② 밸브 이동 거리가 짧다.
③ 조작에 힘이 적게 든다.
④ 먼지, 이물질의 영향이 적다.

해설 포핏식 밸브의 특징
(1) 장점
• 구조가 간단하여 이물질의 영향을 잘 받지 않는다.
• 짧은 거리에서 밸브의 개폐를 할 수 있다.
• 시트(seat)는 탄성이 있는 실에 의해 밀봉되기 때문에 공기가 새어나가기 어렵다.
• 활동부가 없어 윤활이 불필요하고 수명이 길다.
(2) 단점
• 공급압력이 밸브에 작용하기 때문에 큰 변환조작이 필요하다.
• 다방향 밸브로 되면 구조가 복잡하게 된다.

42. 다음 중 압력 제어 밸브를 사용하지 않는 것은?

① 감압 밸브에 의한 제어 회로
② 언로드 회로
③ 시퀀스 회로
④ 차동 회로

해설 차동 회로 : 실린더의 전진 속도가 펌프의 배출 속도 이상으로 요구되는 것과 같은 특수한 경우에 사용된다.

43. 다음 중 공동현상(cavitation)이 생겼을 때의 피해 사항으로 옳지 않은 것은 어느 것인가?

① 충격력이 감소된다.
② 진동이 발생된다.
③ 공동부가 생긴다.
④ 소음이 크게 생긴다.

해설 캐비테이션 : 액체가 국부적으로 압력이 낮아지면 용해공기가 기포로 되어 급격한 압력이 작용하면서 기포가 진공력으로 액체를 빨아들이기 때문에 기포가 초고압으로 액체

정답 39. ② 40. ④ 41. ③ 42. ④ 43. ①

에 의해 압축되어 액체 통로의 표면에 충격이 발생되어 소음과 진동이 발생하게 되는 현상
(1) 원인 : 펌프의 규정속도 이상으로 운전, 흡입필터 막힘, 유온 상승, 과부하 또는 유로 차단, 패킹부 공기 흡입
(2) 현상 : 금속 표면의 침식, 시스템 내의 소음이나 진동, 압력손실 감소와 온도 강하
(3) 방지책 : 펌프의 회전속도는 규정속도 이하로 한다. 흡입관의 굵기는 유압펌프 본체 연결구의 크기와 같은 것을 사용한다. 흡입구의 양정을 1m 이하로 한다.

44. 유압유의 필요 조건이 아닌 것은?
① 동력을 유효하게 전달하기 위해 압축되기 힘들고 고온 · 고압에서 용이하게 유동될 것
② 적당한 윤활성을 가지며 섭동부의 실(seal) 역할을 하고 내마모성일 것
③ 물, 공기, 먼지와 잘 융화되어 회로 내에 침전물이 없을 것
④ 인화점이 높고 온도 변화에 대해 점도 변화가 작을 것

해설 유압유에는 물이나 공기, 먼지 등 이물질이 있어서는 안 된다.

45. 유압에 비하여 압축공기의 장점이 아닌 것은?
① 안전성   ② 압축성
③ 저장성   ④ 신속성(동작속도)

46. 베인 펌프에서 유압을 발생시키는 주요 부분이 아닌 것은?
① 캠링   ② 베인
③ 로터   ④ 이너링

해설 베인 펌프(vane pump)의 주요 구성 요소는 입 · 출구 포트, 로터(rotor), 베인, 캠링(cam ring) 등이 카트리지(cartridge)로 되어 있다.

47. 다음 그림은 무슨 유압 · 공기압 도면 기호인가?

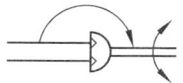

① 요동형 공기압 액추에이터
② 요동형 유압 액추에이터
③ 유압 모터
④ 공기압 모터

해설 이 기호는 2방향 요동형 공기압 액추에이터이다.

48. 파스칼의 원리를 이용하지 않은 것은?
① 유압 펌프
② 수압기
③ 공기 압축기
④ 내부 확장식 제동장치

해설 파스칼의 원리 : 밀폐된 용기 내의 임의의 한쪽에 가한 압력은 같은 크기로 모든 방향으로 전달된다는 원리이다.

49. 기화기의 벤투리관에서 연료를 흡입하는 원리를 잘 설명할 수 있는 것은?
① 베르누이의 정리
② 보일 샤를의 법칙
③ 파스칼의 원리
④ 연속의 법칙

해설 베르누이의 정리 : 점성이 없는 비압축성의 액체가 수평관을 흐를 경우, 에너지 보존의 법칙에 의해 성립되는 관계식의 특성
※ 압력수두 + 위치수두 + 속도수두 = 일정

50. 압력의 크기가 변해도 같은 유량을 유지할 수 있는 유량 제어 밸브는?

① 니들 밸브
② 유량 분류 밸브
③ 압력 보상 유량 제어 밸브
④ 스로틀 앤드 체크 밸브

51. 윤활기의 작동 원리는?

① 파스칼의 원리
② 벤투리 원리
③ 아르키메데스의 원리
④ 보일·샤를의 원리

해설 윤활기는 윤활기의 입구에 유입된 압축 공기의 통로를 교축시키면 교축 부분에서 유속은 빨라지고 압력은 강하하므로 이때 차압이 발생하여 용기로부터 기름을 빨아올려 공기와 혼합되어서 출구 쪽으로 나가게 되는 벤투리의 작동 원리를 이용한 것이다.

52. 다음의 진리표에 따른 논리 회로로 맞는 것은 어느 것인가? (단, 입력 신호 : a와 b, 출력 신호 : c)

진리표

입력 신호		출력
A	B	C
0	0	1
0	1	1
1	0	1
1	1	0

① OR 회로
② AND 회로
③ NOR 회로
④ NAND 회로

해설 NAND 회로 : AND의 부정 연산 회로로 입력 A, B가 모두 1일 때만 출력이 0이 된다.

53. 보기에 설명되는 요소의 도면 기호는 어느 것인가?

┤ 보기 ├

이 밸브는 유압 시스템에서 사용하는 3위치 밸브로서, 중립 위치에서 실린더를 임의의 위치에 정지시킬 수 있으며 동시에 펌프의 부하를 경감시킨다.

①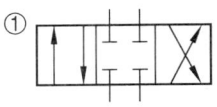

②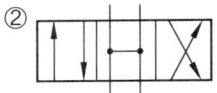

③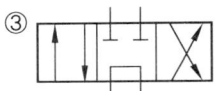

④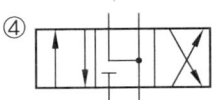

해설 ③의 방향 제어 밸브는 탠덤형 센터형으로 중립에서 위치에서 A, B 포트는 막혀 있고, 펌프 및 드레인 포트는 무부하가 되므로 언로드형이라고도 한다.

54. 유압유의 주요 기능이 아닌 것은?

① 동력을 전달한다.
② 응축수를 배출한다.
③ 마찰열을 흡수한다.
④ 움직이는 기계요소를 윤활한다.

해설 유압유는 동력을 전달하고, 마찰열을 흡수하며, 작동하는 기계요소의 윤활 등의 기능을 한다.

55. 유압 액추에이터의 종류가 아닌 것은?

① 펌프
② 유압 실린더
③ 기어 모터
④ 요동 모터

해설 액추에이터는 작동유의 압력 에너지를 기계적 에너지로 바꾸는 기기의 총칭으로 종류에는 실린더, 모터 등이 있다. 펌프는 유압 공급원이다.

56. 다음 중 공압 선형 액추에이터의 특징이 아닌 것은?

① 20mm/s 이하의 저속 운전 시 스틱 슬립 현상이 발생한다.
② 사용하는 압력이 높지 않아 큰 힘을 낼 수 없다.
③ 비압축성 작업 매체를 이용하므로 균일한 속도를 얻을 수 있다.
④ 일반적인 작업 속도가 1~2m/s이다.

해설 공압은 압축성 매체를 이용하므로 균일한 속도를 얻기 힘들다.

57. 유압유가 갖추어야 할 조건 중 잘못 서술한 것은 어느 것인가?

① 비압축성이고 활동부에서 실(seal)역할을 할 것
② 온도의 변화에 따라서도 용이하게 유동할 것
③ 인화점이 낮고 부식성이 없을 것
④ 물, 공기, 먼지 등을 빨리 분리할 것

해설 유압유가 갖추어야 할 조건
(1) 비압축성일 것
(2) 온도 변화에 용이하게 유동할 것
(3) 인화점이 높을 것
(4) 이물질 등을 빨리 분리할 것

58. 다음 중 방향 제어 밸브가 아닌 것은 어느 것인가?

① 2포트 전환 밸브
② 4포트 전자 파일럿 변환 밸브
③ 니들 밸브
④ 서보 밸브

59. 유회로에서 유압의 점도가 높을 때 일어나는 현상이 아닌 것은?

① 관내 저항에 의한 압력이 저하된다.
② 동력손실이 커진다.
③ 열발생의 원인이 된다.
④ 응답성이 저하된다.

해설 점성이 크면 유동 저항이 지나치게 많아져 마찰 손실에 의해서 펌프의 동력이 많이 소비된다.

60. 다음 그림은 무슨 기호인가?

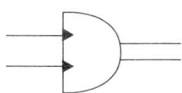

① 요동형 공기압 액추에이터
② 요동형 유압 액추에이터
③ 유압 모터
④ 공기압 모터

제6회 CBT 대비 실전문제

자동화설비 산업기사

1과목 자동 제어

1. 다음 중 물체의 위치, 방위, 자세 등의 기계적 변위를 제어량으로 하여 목표값의 임의의 변화에 추종하도록 구성된 제어계로 가장 적합한 것은?

① 서보기구 ② 자동 조정
③ 프로그램 제어 ④ 프로세서 제어

해설 제어량의 성질에 의한 분류
- 공정제어(process control)
  〈제어량〉 온도, 유량, 압력, 액위, 밀도, PH, 점도
- 서보기구
  〈제어량〉 물체의 위치, 방위, 자세
  〈용 도〉 비행기, 선박의 항법제어 시스템, 미사일 발사대의 자동위치제어 시스템, 자동조타장치, 추적용레이더, 공작기계, 자동평형기록계
- 자동조정 : 부하에 관계없이 출력을 일정하게 유지
  〈제어량〉 전압, 전류, 주파수, 회전속도
  〈용 도〉 정전압장치, 발전기의 조속기, 자동전원 조정장치

2. 미리 정해 놓은 순서에 따라 제어의 각 단계를 차례차례 진행시키는 제어는?

① 추종제어 ② 최적 제어
③ 시퀀스 제어 ④ 피드 포워드 제어

해설
- 추종제어 : 물체의 위치, 각도(자세, 방향) 등을 제어량으로 하고 목표값의 임의의 변화에 추종하는 제어장치
- 시퀀스 제어 : 미리 정해진 순서나 시간 지연 등을 통해서 각 단계별로 순차적인 제어동작으로 전체 시스템을 제어하는 방법
- 피드 포워드 제어 : 실행에 옮기기 전에 결함을 미리 예측해 행하는 피드백 제어

3. 다음 조건의 시스템에서 실린더를 300mm 전진한 위치에서 정지를 시키려면 피드백되는 리니어 포텐셔미터의 신호 전압[V]은?

- 리니어 포텐셔미터를 실린더에 부착하여 사용한다.
- 실린더의 행정거리는 500mm이고, 리니어 포텐셔미터는 0~10V의 전압형태로 출력된다.
- 실린더가 완전히 후진한 위치에서는 0V가 출력된다.
- 실린더가 완전히 전진한 위치에서는 0V가 출력된다.

① 3 ② 4
③ 5 ④ 6

해설 리니어 실린더는 직선거리에 따른 전압이 비례한다.
$500\,mm : 300\,mm = 10\,V : X$
$X = 6\,V$

4. 함수 $f(t) = te^{-1}$의 라플라스(laplace) 변환을 구한 것은?

① $\dfrac{1}{(s+1)^2}$ ② $\dfrac{1}{(s+1)}$
③ $\dfrac{1}{(s-1)^2}$ ④ $\dfrac{1}{(s-1)}$

정답 1.① 2.③ 3.④ 4.①

해설
- 램프 함수 $f(t)=te^{-1}$ 라플라스 변환
$$F(s)=\frac{1}{s^2}$$
- 지수 함수 라플라스 변환
$$F(s)=\frac{1}{(s+1)}$$
∴ 함수 $f(t)=te^{-1}$의 라플라스 변환
$$F(s)=\frac{1}{(s+1)^2}$$ 이다.

5. 두 아날로그 신호의 차이를 구할 때 사용되는 증폭기는?

① 전력증폭기
② 차동증폭기
③ 완충증폭기
④ 직렬증폭기

해설 차동증폭기 : 두 입력 신호의 전압차를 증폭하는 회로이다. 연산 증폭기나 Emitter coupled 논리 게이트의 입력단에 주로 쓰인다.

6. 그림과 같은 PLC 래더 다이어그램의 최소 실행 스텝수는?

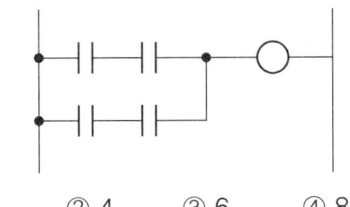

① 2　　② 4　　③ 6　　④ 8

해설
000 LOAD　A
001 AND　B
002 LOAD　C
003 AND　D
004 OR
005 OUT　Y
006 END

7. 다음 제어 블록선도의 입출력비(전달 함수)는?

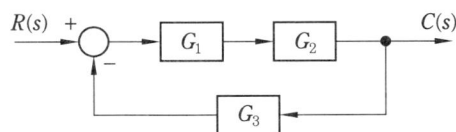

① $\dfrac{G_1}{(1-G_1G_2G_3)}$　② $\dfrac{G_2}{(1+G_1G_2G_3)}$
③ $\dfrac{G_1G_2}{(1-G_1G_2G_3)}$　④ $\dfrac{G_1G_2}{(1+G_1G_2G_3)}$

해설 피드백 제어계의 전달 함수는 다음과 같다.
$$\frac{C}{R}=\frac{G}{1\pm G(s)H(s)}$$
순방향 전달 함수가 G_1G_2이므로
$$\frac{C}{R}=\frac{G_1G_2}{1+G_1G_2G_3}$$

8. 되먹임 제어(feed back control)의 특징이 아닌 것은?

① 목표값에 정확히 도달하기 쉽다.
② 순차적으로 제어과정이 진행된다.
③ 제어계가 복잡하고 비용이 비싸다.
④ 외부 조건의 변화에 영향을 줄 수 있다.

해설 피드백 제어 : 제어량(예 실내의 온도, 자동차의 속도 등)을 목표로 하는 값(목표값)에 일치시키기 위해 제어량을 검출한 후 목표값과 비교함으로써 오차가 발생할 때마다 그것을 항상 줄이도록 대상에 조작을 가하는 제어를 말한다.

9. Off-set을 소멸시키고 전류편차가 적으나 출력의 발산 가능성이 있는 제어기는?

① 비례제어기
② 비례적분제어기
③ 비례미분제어기
④ 비례적분미분제어기

정답　5.②　6.③　7.④　8.②　9.②

해설 제어기 동작에 의한 분류
- P제어 : 잔류편차(offset)가 발생한다. (속응성)
- I제어 : 응답속도는 느리지만, 정확성이 좋다. (offset 제거)
- D제어 : 오차가 커지는 것을 미연에 방지한다. (안정성)
- PI제어 : offset 소멸, 진동으로 접근하기 쉽다.
- PD제어 : 응답속도 개선에 사용된다.
- PID제어 : 비례동작은 잔류편차를 발생하고, 적분동작은 잔류편차를 없애고, 미분동작은 동특성을 개선하는 동작이므로 제어시스템은 안정적이다.

10. $10t^5$을 라플라스 변환한 것으로 옳은 것은?

① $\dfrac{1,200}{s^6}$ ② $\dfrac{120}{s^6}$

③ $\dfrac{24}{s^6}$ ④ $\dfrac{6}{s^6}$

해설 n차 램프 $f(t)=te^n$의 라플라스 변환

$$F(s)=\dfrac{n!}{s^{n+1}}$$

$f(s)=10t^5$

$$F(s)=\dfrac{10\times 5!}{s^{5+1}}=\dfrac{10\times 5\times 4\times 3\times 2\times 1}{s^6}$$

$$=\dfrac{1,200}{s^6}$$

11. 그림과 같은 블록선도의 전달 함수는 어떤 요소를 표현한 것인가?

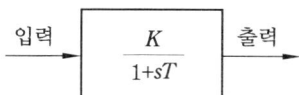

① 비례요소 ② 미분요소

③ 적분요소 ④ 1차 지연요소

해설
- 비례요소의 전달 함수 : k
- 미분요소의 전달 함수 : Ts
- 적분요소의 전달 함수 : $\dfrac{1}{Ts}$
- 1차 지연요소의 전달 함수 : $\dfrac{1}{1+Ts}$

12. 기기의 보호나 작업자의 안전을 위해 기기의 동작 상태를 나타내는 접점을 사용하여 관련된 기기의 동작을 금지하는 회로는?

① 자기 유지 회로
② 오프 딜레이 회로
③ 인터록 회로
④ 타이머 회로

해설
- 인터록 회로 : 기의 보호와 조작자의 안전을 목적으로 한 것으로 기기의 동작상태를 나타내는 접점을 사용해서 상호 관련된 기기의 동작을 구속하는 회로
- 자기 유지 회로 : 코일에 전압을 인가하는 스위치를 OFF로 하여도 릴레이가 계속 작동되는 회로
- 오프 딜레이 회로 : 입력을 인가하였을 때 즉시 동작하고 입력이 제거되면 한시 복귀하는 타이머 회로
- 타이머 회로 : 시간조정이 필요할 때 사용하는 릴레이 회로

13. PLC 입력부에서 신호에 포함된 노이즈가 PLC 내부 장치로 전달되지 않도록 하기 위해 채택되는 회로요소로 맞는 것은?

① CPU
② 퓨즈
③ 트라이악
④ 포토커플러

[해설] 포토커플러 : 빛을 전달하는 발광 다이오드와 스위치 역할을 해주는 다이오드로 구성된다. 포토커플러는 Base단에 전류가 흐르는 대신 빛을 이용하여 전달하기 때문에 절연효과가 있다.

14. 여러 종류의 품목을 소량 생산하는 공장에서 가공부품의 형태가 변동되거나 또는 가공수량이 변화하여도 그것에 가장 유연하게 대응할 수 있는 생산 시스템은?

① CNC ② DNC
③ FMS ④ SNC

[해설] FMS(Flexible Manufacturing System) : 생산 시스템을 자동화, 무인화하여 다품종 소량 또는 중량 생산에 유연하게 대응할 수 있도록 하는 것

15. 유공압 제어요소와 일의 성격과의 짝으로 맞지 않는 것은?

① 압력제어 밸브 : 일의 크기 제어
② 유량제어 밸브 : 일의 빠르기 제어
③ 방향제어 밸브 : 일의 방향 제어
④ 유압작동기 : 일의 세기 제어

[해설] 일의 세기 또는 크기를 제어하는 것은 압력제어 밸브이다.

16. 자동제어에서 전기식 조절기의 특징이 아닌 것은?

① 크기가 작다.
② 동작 실현성이 쉽다.
③ 신호전송이 빠르고 쉽다.
④ 스파크에 대한 방폭에 유의할 필요가 없다.

[해설] 전기식 조절기는 스파크의 발생 우려가 있으며 경우에 따라 이는 폭발로 이어질 수 있기 때문에 방폭에 유의할 필요가 있다.

17. 입력 펄스에 비례하여 회전각을 낼 수 있어 디지털 제어가 용이한 특성을 가진 모터는?

① DC 모터
② 유도모터
③ 스테핑 모터
④ 브러시리스 모터

[해설] 스테핑 모터의 특징
• 디지털신호로 직접 오픈 루프(open loop) 제어할 수 있다.
• 펄스신호의 주파수에 비례한 회전속도를 얻을 수 있다.
• 기동, 정지, 정·역회전, 변속이 용이하며 응답특성도 좋다.
• 모터의 회전각이 입력 펄스수에 비례하고 모터의 속도가 1초간의 입력 펄스수에 비례한다.

18. 자동 조타장치의 키는 항해하려는 방위를 설정하는 것으로 소형 서보기구를 통해 배의 방위 캠퍼스를 피드백 받는데, 배의 방위 캠퍼스에 의해 측정된 값(θ_2)이 30°, 배의 키 값(θ_1)이 60°가 입력된다면 서보기구의 목표 값(θ)으로 옳은 것은?

① 30° ② 90°
③ -30° ④ -90°

[해설] 배의 키값-방위 캠퍼스
=서보기구 목표값 60°-30°=30°

19. 다음 중에서 C언어의 비조건 흐름 제어문에 해당되지 않는 것은?

① break
② if-else
③ goto
④ return

정답 14. ③ 15. ④ 16. ④ 17. ③ 18. ① 19. ②

해설 • 제어문
- while문
- do~while문
- while문과 do~while문
- for문
- break문과 continue문
- goto문
• 조건문 : if와 else

20. 전기 동력장치에 비교한 유압 동력장치의 특징이 아닌 것은?
① 과부하가 걸릴 경우 불안정적이다.
② 고속회전 운동을 얻기는 어렵다.
③ 안정적으로 큰 힘을 얻을 수 있다.
④ 힘의 증폭이 용이하다.

해설 유압동력장치의 특징
• 소형 경량인데 비하여 큰 토크와 동력이 발생한다.
• 비압축성 유체로서 응답성이 우수하다.
• 내폭성이 좋다.
• 무단변속의 범위가 비교적 넓다.
• 전동모터에 비하여 쉽게 급속정지를 시켜도 과부하가 걸리지 않는다.
• 과부하에 대한 안전장치나 브레이크가 용이하다.

2과목   기계 요소 설계

21. 다음 중 운동용 나사가 아닌 것은 어느 것인가?
① 관용 나사
② 사각 나사
③ 사다리꼴 나사
④ 볼 나사

해설 관용 나사는 체결용 나사이다.

22. 막대의 양끝에 나사를 깎은 머리 없는 볼트로서 볼트를 끼우기 어려운 곳에 미리 볼트를 심어 놓고 너트를 조일 수 있도록 한 볼트는?
① 기초 볼트
② 스테이 볼트
③ 스터드 볼트
④ 충격 볼트

해설 스터드 볼트 : 환봉의 양끝에 나사를 낸 것으로 기계 부품의 한쪽 끝을 영구 결합시키고 너트를 풀어 기계를 분해하는 데 쓰인다.

23. 다음 중 가장 큰 하중이 걸리는 데 사용되는 키는?
① 새들 키
② 묻힘 키
③ 둥근 키
④ 평 키

해설 동력 전달 순서 : 세레이션 > 스플라인 > 접선 키 > 묻힘 키 > 반달 키 > 평 키 > 안장 키 > 새들 키

24. 핀의 용도 중 틀린 것은?
① 2개 이상의 부품을 결합하는 데 사용
② 나사 및 너트의 이완 방지
③ 분해 조립할 부품의 위치 결정
④ 분해가 필요 없는 곳의 영구 결합

해설 핀의 용도
(1) 부품을 결합할 때 사용한다.
(2) 나사, 너트의 이완 방지 시 사용한다.
(3) 부품의 위치 결정 시 사용한다.
(4) 분해가 필요한 곳에 적합하다.

정답 20.① 21.① 22.③ 23.② 24.④

25. 미터 나사에 대한 설명 중 틀린 것은?

① 나사산의 각도는 60°이다.
② 애크미 나사보다 피치가 크다.
③ 산 끝은 판판하다.
④ 피치는 mm로 표시한다.

해설 애크미 나사보다 피치가 작다.

26. 체결용 기계요소 중 와셔(washer)의 용도로 틀린 것은?

① 볼트 지름보다 구멍이 클 때
② 접촉면이 바르지 못하고 경사졌을 때
③ 기계 부품의 위치를 고정할 때
④ 자리가 다듬어지지 않았을 때

해설 기계 부품의 위치를 고정할 때에는 볼트나 평행 핀 등을 사용한다.

27. 분할 핀의 호칭 방법에 포함되지 않는 것은?

① 규격 번호
② 호칭 지름×길이
③ 재료
④ 형식

해설 핀이 들어가는 핀 구멍의 지름을 호칭 지름으로 하고 호칭 길이는 짧은 쪽으로 한다.

28. 조립도에서 축의 단으로부터 볼 베어링의 내륜과 본체 사이의 간격을 유지시켜 결국 스프로킷 휠의 위치를 결정해 주는 부품은?

① 간격 링
② 오일 실
③ 오일 실 백업 링
④ 스프로킷 휠

해설
• 오일 실 : 보스의 안지름에 끼워져서 립이 축에 끼워진 볼 베어링의 오일이 새나가는 것을 예방하고, 밖으로부터 이물질이 유입되어 베어링이 파손되는 것을 방지해준다.
• 오일 실 백업 링 : 실이 안쪽으로 말려 들어가 립의 손상 방지 차단 벽 기능을 한다.
• 스프로킷 휠 : 보스의 양쪽에 끼워져 리머 볼트에 의해 고정되며 하나는 원통 측으로부터 동력을 전달받고 다른 하나는 종동축에 회전력을 전달한다.

29. 축이 베어링과 접촉하여 받쳐지고 있는 축 부분을 무엇이라 하는가?

① 저널
② 리테이너
③ 하우징
④ 스프로킷 휠

해설 회전 또는 왕복 운동을 하고 있는 축을 받쳐 축에 작용하는 하중을 받는 기계요소를 베어링(bearing)이라 하고, 축 중에서 베어링과 접촉하여 축이 받쳐지고 있는 축 부분을 저널(journal)이라고 한다.

30. 성크 키(sunk key)에 관한 설명으로 틀린 것은?

① 머리붙이와 머리가 없는 것이 있다.
② 키에 $\dfrac{1}{10}$ 정도의 기울기가 있다.
③ 축과 보스에 같이 홈을 파는 것으로 가장 많이 쓴다.
④ 축과 보스의 양쪽에 모두 키 홈을 파서 토크를 전달한다

해설 키에 $\dfrac{1}{100}$ 의 기울기를 가지고 있다.

정답 25. ② 26. ③ 27. ④ 28. ① 29. ① 30. ②

31. 축에 풀리, 플라이 휠, 커플링 등의 회전체를 고정시켜 원주 방향의 상대적인 운동을 방지하면서 회전력을 전달시키는 기계요소는 어느 것인가?
① 키　　　　　② 볼트
③ 코터　　　　④ 리벳

[해설] 키는 기계 부품을 축에 고정시켜서 토크를 전달하는 역할을 수행하는 기계요소이다.

32. 축의 홈 속에서 자유롭게 기울어질 수 있어 키가 자동적으로 축과 보스에 조정되는 장점이 있지만, 키 홈의 깊이가 깊어서 축의 강도가 약해지는 단점이 있는 키는?
① 반달 키　　　② 원뿔 키
③ 묻힘 키　　　④ 평행키

[해설] • 원뿔 키 : 축과 보스에 홈을 파지 않고 갈라진 원뿔통의 마찰력으로 고정시킨다.
• 묻힘 키, 평행키 : 축과 보스에 같이 홈을 파는 것으로, 가장 많이 사용한다.
• 반달 키 : 축의 원호상에 홈을 파고, 키를 끼워 넣은 다음 보스를 밀어 넣는다. 축이 약해지는 단점이 있다.

33. 축의 설계 시 고려할 사항이 아닌 것은?
① 축의 강도　　② 피로 충격
③ 응력 집중　　④ 표면 조도

[해설] 축 설계 시 고려 사항은 강도, 강성도, 진동, 부식 및 열응력, 피로 충격, 응력 집중 등이다.

34. 축(shaft)을 설계할 때 고려할 사항으로 옳지 않은 것은?

① 전동축의 경우는 굽힘 응력과 비틀림에 의한 전단 응력이 같이 발생한다.
② 동일 재료의 경우 중공축은 동일 단면적을 갖는 중실축에 비해 전달할 수 있는 토크가 작다.
③ 축이 베어링으로 고정되었을 때는 축변형의 경사각도 고려하여 설계하여야 한다.
④ 기어 또는 벨트 풀리를 고정하여 사용하는 전동축은 상당 굽힘 모멘트와 상당 비틀림 모멘트를 이용하여 안전 여부를 판단한다.

[해설] 동일 재료, 동일 면적 중공축이 중실축에 비해 전달 회전력이 크다.

35. 축 지름이 변경되는 부분에 응력 집중을 피하는 방법 중 옳은 것은?
① 직각으로 처리한다.
② 홈으로 처리한다.
③ 라운딩으로 처리한다.
④ 구멍으로 처리한다.

[해설] 축의 각 부분에서의 국부응력을 감소시키려면 계단 부분에 둥근 모양의 윤곽을 형성하여 부드러운 면이 되도록 해야 한다.

36. 비틀림 모멘트를 받는 회전축으로 치수가 정밀하고 변형량이 적어 주로 공작기계의 주축에 사용하는 것은?
① 차축
② 스핀들
③ 플렉시블축
④ 크랭크축

[해설] 축은 베어링에 의해 지지되며, 주로 회전력을 전달하는 기계요소를 말하는데, 공작기계의 주축에 사용하는 축은 스핀들이다.

[정답] 31. ①　32. ①　33. ④　34. ②　35. ③　36. ②

37. 표면 거칠기를 작게 하면 다음과 같은 이점이 있다. 틀린 것은?

① 공구의 수명이 연장된다.
② 유밀, 수밀성에 큰 영향을 준다.
③ 내식성이 향상된다.
④ 반복 하중을 받는 교량의 경우 강도가 크다.

해설 표면 거칠기는 극히 작은 길이에 대하여 단위 길이나 높이로서 구분하고 있으며 교량 등에는 적용할 수 없다.

38. 표면 거칠기의 측정법이 아닌 것은?

① 촉침법
② 광절단법
③ 광파 간섭법
④ 삼침법

해설 표면 거칠기의 측정법에는 촉침법, 광선 절단법, 광파 간섭법(현미 간섭식) 등이 있다.

39. 구름 베어링의 호칭 번호가 6001일 때 안지름은 몇 mm인가?

① 12   ② 11
③ 10   ④ 13

해설 안지름 번호가 01이므로 안지름 치수는 12mm이다.

40. 다음 중 윤곽 측정기의 종류가 아닌 것은 어느 것인가?

① 사인 바
② 투영기
③ 공구 현미경
④ 3차원 측정기

해설 윤곽 측정기는 형상의 윤곽 변위를 자동 변압기에 의해 검출하고 확대, 기록하는 측정기로 투영기, 공구 현미경 등이 있다.

3과목 공유압

41. 다음 중 공기압 장치의 구성 요소가 아닌 것은?

① 원심 펌프
② 애프터 쿨러
③ 공기 탱크
④ 공기 압축기

해설 원심 펌프는 액체의 양수용 또는 유압용으로 사용된다.

42. 공기 필터 또는 탱크의 응축수를 배출하는 기기는?

① 윤활기
② 압력 조절기
③ 에어드라이어
④ 드레인 분리기

43. 공압 장치의 구성 요소 중 공압 발생 장치와 거리가 먼 것은?

① 압축기   ② 냉각기
③ 공기 탱크   ④ 레귤레이터

해설 공압 발생 장치에는 압축기, 공기 탱크, 냉각기, 건조기 등이 있으며 레귤레이터는 공기압 조정 기기, 필터는 공기 청정화 기기이다.

44. 다음 중 단위 면적에 작용하는 수직 방향의 힘을 무엇이라 하는가?

① 압력   ② 하중
③ 실린더   ④ 피스톤

해설 $P = \dfrac{F}{A}$

정답 37. ④ 38. ④ 39. ① 40. ① 41. ① 42. ④ 43. ④ 44. ①

45. 면적이 1m²인 곳을 50N의 무게로 누를 때 면적에 작용하는 압력은?

① 50 Pa
② 100 Pa
③ 500 Pa
④ 1000 Pa

해설 $P = \dfrac{F}{A} = \dfrac{50\,\text{N}}{1\,\text{m}^2} = 50\,\text{Pa}$

46. 공학 기압 1atm과 크기가 다른 것은 어느 것인가?

① 10 bar
② 10 mAq
③ 1 kgf/cm²
④ 10000 kgf/m²

해설 1표준기압 = 1 atm = 760 mmHg(수은주) = 10.33 mAq(물기둥) = 1.033 kgf/cm² = 1.013 bar

47. 1표준기압은 수은주 760mmHg이다. 상온의 물이라면 이것의 수주는 약 얼마인가?

① 0.76m
② 1.04m
③ 7.6m
④ 10.33m

48. 1bar의 압력값과 다른 것은?

① 750.061 mmHg
② 14.504 psi
③ 100000 Pa
④ 101325 N/m²

해설 1 bar = 750 mmHg = 14.504 psi = 100000 Pa(N/m²)

49. 절대 압력을 올바르게 표현한 것은?

① 절대 압력은 게이지 압력을 말한다.
② 절대 압력은 표준 대기 압력보다 항상 높다.
③ 절대 압력은 대기압을 '0'으로 하여 측정한 압력이다.
④ 절대 압력은 완전한 진공을 '0'으로 하여 측정한 압력이다.

50. 공기압 시스템에 부착된 압력 게이지의 눈금이 0.5MPa을 나타낼 때 절대 압력은 몇 MPa인가?

① 0.3
② 0.4
③ 0.5
④ 0.6

해설 절대압 = 게이지압 + 대기압
= 0.5 + 0.1 = 0.6 MPa

51. 유압 시스템의 파워 유닛에 속하지 않는 것은?

① 릴리프 밸브
② 유량 제어 밸브
③ 펌프
④ 오일 탱크

해설 파워 유닛 : 오일 탱크, 릴리프 밸브, 펌프

52. 유압기기에 적용되는 파스칼 원리에 대한 설명으로 맞는 것은?

① 일정한 부피에서 압력은 온도에 비례한다.
② 일정한 온도에서 압력은 부피에 반비례한다.
③ 밀폐된 용기 내의 압력은 모든 방향에서 동일하다.
④ 유체의 운동 속도가 빠를수록 배관의 압력은 낮아진다.

해설 파스칼의 원리 : 정지된 유체 내의 모든 위치에서의 압력은 방향에 관계없이 항상 같으며, 직각으로 작용한다.

53. 점성계수의 단위로 옳은 것은?

① kgf · m
② kgf/cm²
③ kgf · s/m²
④ kgf/s · m⁴

정답 45. ① 46. ① 47. ④ 48. ④ 49. ④ 50. ④ 51. ② 52. ③ 53. ③

54. 유체의 동역학에 대한 설명 중 옳은 것은 어느 것인가?
① 유체의 속도는 단면적이 큰 곳에서는 빠르다.
② 점성이 없는 비압축성의 액체가 수평관을 흐를 때 압력 수두＋위치 수두＋속도 수두 ＝일정하다.
③ 유속이 크고 굵은 관을 통과할 때 층류가 발생한다.
④ 유속이 작고 가는 관을 통과할 때 난류가 발생한다.

55. 수평 원관 속을 흐르는 유체에 대한 다음 설명 중 옳은 것은? (단, 에너지 손실은 없다고 가정한다.)
① 유체의 압력과 유체의 속도는 제곱 특성에 비례한다.
② 유체의 속도는 압력과의 관계가 없다.
③ 유체의 속도는 압력에 비례한다.
④ 유체의 속도가 빠르면 압력이 낮아진다.

56. 공동 현상(cavitation)의 발생 원인 중 거리가 먼 것은?
① 펌프를 규정 속도 이상으로 고속 회전시켰을 때
② 패킹부에 공기 흡입
③ 흡입 필터가 막히거나 유온이 저하된 경우
④ 과부하이거나 급격히 유로를 차단한 경우

[해설] 공동 현상은 기포가 발생하는 현상으로 회전 날개의 과도한 침식과 노킹, 진동에 의한 소음을 유발하고 유동 형태를 변화시켜 효율을 급격히 감소시킨다. 물의 온도가 높을 때 발생된다.

57. 펌프의 캐비테이션에 대한 설명으로 틀린 것은?
① 캐비테이션은 펌프의 흡입저항이 크면 발생하기 쉽다.
② 캐비테이션의 방지를 위하여 흡입관의 굵기는 펌프 본체 연결구의 크기보다 작은 것을 사용한다.
③ 캐비테이션의 방지를 위하여 펌프 흡입 라인을 가능한 한 짧게 한다.
④ 캐비테이션의 방지를 위하여 펌프의 운전 속도는 규정 속도 이상으로 해서는 안 된다.

[해설] 캐비테이션의 방지를 위하여 흡입관의 굵기는 유압 펌프 본체 연결구의 크기와 같은 것을 사용해야 한다.

58. 유압 펌프의 종류가 아닌 것은?
① 기어 펌프　② 베인 펌프
③ 피스톤 펌프　④ 마찰 펌프

59. 유압 펌프의 형식 중 비용적형에 해당되는 것은?
① 베인 펌프　② 원심 펌프
③ 로브 펌프　④ 피스톤 펌프

[해설] 원심 펌프는 비용적형이다.

60. 톱니바퀴처럼 한 쌍의 로터가 케이싱 내에서 맞물려 회전하며 유압유를 흡입 및 토출시키는 원리의 유압 펌프가 아닌 것은 어느 것인가?
① 기어 펌프　② 로브 펌프
③ 터빈 펌프　④ 트로코이드 펌프

[해설] 기어 펌프에는 내접, 외접 기어 펌프, 로브 펌프, 트로코이드 펌프 등이 있다.

정답 54.② 55.④ 56.③ 57.② 58.④ 59.② 60.③

제7회 CBT 대비 실전문제

자동화설비 산업기사

1과목 자동 제어

1. 베인펌프의 특징을 설명한 것으로 틀린 것은?
① 구조가 복잡하고 대형이다.
② 펌프 출력에 비해 형상 치수가 작다.
③ 비교적 고장이 적고 수리 및 관리가 용이하다.
④ 베인의 마모에 의한 압력 저하가 발생되지 않는다.

해설 베인펌프(vane pump)의 특성
- 기어펌프, 피스톤 펌프에 비해 토출 압력의 맥동이 적다.
- 베인의 마모로 인해 압력 저하가 적다. (수명이 길다.)
- 카트리지 방식과 함께 호환성이 양호하고 보수가 용이하다.
- 기어펌프나 피스톤 펌프에 비하여 소음이 적다.
- 기어펌프나 피스톤 펌프에 비하여 동일 토출량과 마력의 펌프에서의 형상 치수가 최소이다.
- 급속 시동이 가능하다.

2. 다음 그림은 두 개의 NC 스위치를 연결하는 접점 회로이다. 이에 맞는 논리 회로는?

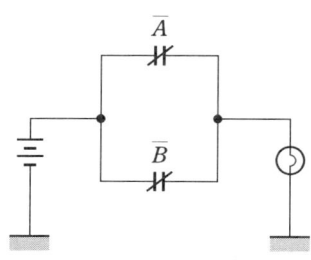

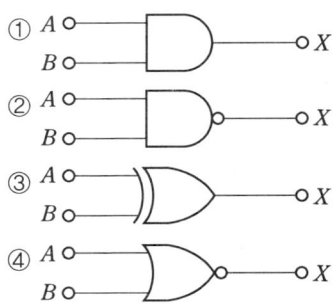

해설 A, B 입력이 B접점이기에, $\overline{A}$, $\overline{B}$이며 병렬연결이므로 OR이다.
즉, $Y=\overline{A}+\overline{B}=\overline{A \cdot B}$이며 이는 NAND 게이트에 해당한다.

3. 자동제어계를 해석할 때 기준 입력신호로 사용되지 않는 함수는?
① 전달 함수   ② 임펄스 함수
③ 단위 계단 함수   ④ 단위 경사 함수

4. 시퀀스 제어와 비교하여 피드백 제어에서만 필요한 장치는?
① 구동 장치
② 입력 장치
③ 제어 장치
④ 입출력 비교 장치

해설 피드백 시스템(feedback system) : 피드백 제어 또는 궤환제어 시스템은 출력신호가 제어동작에 직접적인 영향을 주는 시스템이다. 입력신호와 출력(피드백)신호의 차이가 오차제어동작신호이며 이 신호가 조절기에 전달되어 오차를 감소시키고 최종적으로 시스템의 출력을 요구하는 수치에 도달하게 한다.

정답 1.① 2.② 3.① 4.④

5. 어드레스 버스 중 2개의 비트만 사용하여 지정할 수 있는 어드레스는 몇 가지인가?

① 2 ② 4
③ 6 ④ 8

해설 정밀 입자가공은 연삭가공한 후에 다시 주소 버스의 대역은 시스템이 할당할 수 있는 메모리의 양을 결정한다. 이를테면 32비트 주소 버스를 지닌 시스템은 232(4,294,967,296)개의 메모리 위치를 할당할 수 있다.

6. 질량 M인 물체에 힘 f를 가하여 거리 x만큼 이동한 물리계의 전달 함수는? (단, 초기 조건은 0이다.)

① Ms ② Ms^2
③ $\dfrac{1}{Ms}$ ④ $\dfrac{1}{Ms^2}$

해설 • 기계적 선형 요소 표현성 :
$f(t) = M \dfrac{d^2 x(t)}{dt^2} =$
• 라플라스 변환 : $F(s) = Ms^2 X(s)$
• 전달 함수 : $G(s) = \dfrac{X(s)}{F(s)} = \dfrac{1}{Ms^2}$

7. 유압 작동유가 구비하여 할 조건 중 틀린 것은?

① 압축성이어야 한다.
② 열을 방출시킬 수 있어야 한다.
③ 적절한 점도가 유지되어야 한다.
④ 장시간 사용하여도 화학적으로 안정되어야 한다.

해설 유압 작동유의 구비 조건
• 비압축성이어야 한다.
• 장치의 운전온도 범위에서 회로 내를 유연하게 유동할 수 있는 적절한 점도가 유지되어야 한다.
• 장시간 사용하여도 화학적으로 안정하여야 한다. (노화 현상)
• 녹이나 부식 발생 등이 방지되어야 한다.
• 열을 방출시킬 수 있어야 한다. (산화안정성)
• 외부로부터 침입한 불순물을 침전·분리시킬 수 있어야 한다.

8. 되먹임 제어계의 특징을 설명한 것으로 틀린 것은?

① 제어 시스템이 비교적 안정적이다.
② 목표값을 보다 정확히 달성할 수 있다.
③ 오픈루프 제어가 대표적인 시스템이다.
④ 제어계의 제어 특성을 향상시킬 수 있다.

해설 되먹임제어계 또는 피드백 시스템 : 피드백 제어 또는 궤환제어 시스템은 출력신호가 제어동작에 직접적인 영향을 주는 시스템이다. 입력신호와 출력(피드백)신호의 차이가 오차제어동작신호이며 이 신호가 조절기에 전달되어 오차를 감소시키고 최종적으로 시스템의 출력을 요구하는 수치에 도달하게 한다.

9. 폐루프 제어 시스템에서 정상 상태 오차가 발생하는 경우 이를 줄이기 위해서 어떤 제어 방식을 추가하여야 하는가?

① P(비례)제어 ② I(적분)제어
③ D(미분)제어 ④ PD(비례미분)제어

해설 • 정상 상태 오차(제어 편차 : off set)는 비례동작에서 발생한다.
• I(적분)제어 : 비례동작에서 발생하는 정상 상태 오차(오프셋)를 소멸시킬 수 있다.

10. PLC의 입력 측에 연결할 수 있는 부품으로 적절한 것은?

① Lamp ② Motor
③ Buzzer ④ Push botton

정답 5.② 6.④ 7.① 8.③ 9.② 10.④

해설 PLC 입력 측에는 센서 또는 입력신호를 넣을 수 있는 스위치, 버튼 등이 연결 가능하며 출력 측에는 Lamp, motor, buzzer와 같은 액추에이터가 연결 가능하다.

11. 다음 중 온도, 유량, 압력 등을 제어량으로 하는 제어로 알맞은 제어 방식은?

① 서보제어
② 정치제어
③ 개루프 제어
④ 프로세스 제어

해설 제어량의 종류에 의한 분류
- 프로세스 제어 : 온도, 유량, 압력, 레벨, 효율 등의 공업 프로세스의 상태량을 제어량으로 하는 제어
- 서보기구 : 물체의 위치, 각도 등을 제어량으로 하고 목표값의 임의의 변화에 추종하는 것
- 자동 조정 : 제어량은 회전수, 압력, 전압, 주파수, 온도, 속도 등

12. 다음 회로에서 양단에 걸리는 전압 $V(s)$는?

① $V(s) = RI(s) + sLI(s)$
② $V(s) = \dfrac{1}{R}I(s) + sLI(s)$
③ $V(s) = RI(s) + \dfrac{1}{L}I(s)$
④ $V(s) = RI(s) + \dfrac{1}{sL}I(s)$

해설 전압 $v(t) = Ri(t) + L\dfrac{di(t)}{dt}$
라플라스 변환 $V(s) = RI(s) + sLI(s)$

13. $F(s) = \dfrac{1}{s^2 + 6s + 10}$의 값은?

① $e^{-3t}\sin t$
② $e^{-t}\sin 5t$
③ $e^{-3t}\cos wt$
④ $e^{-t}\sin 5wt$

해설 $F(s) = \dfrac{1}{s^2 + 6s + 10} = \dfrac{1}{(s+3)^2 + 1}$
함수 $f(t) = \sin wt$를 라플라스 변환하면
$F(s) = \dfrac{w}{s^2 + w^2}$
그러므로 역 라플라스 변환 : $f(t) = e^{-3t}\sin wt$

14. 입력제어 밸브 중 주로 안전밸브로 사용되고 시스템 내의 압력이 최대 허용 압력을 초과하는 것을 방지해 주는 밸브는?

① 체크 밸브   ② 릴리프 밸브
③ 무부하 밸브   ④ 시퀀스 밸브

해설
- 체크 밸브 : 한 방향으로 유동을 허용하나 역방향의 유동은 완전히 저지
- 릴리프 밸브 : 유압 장치에 사용하는 회로의 최고 압력을 제한하는 밸브로서 회로의 압력을 일정하게 유지시키는 밸브

15. 전달 함수의 일반적인 식으로 옳은 것은?

① 전달 함수 = $\dfrac{\text{목표값}}{\text{제어량}}$
② 전달 함수 = $\dfrac{\text{제어량}}{\text{목표값}}$
③ 전달 함수 = $\dfrac{\text{초깃값을 0으로 한 입력의 라플라스 변환값}}{\text{초깃값을 0으로 한 출력의 라플라스 변환값}}$
④ 전달 함수 = $\dfrac{\text{초깃값을 0으로 한 입력의 라플라스 변환값}}{\text{초깃값을 0으로 한 출력의 라플라스 변환값}}$

정답 11. ④ 12. ① 13. ① 14. ② 15. ④

[해설] 전달 함수는 제어계에 입력되는 신호를 분모로 출력되는 신호를 분자로 놓고 이를 초깃값을 0으로 하는 라플라스 변환 결과 함수이다.

16. 전달 함수의 특징으로 옳지 않은 것은?
① 시스템의 모든 초기 조건은 0으로 한다.
② 전달 함수는 오직 선형 시불변 시스템에만 정의된다.
③ 출력의 라플라스 변환식과 입력의 라플라스 변환식의 비이다.
④ 전달 함수는 시스템의 입력 신호의 형태에 따라 달라질 수 있다.

[해설] 전달 함수의 특징
- 전달 함수는 선형 제어계에서만 정의된다.
- 전달 함수는 임펄스 응답의 라플라스 변환으로 정의되며, 제어계의 입력 및 출력 함수의 라플라스 변환에 대한 비가 된다.
- 전달 함수를 구할 때 제어계의 모든 초기 조건을 0으로 하므로 정상 상태의 주파수 응답을 나타내며 과도응답특성은 알 수 없다.
- 전달 함수는 제어계의 입력과는 관계없다.

17. 컴퓨터를 구성하는 기본 요소를 기능별로 분류할 때 해당되지 않는 것은?
① 연산 장치   ② 제어 장치
③ 출력 장치   ④ 컴파일러 장치

[해설] 컴퓨터의 기본구성 : 중앙처리장치 (CPU) - 연산장치와 제어장치, 출력장치, 입력장치

18. 수치제어를 적용하는 공작기계에서 사람의 손, 발과 같은 역할을 담당하며 범용기계에는 없는 부분은?
① 부품 도면
② 서보기구
③ NC 테이프
④ 정보 처리 회로

[해설] 서보(servo) 기구는 사람의 손과 발에 해당하는 부분으로 정보처리회로의 명령에 따라 공작기계의 테이블 등을 움직이는 역할을 담당

19. 수치제어 공작기계 시스템에서 서보 회로 구성 시 속도와 위치를 측정하고 이를 이용하여 속도나 위치를 제어하는 제어 방식은?
① 병렬 방식
② 개루프 방식
③ 폐루프 방식
④ 하이브리드 방식

[해설] 폐루프 제어 시스템 : 입력 신호와 피드백 신호의 차이가 오차 제어동작 신호이며, 이 신호가 제어기에 전달되어 오차를 감소시키고 최종적으로 시스템의 출력을 요구 수치에 도달케 하는 것

20. 개루프 제어 시스템과 비교해 볼 때 폐루프 제어 시스템의 특성이 아닌 것은?
① 제어 오차가 감소한다.
② 필요한 센서의 개수가 증가한다.
③ 제어 시스템의 구성이 복잡해진다.
④ 제어 시스템의 가격이 저렴해진다.

[해설] 폐루프 제어 시스템의 장·단점
- 외부조건의 변화에 대처할 수 있다.
- 제어계의 특성을 향상시킬 수 있다.
- 목표값에 정확히 도달할 수 있다.
- 복잡해지고 값이 비싸진다.
- 제어계 전체가 불안정해질 수 있다.

정답 16. ④ 17. ④ 18. ② 19. ③ 20. ④

2과목   기계 요소 설계

21. 단면 50mm×50mm, 길이 100mm인 탄소 강재가 있다. 여기에 10kN의 인장력을 길이 방향으로 주었을 때 0.4mm가 늘어났다면, 이때 변형률은?
① 0.0025
② 0.004
③ 0.0125
④ 0.025

해설 $\varepsilon' = \dfrac{\delta}{d} = \dfrac{0.4}{100} = 0.004$

22. 재료의 파손이론 중 취성 재료에 잘 일치하는 것은?
① 최대 주응력설
② 최대 전단응력설
③ 최대 주변형률설
④ 변형률 에너지설

해설
- 최대 주응력설 : 최대 인장 응력의 크기가 인장 항복 강도보다 클 경우 또는 최대 압축 응력의 크기가 압축 항복 강도보다 클 경우 재료의 파손이 일어난다는 이론으로, 인장 응력과 압축 응력에 의해 재료가 파손된다는 것이다.
- 최대 전단 응력설 : 최대 전단 응력이 항복 전단 응력에 도달하여 재료의 파손이 일어난다는 것이다.

23. 기계재료에 반복 하중을 무한한 횟수로 연속적으로 가할 때 재료가 파괴되지 않고 견딜수 있는 최대 응력의 한계를 무엇이라 하는가?
① 탄성 한계
② 크리프 한계
③ 피로 한도
④ 인장 강도

해설 피로 한도 : 작은 힘의 하중을 무한한 횟수로 연속적으로 가할 때 재료가 파괴되지 않고 견딜 수 있는 최대 응력의 한계이다.

24. 각속도가 30rad/s인 원 운동을 rpm 단위로 환산하면 얼마인가?
① 157.1rpm
② 186.5rpm
③ 257.1rpm
④ 286.5rpm

해설 각속도 $w = \dfrac{2\pi N}{60}$

$\therefore N = \dfrac{60 \times w}{2\pi} = \dfrac{60 \times 30}{2\pi}$

$\fallingdotseq 286.5 \text{rpm}$

25. 사각형 단면(100mm×60mm)의 기둥에 1N/mm²의 압축 응력이 발생할 때 압축 하중은 약 얼마인가?
① 6000N
② 600N
③ 60N
④ 60000N

해설 $\sigma = \dfrac{W}{A}$, $W = A\sigma$

$\therefore W = (100 \times 60) \times 1 = 6000 \text{N}$

26. 다음 중 나사의 피치 측정에 사용되는 측정기기는?
① 오토콜리메이터
② 옵티컬 플랫
③ 사인 바
④ 공구 현미경

해설
- 오토콜리메이터 : 반사경과 망원경의 위치 관계가 기울기로 변했을 때 망원경 내의 상의 위치가 이동하는 것을 이용하여 각도, 진직도, 평면도를 측정한다.

정답 21. ② 22. ① 23. ③ 24. ④ 25. ① 26. ④

• 옵티컬 플랫 : 광학적인 측정기로서 비교적 작은 면에 매끈하게 래핑된 블록 게이지나 각종 측정자 등의 평면 측정에 사용한다.

27. 평행 나사 측정 방법이 아닌 것은?
① 공구 현미경에 의한 유효지름 측정
② 사인 바에 의한 피치 측정
③ 삼선법에 의한 유효지름 측정
④ 나사 마이크로미터에 의한 유효지름 측정

[해설] 사인 바는 블록 게이지 등을 병용하며 삼각함수의 사인(sine)을 이용하여 각도를 측정하고 설정하는 측정기이다.

28. 다음 중 나사의 유효지름 측정과 관계 없는 것은?
① 삼침법
② 피치 게이지
③ 공구 현미경
④ 나사 마이크로미터

[해설] 피치 게이지는 나사의 산과 산 사이의 거리를 측정하는 기구이다.

29. 다음 중 기어의 측정 요소에 해당하지 않는 것은?
① 물림 피치원   ② 피치 오차
③ 치형 오차   ④ 이 홈의 흔들림

[해설] 기어 측정 요소에는 피치 측정, 치형 홈 오차 측정, 이두께 측정이 있다.

30. 지름이 같은 3개의 와이어를 나사산에 대고 와이어 바깥쪽을 마이크로미터로 측정하여 계산식에 의해 나사의 유효지름을 구하는 측정 방법은?
① 나사 마이크로미터에 의한 방법
② 삼선법에 의한 방법
③ 공구 현미경에 의한 방법
④ 3차원 측정기에 의한 방법

[해설] 나사의 유효지름 측정 방법 중 정밀도가 가장 높은 것은 삼선법(삼침법)이다.

31. 나사 측정 시 측정 대상이 아닌 것은?
① 유효지름   ② 나사산의 각도
③ 리드   ④ 피치

[해설] 나사의 리드 = 줄 수×피치로 측정 대상이 아니다.

32. 나사의 피치나 나사산의 각도 측정에 적합한 측정기는?
① 사인 바
② 공구 현미경
③ 내측 마이크로미터
④ 버니어 캘리퍼스

[해설] 공구 현미경은 공작용 커터나 게이지 나사 등의 치수, 각도, 윤곽 등을 측정하는 현미경이다.

33. 다음 중 나사의 피치를 측정하는 데 사용되는 것은?
① 드릴 게이지   ② 피치 게이지
③ 버니어 캘리퍼스   ④ 나사 마이크로미터

[해설] 피치 게이지는 미터용과 인치용이 있으며, 나사의 피치를 측정하는 데 사용된다.

34. 삼침법은 수나사의 무엇을 측정하는 방법인가?
① 골지름   ② 피치
③ 유효지름   ④ 바깥지름

정답 27. ② 28. ② 29. ① 30. ② 31. ③ 32. ② 33. ② 34. ③

[해설] 삼침법 : 나사 게이지와 같이 정밀도가 높은 나사의 유효지름 측정에 사용되며, 나사의 종류와 피치, 나사산에 알맞은 지름이 같은 3개의 철심을 나사산에 삽입하여 바깥치수를 마이크로미터로 측정한다.

35. 삼침법으로 미터 나사의 유효지름 측정값이 다음과 같을 때 유효지름은 약 몇 mm 인가?

- 3침을 끼우고 측정한 외측 지수 : 43mm
- 나사의 피치 : 4mm
- 측정 핀의 지름 : 5mm

① 18.53 ② 19.46
③ 24.53 ④ 31.46

[해설] 미터 나사의 유효지름
$d_m = M - 3W + 0.86603p$
∴ $d_m = 43 - 3 \times 5 + 0.86603 \times 4$
$= 31.46412 \, mm$

36. 그림은 밀링에서 더브테일 가공 도면이다. X의 치수로 맞는 것은?

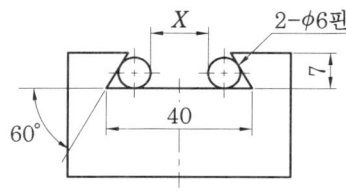

① 25.608
② 23.608
③ 22.712
④ 18.712

[해설] $X = 40 - (\dfrac{3}{\tan 30°} \times 2 + 6)$
$≒ 40 - 16.392 = 23.608$

37. 그림에서 플러그 게이지의 기울기가 0.05일 때, M_2의 길이는? (단, 그림의 치수 단위는 mm이다.)

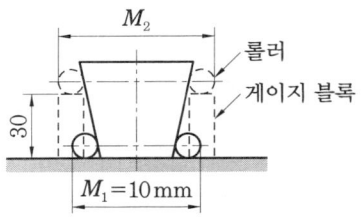

① 10.5 ② 11.5
③ 13   ④ 16

[해설] $\tan \dfrac{a}{2} = \dfrac{M_2 - 10}{2 \times 30} = 0.05$
$M_2 - 10 = 3$
∴ $M_2 = 13 \, mm$

38. 트위스트 드릴의 각부에서 드릴 홈의 골 부위(웨브 두께)를 측정하기에 가장 적합한 것은?

① 나사 마이크로미터
② 포인트 마이크로미터
③ 그루브 마이크로미터
④ 다이얼 게이지 마이크로미터

[해설] 포인트 마이크로미터 : 스핀들과 앤빌의 측정면이 뾰족한 마이크로미터로서 드릴의 웨브(web), 나사의 골지름 측정에 주로 사용한다.

39. 표면 거칠기 표기 방법 중 산술 평균 거칠기를 표기하는 기호는?

① Rp ② Rv
③ Rz ④ Ra

[해설] 산술 평균 거칠기(Ra) : 중심선 윗부분 면적의 합을 기준 길이로 나누어 마이크로미터(μm)로 나타낸 것이다.

정답 35. ④ 36. ② 37. ③ 38. ② 39. ④

40. 다음 중 표면 거칠기 측정기가 아닌 것은 어느 것인가?

① 촉침식 측정기
② 광절단식 측정기
③ 기초 원판식 측정기
④ 광파 간섭식 측정기

해설 기초 원판식 측정기는 치형이나 리드의 측정을 응용한 기어 데이터용이므로 표면 거칠기 측정과는 관련이 없다.

3과목 공유압

41. 밀도의 의미로 옳은 것은?

① 단위 용적당 면적
② 단위 면적당 체적
③ 단위 체적당 질량
④ 단위 질량당 점성계수

42. 단위 질량당 유체의 체적(SI 단위) 또는 단위 중량당 유체의 체적(중력 단위)을 무엇이라 하는가?

① 비중
② 비체적
③ 밀도
④ 비중량

해설 밀도는 단위 체적당 질량, 비중량은 단위 체적당 중량을 의미한다.

43. A_1의 면적이 20cm²일 때 이곳에서 흐르는 물의 속도 V_1은 10m/s이다. A_2의 면적이 5cm²라면, 이곳에서 흐르는 물의 속도 V_2[m/s]는?

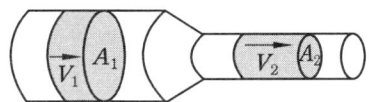

① 2
② 40
③ 100
④ 1000

해설 $Q = A_1 V_1 = A_2 V_2$

44. 안지름이 60mm인 관 내에 유체가 3m/s로 흐르고 있을 때, 유량(m³/s)은 약 얼마인가?

① 4.24×10^{-2}
② 4.24×10^{-3}
③ 8.48×10^{-2}
④ 8.48×10^{-3}

해설 $Q = \pi r^2 v$
$= 3.14 \times (0.03)^2 \times 3$
$= 8.48 \times 10^{-3} \, \text{m}^3/\text{s}$

45. 양 끝의 지름이 다른 관이 수평으로 놓여 있다. 왼쪽에서 오른쪽으로 물이 정상류를 이루고 매초 2.8L가 흐른다. B 부분의 단면적이 20cm²이라면 B 부분에서 물의 속도는 얼마나 되겠는가?

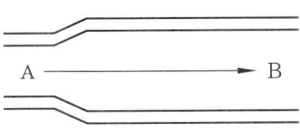

① 14cm/s
② 56cm/s
③ 140cm/s
④ 560cm/s

해설 $2.8\text{L} = 2800 \, \text{cm}^3$
∴ $2800 \div 20 = 140 \, \text{cm/s}$

정답 40. ③ 41. ③ 42. ② 43. ② 44. ④ 45. ③

46. 압축성이 좋은 것부터 차례로 나열한 것은 어느 것인가?
① 액체 → 고체 → 기체
② 기체 → 액체 → 고체
③ 고체 → 액체 → 기체
④ 기체 → 고체 → 액체

해설 압축성이란 압축률을 나타내는 것으로 체적이 감소한 비율을 말한다.

47. 압축공기의 특징에 관한 설명으로 옳지 않은 것은?
① 비압축성이다.
② 저장성이 좋다.
③ 인화의 위험이 없다.
④ 대기 중으로 배출할 수 있다.

해설 압축공기는 압축성이다.

48. 공기의 체적과 온도의 관계를 표현한 것은?
① 보일의 법칙
② 샤를의 법칙
③ 베르누이의 법칙
④ 파스칼의 법칙

해설
- 보일의 법칙 : 온도가 일정하면 일정량의 기체의 압력과 체적을 곱한 값은 일정하다.
- 샤를의 법칙 : 압력이 일정하면 일정량의 체적은 그 절대 온도에 비례한다.

49. 기체는 압력을 일정하게 유지하면서 온도를 상승시키면 체적이 증가되는 것을 알 수 있으며 체적 증가는 온도 1℃ 증가함에 따라 체적이 1/273.1씩 증가한다. 이 법칙을 무엇이라고 하는가?

① 보일의 법칙
② 샤를의 법칙
③ 연속의 법칙
④ 베르누이 정리

해설 샤를의 법칙 : 압력이 일정하면 일정량의 체적은 그 절대 온도에 비례한다.

50. 다음 중 온도가 일정할 때 절대 압력과 체적과의 관계는?
① 공기의 체적은 절대 압력에 비례한다.
② 공기의 체적은 절대 압력에 반비례한다.
③ 공기의 체적은 절대 압력의 제곱에 비례한다.
④ 공기의 체적은 절대 압력의 제곱에 반비례한다.

해설 보일의 법칙 : 온도가 일정하면 일정량의 기체의 압력과 체적을 곱한 값은 일정하다.

51. 구조가 간단하고 값이 저렴하며, 차량, 건설기계, 운반기계 등에 널리 사용되고 외접, 내접 등의 구조를 갖는 펌프는 어느 것인가?
① 기어 펌프
② 베인 펌프
③ 피스톤 펌프
④ 플런저 펌프

해설 강제식 펌프의 특징
㉠ 구조가 간단하며, 다루기가 쉽고 가격이 저렴하다.
㉡ 기름의 오염에 비교적 강한 편이며, 흡입 능력이 가장 크다.
㉢ 피스톤 펌프에 비해 효율이 떨어지고, 가변 용량형으로 만들기가 곤란하다.

52. 유압 펌프에서 강제식 펌프의 장점이 아닌 것은?

① 비강제식에 비해 크기가 대형이며 체적 효율이 좋다.
② 높은 압력(70 bar 이상)을 낼 수 있다.
③ 작동 조건의 변화에도 효율의 변화가 적다.
④ 압력 및 유량의 변화에도 원활하게 작동한다.

[해설] 강제식 펌프의 특징
㉠ 체적 효율이 높다.
㉡ 조건에 따라 효율의 변화가 작다.
㉢ 높은 압력을 낼 수 있다.
㉣ 크기가 작다.

53. 소용량 펌프와 대용량 펌프를 동일 축선상에 조합시킨 펌프는?

① 2연 베인 펌프   ② 3단 베인 펌프
③ 단단 베인 펌프   ④ 복합 베인 펌프

54. 베인 펌프의 종류가 아닌 것은?

① 단단(單段) 펌프
② 복합 베인 펌프
③ 2단 베인 펌프
④ 로브 펌프

[해설] 로브 펌프 : 작동 원리는 외접 기어 펌프와 같으나, 연속적으로 접촉하여 회전하므로 소음이 적고, 기어 펌프보다 1회전당의 배출량은 많으나 배출량의 변동이 다소 크다.

55. 다음의 조건으로 유압 펌프를 선정하고자 할 때 적합하지 않은 펌프는?

- 사용 압력 : 120 bar
- 토출량 : 250 L/min

① 나사 펌프
② 회전 피스톤 펌프
③ 왕복동 펌프
④ 베인 2단 펌프

[해설] 회전 피스톤, 왕복동, 베인 2단 펌프는 70~140 bar의 압력과 200 L/min 이상의 토출량이 가능하다. 일반적으로 나사 펌프의 토출량은 200 L/min 이상이 가능하나 70 bar 이하의 압력을 쓰고자 할 때 사용한다. 나사 펌프는 3개의 정한 스크루가 꼭 맞는 하우징 내에서 회전하며 매우 조용하고 효율적으로 유체를 배출한다. 안쪽 스크루가 회전하면 바깥쪽 로터는 같이 회전하면서 유체를 밀어내게 된다.

56. 다음 펌프 중 다른 펌프와 비교하여 비교적 높은 압력까지 형성할 수 있는 펌프는?

① 베인 펌프
② 내접 기어 펌프
③ 외접 기어 펌프
④ 피스톤 펌프

[해설] 피스톤 펌프(piston pump, plunger pump) : 피스톤을 실린더 내에서 왕복시켜 흡입 및 토출을 하는 것으로 고속, 고압에 적합하나, 복잡하여 수리가 곤란하며 값이 비싸다. 이 펌프는 고정 체적형이나 가변 체적형 모두 가능하며, 효율이 매우 좋고, 높은 압력과 균일한 흐름을 얻을 수 있어서 성능이 우수하다.

57. 고압 소용량 펌프 및 저압 대용량 펌프와 릴리프 밸브, 무부하 밸브, 체크 밸브를 1개의 본체에 조합시킨 펌프로 오일의 온도 상승을 방지하는 효율적인 펌프이나 가격이 고가이고 체적이 큰 단점이 있는 펌프는?

정답 52. ① 53. ① 54. ④ 55. ① 56. ④ 57. ④

① 다단 펌프
② 다련 펌프
③ 기어 펌프
④ 복합 펌프

해설 복합 베인 펌프(combination vane pump) : 고압 소용량 펌프로 저압 대용량 펌프와 릴리프 밸브, 무부하 밸브, 체크 밸브를 1개의 본체에 조합시킨 펌프이다. 압력 제어가 자유롭고 온도 상승을 방지할 수 있으나 가격이 비싸고 체적이 크다.

58. 유압 펌프에 관련되는 용어로서 가변 용량형 펌프를 올바르게 설명한 것은?

① 토출 에너지가 일정한 펌프 토출량을 변화시킬 수 있는 펌프
② 기어가 내접 물림하는 형식의 펌프
③ 기어가 외접 물림하는 형식의 펌프
④ 가변형은 토출량을 조절할 수 있는 것

59. 240 kgf/cm² 의 사용 압력으로 50000 kgf 의 힘을 내고 0.5 m의 행정 거리를 0.01 m/s의 속도로 움직이는 유압 프레스를 설계할 때 필요한 실린더 지름 및 펌프의 토출 유량은 약 얼마인가?

① 16.3 mm, 11 L/min
② 163 mm, 12 L/min
③ 17.3 mm, 11 L/min
④ 273 mm, 12 L/min

해설 ㉠ $P=\dfrac{F}{A}$ 에서

$A = \dfrac{F}{P} = \dfrac{50000}{240} ≒ 208.3 \, cm^2$

$A = \dfrac{\pi d^2}{4} = 208.3 \, cm^2$

$∴ d = \sqrt{\dfrac{4 \times 208.3}{\pi}} ≒ 16.3 \, cm = 163 \, mm$

㉡ $Q = AV$
$= 208.3 \times 0.01 \times 100 \times 60$
$= 12498 \, cm^3/min ≒ 12 \, L/min$

60. 유압 펌프의 동력(L_P)을 구하는 식으로 맞는 것은? (단, P = 펌프 토출압(kgf/cm²), Q = 이론 토출량(L/min), η = 전효율이다.)

① $L_P = \dfrac{P \times Q}{450\eta}$ [kW]

② $L_P = \dfrac{P \times Q}{612\eta}$ [kW]

③ $L_P = \dfrac{P \times Q}{7500\eta}$ [kW]

④ $L_P = \dfrac{P \times Q}{10200\eta}$ [kW]

정답 58. ④ 59. ② 60. ②

자동화설비 산업기사

제8회 CBT 대비 실전문제

1과목   자동 제어

1. 어떤 대상물의 현재 상태를 원하는 상태로 조절하는 것을 무엇이라 하는가?
① 신호(signal)　② 밸브(valve)
③ 제어(control)　④ 명령(instruction)

[해설] 제어 : 기기, 장치, 설비 등 어떤 대상물의 현재 상태를 사람이 원하는 상태로 조절하는 것

2. 잔류편차가 감소하고 응답 속응성이 개선되며 오버슈트를 감소시키는 제어동작은?
① 적분 제어동작
② 비례미분 제어동작
③ 비례적분 제어동작
④ 비례적분미분 제어동작

[해설] • 비례 제어동작 : 잔류편차 발생 결점
• 미분 제어동작 : 응답의 오버슈트를 감소시키고 응답을 빠르게 하는 효과
• 적분 제어동작 : : 잔류편차를 줄이는 작동

3. PPI 8255에서 포트(port)를 통해서 외부 장치로 데이터를 보낼 때만 사용하는 신호는?
① 신호(signal)　② 밸브(valve)
③ 제어(control)　④ 명령(instruction)

[해설] • CS(Chip Select) : CPU로부터 8255 자체를 선택하기 위한 IC 칩 선택 신호로 액티브 'L'의 입력신호
• RD : 포트를 통해서 CPU의 데이터를 외부 장치로 보낼 때만 사용하는 신호선
• WR 포트를 통해서 외부장치로 데이터를 보낼 때만 사용하는 신호선
• Reset : 8255를 초기화하는 입력 단자로 'H'일 때 액티브

4. 전압, 주파수를 제어량으로 하고 목표값을 장시간 일정하게 유지하도록 하는 제어는?
① 비율제어　② 서보기구
③ 자동조정　④ 추종제어

[해설] 1. 제어량의 성질에 의한 분류
• 프로세서 제어 : 제어량의 온도, 유량, 압력, 액위, 농도, 밀도 등의 플랜트나 생산 공정 중의 상태량을 제어량으로 하는 제어
• 서보기구 : 물체의 위치, 방위, 자세 등의 기계적 변위를 제어량으로 해서 목표값의 임의의 변화에 추종하도록 구성하는 제어계
• 자동조정 : 전압, 전류, 주파수, 회전속도, 힘 등 전기적, 기계적인 양을 주로 제어하는 것으로서 응답속도가 빠른 장치
2. 목표값의 시간적 성질에 의한 분류
• 정치 제어　• 추종 제어
• 프로그램 제어　• 비율 제어

5. 다음 기계시스템과 전기시스템의 요소 중 상사 관계가 잘못 연결된 것은?
① 기계시스템 - 힘, 전기시스템 - 전압
② 기계시스템 - 변위, 전기시스템 - 전류
③ 기계시스템 - 질량, 전기시스템 - 인덕턴스
④ 기계시스템 - 점성마찰계수, 전기시스템 - 저항

정답 1. ③   2. ④   3. ③   4. ③   5. ②

해설 기계(물리적)시스템과 전기시스템의 관계

기계시스템	전기시스템
질량	인덕턴스
스프링	콘덴서
점성-마찰	저항
힘	전압

6. PLC의 입출력부에서 외부기기와 내부회로를 전기적으로 절연시킬 목적으로 사용되는 전자 소자는?
① 다이오드 ② 트라이액
③ 트랜지스터 ④ 포토커플러

해설 포토커플러(photo coupler) : 전기신호를 빛으로 결합시키는 장치이며 발광부와 수광부가 서로 전기적으로 절연되는 장점을 이용한 것이다.

7. 다음 회로에서 시정수(time constant)는?

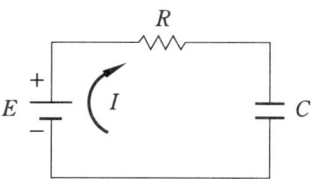

① RC ② $\dfrac{C}{R}$
③ $\dfrac{R}{C}$ ④ $\dfrac{1}{RC}$

해설 RC 직렬회로의 시정수 $\tau = RC\,[\mathrm{s}]$

8. 물체의 위치, 방위, 자세 등의 기계적 변위를 제어량으로 하는 제어방식은?
① 공정제어 ② 서보제어
③ 자동조정 ④ 정치제어

해설 제어량의 성질에 의한 분류

- 프로세서 제어 : 제어량의 온도, 유량, 압력, 액위, 농도, 밀도 등의 플랜트나 생산공정 중의 상태량을 제어량으로 하는 제어
- 서보기구 : 물체의 위치, 방위, 자세 등의 기계적 변위를 제어량으로 해서 목표값의 임의의 변화에 추종하도록 구성하는 제어계
- 자동조정 : 전압, 전류, 주파수, 회전속도, 힘 등 전기적, 기계적인 양을 주로 제어하는 것으로서 응답속도가 빠른 장치

9. 감쇠비 $h = 0.4$, 고유주파수 $w_n = 1\,\mathrm{rad/s}$인 2차계의 전달 함수는?

① $\dfrac{1}{s^2 + 0.4s + 1}$ ② $\dfrac{0.16}{s^2 + 0.4s + 1}$
③ $\dfrac{1}{s^2 + 0.8s + 1}$ ④ $\dfrac{0.16}{s^2 + 0.8s + 1}$

해설 다음 시스템의 폐루프 전달 함수

$G(s) = \dfrac{k}{s^2 + ps + k}$ 또는

$G(s) = \dfrac{w_n^2}{s^2 + 2hw_n s + w_n^2}$

$G(s) = \dfrac{1}{s^2 + 2 \times 0.4 \times s + 1}$

10. 다음 중 서보모터의 관성을 줄이고 기계적 시정수를 줄이기 위한 조치로 적절하지 않은 것은?
① 회전자 반지름을 크게 한다.
② 모터 회전자의 중량을 줄인다.
③ 코어리스(coreless) 구조로 모터를 만든다.
④ 모터 회전자의 지름을 작게 하고 축방향으로 길게 하는 구조로 한다.

해설 서보모터의 기본적 성능
- 회전력/관성 비가 클 것 : 가감속 특성, 응답성이 좋아진다.

- 파워 비가 클 것 : 응답성이 좋아진다.
- 자리잡기 정밀도가 높을 것 : 이 때문에 속도제어 범위가 넓고, 극저속이라도 매끄럽게 회전하며 또 정역전이 동일할 것
- 시동 정지가 빈번해서 가혹한 용도에도 견딜 수 있을 것
- 소형 경량이며 높은 출력일 것
- 강성이 높을 것
- 브러시 수명이 길 것
- 서보 모터는 자동제어계에 있어서 반드시 피드백해서 사용되는 높은 성능의 속도검출기나, 높은 정밀도의 위치제어를 구비할 것

11. 전달 함수의 성질에 대한 설명으로 틀린 것은?

① 전달 함수는 제어계의 입력과는 무관하다.
② 전달 함수는 비선형 제어계에서만 정의된다.
③ 전달 함수를 구할 때 제어계의 모든 초기 조건을 0으로 한다.
④ 전달 함수는 임펄스 응답의 리플라스 변환으로 정의되며, 제어계의 입력 및 출력 함수의 라플라스 변환에 대한 비가 된다.

해설 전달 함수의 특징
- 전달 함수는 선형 제어계에서만 정의된다.
- 전달 함수는 임펄스 응답의 라플라스 변환으로 정의되며, 제어계의 입력 및 출력 함수의 라플라스 변환에 대한 비가 된다.
- 전달 함수를 구할 때 제어계의 초기 조건을 0으로 하므로 정상상태의 주파수 응답을 나타내며 과도응답 특성은 알 수 없다.
- 전달 함수는 제어계의 입력과는 관계없다.

12. 다음 그림과 같은 회로에서 입력전류에 대한 출력전압의 전달 함수는? (단, s는 라플라스 연산자이다.)

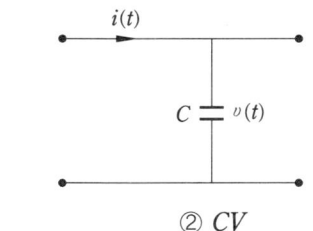

① C_s
② CV
③ $\dfrac{1}{C}$
④ $\dfrac{C}{1+T_s}$

해설 $v(t) = \dfrac{1}{wC} \cdot i(t)$의 라플라스 변환은

$V(s) = \dfrac{1}{C_s} \cdot I_{(s)}$

전달함수 : $\dfrac{\text{출력 라플라스 변환}}{\text{입력 라플라스 변환}} = \dfrac{V_{(s)}}{I_{(s)}} = \dfrac{1}{C_s}$

13. 유압 회로에서 유압 실린더나 액추에이터로 공급하는 유체 흐름의 양을 제어하는 밸브는?

① 체크 밸브
② 압력 변환기
③ 방향제어 밸브
④ 유량제어 밸브

해설
- 유량제어 밸브 : 유량장치의 제어부로서 작동유의 유량을 조절하는 밸브
- 교축 밸브 : 유량조절 밸브 중 구조가 가장 간단한 밸브
- 유량조절 밸브 : 압력 보상 기구를 내장하고 있으므로 압력 변동에 의한 유량의 변동 방지회로 내장(유량 일정 유지)

14. 다음 중 서보모터에 사용되고 있는 회전 속도 검출기로 적합하지 않은 것은?

① 리졸버
② 엔코더
③ 리밋 스위치
④ 타코 제너레이터

해설
- 회전 속도 검출기 : 엔코더, 싱크로, 리졸버, 타코 제너레이터(T·G)가 있다.
- 리밋 스위치 : 제어계의 입력 검출 스위치로 사용된다.

정답 11. ② 12. ③ 13. ④ 14. ③

15. 다음 프로그램은 C++ 언어를 사용하여 포트 B로 설정된 0×11번지에 0×A4값을 출력하는 프로그램이다. 이 프로그램에 대한 설명이 틀린 것은?

> outputb(0×11, 0×A4)

① B포트 1번 핀(pin)인 PB1은 High(1) 값이 출력된다.
② B포트 2번 핀(pin)인 PB2는 High(1) 값이 출력된다.
③ B포트 5번 핀(pin)인 PB5는 High(1) 값이 출력된다.
④ B포트 7번 핀(pin)인 PB7은 High(1) 값이 출력된다.

해설

핀번호	7	6	5	4	3	2	1	0
16진수		A				4		
2진수 (High/Low)	1	0	1	0	0	1	0	0

16. 배관 내에서 유체의 흐름은 층류와 난류로 구분한다. 다음 중 난류가 일어나는 조건은?

① 레이놀즈수가 100이다.
② 배관 내의 유속이 비교적 작다.
③ 배관 내의 유체의 동점도가 크다.
④ 배관 내의 흘러가는 유체의 점도가 작다.

해설
• 층류 : 유체의 규칙적인 흐름이다.
• 난류 : 유체의 각 부분이 시간적이나 공간적으로 불규칙한 운동을 하면서 흘러가는 것을 말한다.
레이놀즈수가 약 2,100 이하이면 층류, 4,000 이상이면 난류이고, 그 사이 값에서는 천이 유동으로 간주한다. 수돗물처럼 유량이 적을 때는 똑바로 떨어지면 층류, 많이 틀면 갑자기 흐트러지면서 나온다. 이런 현상이 난류이다.

17. PLC에서 CPU의 자기진단 기능으로 발견될 수 없는 이상은?

① 메모리 이상
② 각종 링크 이상
③ 입·출력 버스 이상
④ 입·출력 접점 이상

해설 PLC에서 CPU의 자기진단 기능으로 발견되는 에러
• 연산에러(SFC 프로그램 포함)
• 확장명령 에러
• 퓨즈단선
• I/O 모듈 대조 에러
• 인텔리 모듈 프로그램 실행 에러
• 메모리 카드 액세스 에러
• 메모리 카드 조작 에러
• 외부전원 공급 OFF

18. 다음 중 불연속형 조절기는?

① 비례동작 조절기
② 2위치 동작 조절기
③ 비례미분동작 조절기
④ 비례적분동작 조절기

해설 조절부의 동작에 의한 자동제어계의 분류
• 불연속제어 : 온오프제어(2위치 제어)
• 연속제어 : 비례제어, 미분제어, 적분제어, 비례적분제어, 비례미분제어, 비례적분미분제어

19. PLC의 주변기기를 사용하여 프로그램을 메모리에 기억시키는 것을 무엇이라 하는가?

① 코딩(coding)

정답 15.① 16.④ 17.④ 18.② 19.②

② 로딩(loading)
③ 샌딩(sending)
④ 디버깅(debugging)

해설
- 코딩 : PC의 소스 코드 작성과 동일한 개념으로 해당 PLC의 메모리에 로딩할 프로그램을 작성하는 것으로 래더도를 가장 많이 사용한다.
- 로딩 : 프로그램 입력장치를 이용하여 작성한 프로그램을 PLC 메모리에 기억시키는 작업을 말한다.

20. 압축 공기를 생성할 때 필요한 구성요소와 관계없는 것은?

① 공압 필터
② 공압 탱크
③ 공압 실린더
④ 공기 압축기

해설 공기압 발생장치 구성요소
- 공기 압축기 : 공기를 압축
- 애프터 냉각기(cooler) : 압축된 공기를 강제적으로 냉각하여 공기 중의 수분을 제거
- 공기 탱크 : 압축 공기를 저장하는 곳
- 공기 건조기 : 압축 공기를 건조
- 공기 여과기(air filter) : 공급된 공기 속에 수분, 먼지 등을 여과하는 장치

2과목   기계 요소 설계

21. 공업 제품에 대한 표준화 시행 시 여러 장점이 있다. 다음 중 공업 제품의 표준화와 관련된 장점으로 거리가 먼 것은?

① 부품의 호환성이 유지된다.
② 능률적인 부품 생산을 할 수 있다.
③ 부품의 품질 향상이 용이하다.
④ 표준화 규격 제정 시 소요되는 시간과 비용이 적다.

해설 표준화를 하므로 비용 절감, 생산 시스템 간소화, 품질 향상 등의 목표를 달성할 수 있지만 표준화 규격 제정 시 소요되는 시간과 비용이 많다.

22. 변형률(strain, ε)에 관한 식으로 옳은 것은? (단, l : 재료의 원래 길이, λ : 줄거나 늘어난 길이, A : 단면적, σ : 작용 응력)

① $\varepsilon = \lambda \times l^2$
② $\varepsilon = \dfrac{\sigma}{l}$
③ $\varepsilon = \dfrac{\lambda}{A}$
④ $\varepsilon = \dfrac{\lambda}{l}$

해설
- 세로 변형률 $(\varepsilon) = \dfrac{\lambda}{l} = \dfrac{l'-l}{l}$
- 가로 변형률 $(\varepsilon') = \dfrac{\delta}{d} = \dfrac{d'-d}{d}$

23. 볼나사(ball screw)의 장점에 해당되지 않는 것은?

① 미끄럼 나사보다 내충격성 및 감쇠성이 우수하다.
② 예압에 의해 치면 높이(backlash)를 작게 할 수 있다.
③ 마찰이 매우 적고 기계효율이 높다.
④ 시동 토크 또는 작동 토크의 변동이 작다.

해설 볼나사의 특징
- 마찰이 매우 적고 백래시가 작아 정밀하다.
- 미끄럼 나사보다 기계효율이 높다.
- 시동 토크 또는 작동 토크의 변동이 작다.
- 미끄럼 나사에 비해 내충격성과 감쇠성이 떨어진다.

정답 20. ③ 21. ③ 22. ④ 23. ①

24. 리드각이 α, 마찰계수가 μ(=tanρ)인 나사의 자립 조건으로 옳은 것은? (단, ρ는 마찰각이다.)

① $2α < ρ$
② $α < 2ρ$
③ $α < ρ$
④ $α > ρ$

해설 나사의 자립 조건 : 나사가 저절로 풀리지 않고 체결되어 있는 상태를 자립 상태라고 하며, 이 상태를 유지하기 위해서는 마찰각(ρ)이 리드각(α)보다 커야 한다.

25. 다음과 같은 나사산의 각도 중 틀린 것은?

① 미터 보통 나사 60°
② 관용 평행 나사 55°
③ 유니파이 보통 나사 60°
④ 미터 사다리꼴나사 35°

해설 미터 사다리꼴나사는 나사산의 각도가 30°이다.

26. 도면에서 나사 조립부에 M10-5H/5g이라고 기입되어 있을 때 해독으로 올바른 것은?

① 미터 보통 나사, 수나사 5H급, 암나사 5g급
② 미터 보통 나사, 1인치당 나사산 수 5
③ 미터 보통 나사, 암나사 5H급, 수나사 5g급
④ 미터 가는 나사, 피치 5, 나사산 수 5

해설
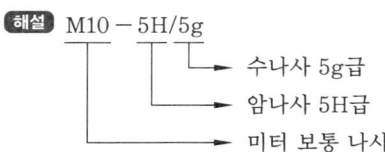

27. 나사의 표시에 관한 설명 중 올바른 것은?

① 나사산의 감김 방향은 오른나사인 경우 RH로 명기하고, 왼나사인 경우 따로 명기하지 않는다.
② 미터 가는 나사는 피치를 생략하거나 산의 수로 표시한다.
③ 2줄 이상인 경우 줄 수를 표시하며, 줄 대신 L로 표시할 수 있다.
④ 피치를 산의 수로 표시하는 나사(유니파이 나사 제외)의 경우 나사의 호칭은 나사의 종류 나사의 지름 산 산의 수 와 같이 나타낸다.

해설 나사의 표시

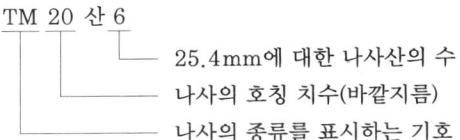

28. 좌 2줄 M50×3-6H의 나사 기호 해독으로 올바른 것은?

① 리드가 3mm
② 수나사 등급 6H
③ 왼쪽 감김 방향 2줄 나사
④ 나사산의 수가 3개

해설
• 좌 : 나사산의 감김 방향
• 2줄 : 나사산의 줄 수
• M50×3 : 나사의 호칭 지름 및 피치
• 6H : 암나사 등급

29. Tr40×7-6H로 표시된 나사의 설명 중 틀린 것은?

① Tr : 미터 사다리꼴 나사
② 40 : 호칭 지름
③ 7 : 나사산의 수
④ 6H : 나사의 등급

해설 7은 피치 7mm이다.

30. 나사의 종류를 표시하는 다음 기호 중에서 미터 사다리꼴 나사를 표시하는 것은?

① R ② M
③ Tr ④ UNC

해설
R	관용 테이퍼 수나사
M	미터 나사
UNC	유니파이 보통 나사

31. 그림과 같이 나사 표시가 있을 때 옳은 것은?

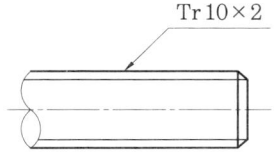

① 볼나사 호칭 지름 10인치
② 둥근 나사 호칭 지름 10mm
③ 미터 사다리꼴 나사 호칭 지름 10mm
④ 관용 테이퍼 수나사 호칭 지름 10mm

해설
• Tr : 미터 사다리꼴 나사
• 10×2 : 나사의 호칭 지름 10mm, 나사의 피치 2mm

32. 나사의 종류 중 ISO 규격에 있는 관용 테이퍼 나사에서 테이퍼 암나사를 표시하는 기호는?

① PT ② PS
③ Rp ④ Rc

해설
• PT : 관용 테이퍼 나사(ISO 규격에 없는 것)
• PS : 관용 평행 암나사(ISO 규격에 없는 것)
• Rp : 관용 평행 암나사(ISO 규격에 있는 것)
• Rc : 관용 테이퍼 암나사(ISO 규격에 있는 것)

33. 다음 나사의 도시법에 관한 설명 중 옳은 것은?

① 암나사의 골지름은 가는 실선으로 표현한다.
② 암나사의 안지름은 가는 실선으로 표현한다.
③ 수나사의 바깥지름은 가는 실선으로 표현한다.
④ 수나사의 골지름은 굵은 실선으로 표현한다.

해설 ② 암나사의 안지름은 굵은 실선으로 표현한다.
③ 수나사의 바깥지름은 굵은 실선으로 표현한다.
④ 수나사의 골지름은 가는 실선으로 표현한다.

34. 나사의 표시가 다음과 같이 명기되었을 때 이에 대한 설명으로 틀린 것은?

L 2N M10-6H/6g

① 나사의 감김 방향은 오른쪽이다.
② 암나사 등급은 6H, 수나사 등급은 6g이다.
③ 나사의 종류는 미터 나사이다.
④ 2줄 나사이며 나사의 바깥지름은 10mm이다.

해설 L 2N M10-6H/6g
• L : 왼나사
• 2N : 2줄 나사
• M10 : 미터 나사, 바깥지름은 10mm
• 6H/6g : 암나사 등급은 6H, 수나사 등급은 6g

정답 30. ③ 31. ③ 32. ④ 33. ① 34. ①

35. 스플릿 테이퍼 핀의 호칭 방법으로 옳게 나타낸 것은?

① 규격 명칭, 호칭 지름×호칭 길이, 재료, 지정 사항
② 규격 명칭, 등급, 호칭 지름×호칭 길이, 재료
③ 규격 명칭, 재료, 호칭 길이×호칭 길이, 등급
④ 규격 명칭, 재료, 호칭 길이×호칭 길이, 지정 사항

해설 스플릿 테이퍼 핀의 호칭 지름은 갈라진 부분의 지름이며, 호칭 방법은 명칭, 호칭 지름×호칭 길이, 재료, 지정 사항이다.

36. 평행 핀에 대한 호칭 방법을 옳게 나타낸 것은? (단, 오스테나이트계 스테인리스강 A1 등급이고 호칭 지름 5mm, 공차 h7, 호칭 길이 25mm이다.)

① 평행 핀-h7 5×25-A1
② 5h7×25-A1-평행 핀
③ 평행 핀-5h7×25-A1
④ 5h7×25-평행 핀-A1

해설
- 오스테나이트계 스테인리스강 평행 핀에 대한 호칭 : 평행 핀-5h7×25-A1
- 비경화강 평행 핀에 대한 호칭 : 평행 핀-5h7×25-St

37. 비경화 테이퍼 핀의 호칭 치수는 어느 것인가?

① 굵은 쪽의 지름
② 가는 쪽의 지름
③ 중앙부의 지름
④ 굵은 쪽과 가는 쪽 지름의 평균 지름

해설 테이퍼 핀은 보통 1/50의 테이퍼를 가지며, 호칭 지름은 가는 쪽의 지름으로 표시한다.

38. 다음은 테이퍼 핀에 대한 설명이다. 틀린 것은?

① 테이퍼 핀 호칭은 명칭, 지름×길이, 등급, 재료 순이다.
② 슬롯 테이퍼 핀 호칭은 명칭, 지름×길이, 재료, 지정 사항 순이다.
③ 테이퍼 핀의 테이퍼 값은 1/50이다.
④ 테이퍼 핀 호칭 지름은 가는 쪽의 지름이다.

해설 테이퍼 핀의 호칭은 명칭, 등급, 지름×길이, 재료이다.

39. 다음 리벳에 대한 설명 중 틀린 것은?

① 리벳은 길이 방향으로 단면하여 도시한다.
② 리벳을 크게 도시할 필요가 없을 때에는 리벳 구멍을 약도로 표시한다.
③ 리벳의 체결 위치만 표시할 경우에는 중심선만을 그린다.
④ 같은 위치로 연속되는 같은 종류의 리벳 구멍을 표시할 때는 피치의 수×피치의 간격(합계 치수)로 기입할 수 있다.

해설 리벳은 길이 방향으로 단면하여 도시하지 않는다.

40. 나사의 표기를 "No.8-36UNF"로 나타냈을 때 나사의 종류는?

① 유니파이 보통 나사
② 유니파이 가는 나사
③ 관용 테이퍼 수나사
④ 관용 테이퍼 암나사

정답 35. ① 36. ③ 37. ② 38. ① 39. ① 40. ②

해설
- 유니파이 보통 나사 : UNC
- 관용 테이퍼 수나사 : R
- 관용 테이퍼 암나사 : Rc

3과목 공유압

41. 절대 압력이 일정할 때 절대 온도와 체적과의 관계는?
① 공기의 체적은 절대 온도에 비례한다.
② 공기의 체적은 절대 온도에 반비례한다.
③ 공기의 체적은 절대 온도의 제곱에 비례한다.
④ 공기의 체적은 절대 온도의 제곱에 반비례한다.

해설 샤를의 법칙 : 샤를의 법칙압력이 일정하면 일정량의 체적은 그 절대 온도에 비례한다.

42. 밀폐된 용기 내의 압력을 동일한 힘으로 동시에 전달하는 것을 증명한 법칙을 무엇이라 하는가?
① 뉴턴의 법칙
② 베르누이 정리
③ 파스칼의 원리
④ 돌턴의 법칙

해설 파스칼의 원리 : 정지된 유체 내의 모든 위치에서의 압력은 방향에 관계없이 항상 같으며, 또한 유체를 통하여 전달된다.

43. 공압 장치가 유압 장치에 비해 특히 좋은 점은?
① 온도에 민감하다.
② 저압이기에 효율이 좋다.
③ 공기를 사용하기 때문에 인화의 위험이 없다.
④ 작동 요소의 구조가 복잡하다.

44. 공압 장치에서 압축공기의 설명으로 옳은 것은?
① 압축공기는 온도가 상승해도 팽창하지 않는다.
② 에너지 손실이 적어서 가격이 저렴하다.
③ 압축공기는 저장될 수 없다.
④ 압축공기를 배출할 때 소음이 발생한다.

해설 소음 발생은 공압의 단점 중 하나이다.

45. 압축공기가 가지고 있는 특징을 설명한 것이다. 맞지 않는 것은?
① 비압축성이다.
② 난연성이다.
③ 저장성이 좋다.
④ 공기 중으로 배출할 수 있다.

해설 공압은 압축성 때문에 균일한 속도를 얻을 수 없다.

46. 유체의 교축에서 관의 면적을 줄인 부분의 길이가 단면 치수에 비하여 비교적 긴 경우의 교축을 무엇이라 하는가?
① 오리피스(orifice)
② 다이어프램(diaphragm)
③ 벤투리(venturi)
④ 초크(choke)

해설 오리피스는 관의 길이가 짧은 교축이며, 초크는 관의 길이가 비교적 긴 교축이다. 다이어프램은 격막, 벤투리는 윤활기에서 사용된다.

정답 41. ① 42. ③ 43. ③ 44. ④ 45. ① 46. ④

47. 유체의 관로 중 짧은 줄임 기구로 면적을 줄인 길이가 단면 치수에 비하여 비교적 짧은 것은?

① 초크 ② 벤투리
③ 피토관 ④ 오리피스

48. 절대 습도를 구하는 식은?

① $\dfrac{\text{습공기 중의 증기의 중량(g)}}{\text{습공기 중의 건공기의 중량(g)}} \times 100$

② $\dfrac{\text{습공기 중의 건공기의 중량(g)}}{\text{습공기 중의 증기의 중량(g)}} \times 100$

③ $\dfrac{\text{습공기 중의 건공기의 중량(g)}}{\text{포화 수증기량(g)}} \times 100$

④ $\dfrac{\text{포화 수증기량(g)}}{\text{습공기 중의 건공기의 중량(g)}} \times 100$

49. 압축공기의 질을 높이는 방법으로 틀린 것은?

① 제습기를 사용한다.
② 응축수를 제거한다.
③ 공압 필터를 사용한다.
④ 압축공기의 흐름을 빠르게 한다.

[해설] 압축공기의 흐름을 빠르게 하면 질이 낮아진다.

50. 공압기기 및 관로 내에서 유동 또는 침전 상태에 있는 물 또는 기름의 혼합 액체를 무엇이라고 하는가?

① 누설 ② 드레인
③ 개스킷 ④ 오일 미스트

51. 그림에서 A측에 압력 50kgf/cm²의 유압유를 12L/min씩 보낼 때 그 동력(힘)은 약 몇 N·m/s인가?

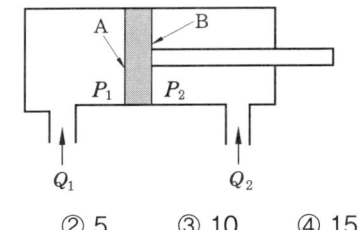

① 1 ② 5 ③ 10 ④ 15

[해설] $L = PQ$
$= 50 \times \dfrac{12 \times 10^3}{60} = 10000\,\text{kgf} \cdot \text{cm/s}$
$= 100\,\text{kgf} \cdot \text{m/s} = 10\,\text{N} \cdot \text{m/s}$

52. 유압 펌프의 이론 토출량에 대한 실제 토출량의 비는?

① 전효율 ② 기계 효율
③ 용적 효율 ④ 동력 효율

53. 12kW의 전동기로 구동되는 유압 펌프가 토출압이 70kgf/cm², 토출량은 80L/min, 회전수가 1200rpm일 때, 전효율은 약 몇 %인가?

① 59 ② 68 ③ 76 ④ 87

[해설] $\text{kW} = \dfrac{1000 \times Q \times H}{102 \times 60 \times \eta}$ 이므로
$12 = \dfrac{1000 \times 0.08 \times 700}{102 \times 60 \times \eta}$,
$\therefore \eta = 0.7625 ≒ 76\%$

54. 밸브의 조작력이나 제어 신호를 가하지 않은 상태를 무엇이라 하는가?

① 정상 상태 ② 복귀 상태
③ 조작 상태 ④ 누름 상태

[해설] 정상 상태(normal position) : 조작력 또는 제어 신호가 걸리지 않을 때의 밸브 몸체의 위치

55. 밸브에 조작력이 작용하고 있을 때의 위치를 나타내는 용어는?
① 과도 위치　② 노멀 위치
③ 작동 위치　④ 초기 위치

해설 작동 위치(actuated position) : 조작력이 걸려 있을 때의 밸브 몸체의 최종 위치

56. 밸브의 구조에 의한 분류에 해당되지 않는 것은?
① 포핏 형식
② 스풀 형식
③ 로터리 형식
④ 파일럿 형식

해설 파일럿 형식은 방향 제어 밸브의 조작 방식에 의한 분류이다.

57. 유압의 제어 밸브 중 포핏 밸브 구조가 아닌 것은?
① 콘(cone) 내장 밸브
② 볼(ball) 내장 밸브
③ 스풀(spool) 내장 밸브
④ 디스크(disk) 내장 밸브

해설 스풀(spool) 내장 밸브는 밸브 구조상 슬라이드형 밸브이다.

58. 포핏식(poppet type) 방향 전환 밸브의 장점은?
① 밸브의 이동 거리가 길다.
② 밸브의 내부 누설이 작다.
③ 밸브의 조작력을 평형시키기 적당하다.
④ 조작의 자동화가 쉽다.

해설 포핏식은 완전히 밀착된다.

59. 다음은 유압 제어 밸브의 분류이다. 잘못 연결된 것은?
① 일의 크기 – 압력 제어 밸브
② 일의 방향 – 방향 제어 밸브
③ 일의 종류 – 유량 제어 밸브
④ 일의 속도 – 유량 제어 밸브

60. 다음 중 유압 구동기구의 제어 밸브가 아닌 것은?
① 방향 제어 밸브
② 회로 지시 밸브
③ 유량 제어 밸브
④ 압력 제어 밸브

해설 제어 밸브에는 압력 제어 밸브, 유량 제어 밸브, 방향 제어 밸브가 있다.

제9회 CBT 대비 실전문제

자동화설비 산업기사

1과목   자동 제어

1. 정보처리회로에서 서보기구로 보내는 신호의 형태는?

① 변위   ② 전류
③ 전압   ④ 펄스

해설 서보기구
- 사람의 손과 발에 해당하는 것으로, 정보처리회로에서 전달된 신호에 의하여 공작기계의 테이블 등을 움직이게 하는 기구
- 신호는 펄스(Pulse : 일정값 이상의 전압을 가진 순간적인 전류)의 형태로 전달

2. 어큐뮬레이터(acumulator)의 용도로 틀린 것은?

① 에너지 축적용
② 펌프 맥동 흡수용
③ 충격 압력의 완충용
④ 오일 중 공기나 이물질 분리용

해설 어큐뮬레이터 : 축압기는 유체의 압력을 축적하여 유체의 흐름을 일정하게 조절해 주는 장치로서 맥동을 방지하는 데 사용

3. 1차 지연요소의 전달 함수는? (단, K : 이득 상수, T : 시정수, s : 라플라스 연산자이다.)

① $1+Ls$
② $1+Ls+Ks^2$
③ $\dfrac{K}{1+sT}$
④ $\dfrac{K}{1+sT_1+s^2T_2}$

해설 입력대비 시간이 지연되어 출력이 나오는 RLC 직렬회로로서 다음과 같은 형태를 가지는 전달 함수이다.
$$G(s)=\dfrac{Y(S)}{X(S)}=\dfrac{b}{s+a}$$

4. 다음 중 로터리 엔코더에서 출력되는 펄스 신호를 PLC에 입력하기 위해서 사용하는 특수 유닛의 명칭은?

① PID 유닛
② D/A 변환 유닛
③ 고속 카운터 유닛
④ 컴퓨터 링크 유닛

해설
- 로터리 엔코더는 회전체(모터)에서 출력되는 반복적인 신호를 펄스화해서 출력하는 센서로서 PLC에서는 이를 적산하는 기능이 필요하다.
- PLC 입출력 유닛 중에서 고속 카운터 유닛은 펄스신호를 적산(카운팅)하는 모듈이다.

5. NC 공작기계의 주요 구성부가 아닌 것은?

① 스크루   ② 입력부
③ 서보 제어부   ④ 연산 제어부

해설 NC 공작기계는 입력부, 출력부, 서보 제어부, 연산제어부로 구성되며 연산제어부의 프로그래밍이 필수적이다.

6. 다음 중 인칭(Inching)회로를 사용하는 목적으로 옳은 것은?

① 전압을 높이기 위하여
② 사용자의 안전을 위하여

정답 1. ④ 2. ④ 3. ③ 4. ③ 5. ① 6. ②

③ 토크를 크게 하기 위하여
④ 기동전류를 제한하기 위하여

해설 촌동(Inching)회로 : 버튼을 누르고 있는 동안만 동작하는 회로이다. 사용자가 의도하는 동안만 작동하기 때문에 사용자가 인지하지 못하는 동작에 의한 사고를 방지할 수 있다.

7. PLC의 출력에 해당하지 않는 것은?
① Lamp
② Motor
③ Sensor
④ Solenoid valve

해설 램프, 모터, 솔레노이드 밸브는 PLC의 출력신호에의 동작하는 출력장치에 해당하며 센서는 외부 신호를 감지하여 PLC에 입력으로 전달하는 입력장치에 해당

8. 4,096bps를 사용하기 위한 1bit 전송시간은 약 몇 ms인가?
① 0.48
② 0.69
③ 0.244
④ 0.288

해설 $\dfrac{1}{4,096} = 0.00024414\mathrm{s} = 0.24414\,\mathrm{ms}$

9. 서보기구용 검출기 중 변위를 자기장의 변화로 감지하는 것은?
① 압력계
② 속도검출기
③ 전압검출기
④ 차동변압기

해설 차동변압기(LVDT ; Linear Variable Diffe-rential Transformer) : 철심이 직선 운동을 하면 2차 코일이 상호유도현상에 따라 변압되는 원리

10. 그림과 같은 되먹임 제어계의 전달 함수는?

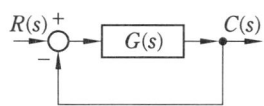

① $\dfrac{G(s)}{1+R(s)}$
② $\dfrac{C(s)}{1+R(s)}$
③ $\dfrac{R(s)G(s)}{1+G(s)}$
④ $\dfrac{G(s)}{1+G(s)}$

해설 $C(s) = \{R(s) - C(s)\}G(s)$
$= R(s)G(s) - C(s)G(s)$
$C(s) + C(s)G(s) = R(s)G(s)$
$C(s)\{1+G(s)\} = R(s)G(s)$
$\dfrac{C(s)}{R(s)} = \dfrac{G(s)}{1+G(s)}$

11. 다음 전기회로의 입력과 출력 간 전달 함수 $\dfrac{V_o(s)}{V_i(s)}$는?

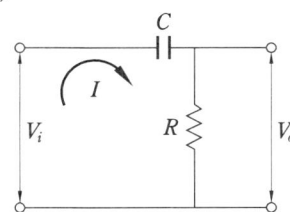

① $RCs+1$
② $\dfrac{RCs+1}{RCs}$
③ $\dfrac{1}{RCs+1}$
④ $\dfrac{RCs}{RCs+1}$

해설 $V_o(s) = R$, $V_i(s) = \dfrac{1}{Cs} + R = \dfrac{RCs+1}{Cs}$

$\dfrac{V_o(s)}{V_i(s)} = Cs \cdot \dfrac{R}{RCs+1}$

12. PLC의 RS232C 커넥터를 이용하여 PC와 직접 연결하려고 한다면, RXD 단자는 상대편의 어느 단자와 연결해야 하는가?
① DCD
② DTR
③ RXD
④ TXD

정답 7. ③ 8. ③ 9. ④ 10. ④ 11. ④ 12. ④

해설

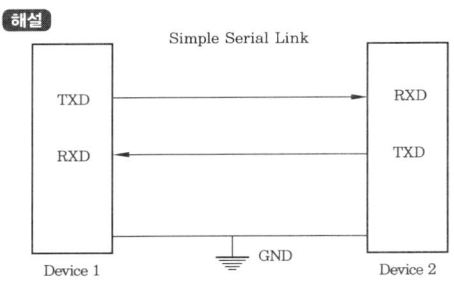

RXD : Receive Data, TXD : Transmit Data, GND : Ground

13. 시퀀스 제어회로에서 스위치를 ON으로 조작하는 것과 동시에 작동하고 타이머의 설정시간 후에 정지하는 회로는?

① 반복동작회로 ② 지연동작회로
③ 일정시간동작회로 ④ 지연복귀동작회로

해설
- 반복동작회로 : 2개의 타이머를 사용하여 각각 타이머의 설정시간에 따라서 On과 Off의 반복동작을 행하는 회로
- 연동작회로 : 전압을 인가하면 타이머의 설정시간 후에 동작하는 회로
- 일정시간동작회로 : 전압을 인가하면 동시에 동작하여 타이머의 설정시간 후에 정지하는 회로
- 지연복귀동작회로 : 스위치를 Off 조작한 후 타이머의 설정시간 정도만 지연되고 원래의 상태로 복귀하는 회로

14. 10진법의 수 0에서 7까지를 2진법으로 표현하기 위한 최소 자릿수는?

① 1 ② 2 ③ 3 ④ 4

해설

2진수 자릿수	2^2	2^1	2^0
$7_{(10)}$	1×2^2	1×2^1	1×2^0

$7 = 1 \times 2^2 + 1 \times 2^1 + 1 \times 2^0$

15. $\dfrac{A(s)}{B(s)} = \dfrac{2}{s+1}$ 의 전달 함수를 미분방정식으로 나타내는 것은?

① $\dfrac{da(t)}{dt} + a(t) = 2b(t)$

② $\dfrac{da(t)}{dt} + 2a(t) = b(t)$

③ $\dfrac{da(t)}{dt} + 2a(t) = 2b(t)$

④ $\dfrac{2da(t)}{dt} + a(t) = b(t)$

해설
$\dfrac{A(s)}{B(s)} = \dfrac{2}{s+1}$
$(s+1)A(s) = 2B(s)$
$sA(s) + A(s) = 2B(s)$
$\dfrac{d}{dt}a(t) + a(t) = 2b(t)$

16. 유압제어의 일반적인 특징으로 틀린 것은?

① 무단 변속이 가능하다.
② 입력에 대한 출력 응답이 빠르다.
③ 작은 장치로 큰 출력을 얻을 수 있다.
④ 전기, 전자의 조합으로 자동제어가 가능하다.

해설 파스칼의 원리는 유체역학에서 막혀 있는 비압축성 유체 공간 속에서 임의의 한 부분에 가해진 압력은 유체의 다른 모든 부분에도 똑같이 전달된다는 원리이다.

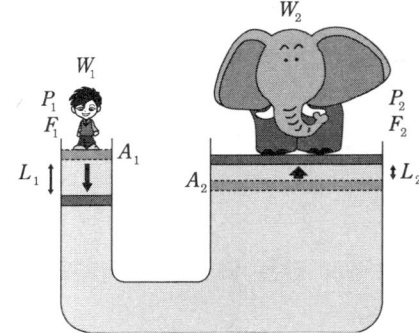

17. 스테핑 모터에 대한 설명으로 틀린 것은?

① 고속운전 시에 탈조하기 쉽다.
② 회전각 검출을 위한 피드백이 필요 없다.
③ 스테핑 모터의 총회전각은 입력 펄스의 총수에 비례한다.
④ 1스텝당 각도오차가 작고 회전각 오차는 스텝마다 누적된다.

[해설] 스테핑 모터는 스텝별로 동작 오차가 발생하지만 입력신호에 따라 정해진 스텝의 위치제어를 따르므로 회전 시 오차가 누적되지는 않는다.

18. 근궤적의 대칭에 대한 설명으로 옳은 것은?

① 대칭성이 없다.
② 원점과 대칭이다.
③ 실수축과 대칭이다.
④ 허수축과 대칭이다.

[해설] 근궤적은 K가 $0 \sim +\infty$로 변할 때, $G(s)H(s) = -1/K$를 만족하며 근이 그리는 궤적이다.
- 근궤적의 출발점($K=0 \to$ 극점), 종착점($K=\infty \to$ 영점 또는 무한대)
  - 출발점 : $K=0$에서 개루프 전달 함수 $G(s)H(s)$가 극점에 접근한다.
  - 종착점 : $K=\infty$에서 개루프 전달 함수 $G(s)H(s)$가 영점 또는 무한대에 접근한다. 여기서, 무한대는 극점 개수가 영점 개수보다 많은 경우에 한한다.
- 근궤적의 가지수=특성방정식의 차수
  - 근궤적 수는 폐루프 전달 함수의 극점 수(특성방정식의 근 수)와 같다. 즉, 특성방정식의 차수만큼의 근궤적이 존재한다.
- * K가 $0 \sim +\infty$ 변할 때의 각 근이 취하는 궤적으로써, 결국 근의 수와 같다.

- 근궤적이 실수축에 대해 대칭적
  - 물리적 구현 가능 시스템이려면, 특성방정식 근이 실근 또는 복소 공액근이어야 한다.

19. 피드백 제어계 중 물체의 위치·각도 등의 기계적 변위를 제어량으로 하여 목표값의 임의의 변화를 추종하도록 구성된 제어계는?

① 서보제어
② 자동제어
③ 프로그램 제어
④ 프로세스 제어

[해설] 서보제어는 물체의 위치·각도·방위·자세 등의 기계적 변위를 제어량으로 읽어서 제어하는 시스템이다.

20. 어떤 제어계에 대하여 단위 1인 크기의 계단 입력에 대한 응답을 무엇이라 하는가?

① 과도 응답
② 선형 응답
③ 정상 응답
④ 인디셜 응답

[해설] 스텝 응답, 단위스텝 응답, 인디셜 응답은 모두 동일한 응답으로서 단위 1인 크기의 계단 입력에 대한 응답을 지칭한다.

2과목　기계 요소 설계

21. 유니파이 보통 나사 "$\frac{1}{4}$-20UNC"의 바깥지름은?

① 0.25mm
② 6.35mm
③ 12.7mm
④ 20mm

[해설] 바깥지름 $= \frac{1}{4}$ in $= \frac{25.4}{4}$ mm $= 6.35$ mm

[정답] 17. ④　18. ③　19. ①　20. ④　21. ②

22. 지름 20mm, 피치 2mm인 3줄 나사를 1/2 회전했을 때, 이 나사의 진행거리는 몇 mm인가?

① 1 ② 3
③ 4 ④ 6

해설 $l = np = 3 \times 2 = 6\,mm$
∴ $L = l \times 회전수 = 6 \times \dfrac{1}{2} = 3\,mm$

23. 30° 미터 사다리꼴나사(1줄 나사)의 유효지름이 18mm이고, 피치가 4mm이며 나사 접촉부 마찰계수가 0.15일 때, 이 나사의 효율은 약 몇 %인가?

① 24% ② 27%
③ 31% ④ 35%

해설 $\rho = \tan^{-1} 0.15 \fallingdotseq 8.53°$
$\lambda = \tan^{-1} \dfrac{4}{\pi \times 18} \fallingdotseq 4.04°$
∴ $\eta = \dfrac{\tan\lambda}{\tan(\lambda+\rho)} = \dfrac{\tan 4.04°}{\tan(4.04° + 8.53°)}$
$\fallingdotseq 0.31 = 31\%$

24. 피치가 2mm인 3줄 나사에서 90° 회전시키면 나사가 움직인 거리는 몇 mm인가?

① 0.5 ② 1
③ 1.5 ④ 2

해설 • $l = np = 3 \times 2 = 6\,mm$
• 90° 회전했다면 리드값의 $\dfrac{1}{2}$에 해당한다.
∴ 나사가 움직인 거리 $= 6 \times \dfrac{1}{4} = 1.5\,mm$

25. 사각나사의 유효지름이 63mm, 피치가 3mm인 나사잭으로 5t의 하중을 들어올리려면 레버의 유효 길이는 약 몇 mm 이상이어야 하는가? (단, 레버의 끝에 작용시키는 힘은 200N이며 나사 접촉부 마찰계수는 0.1이다.)

① 891 ② 958
③ 1024 ④ 1168

해설 • $\lambda = \tan^{-1} \dfrac{3}{\pi \times 63} \fallingdotseq 0.87°$
• 하중을 kg에서 N으로 변환하면
$5t = 5000\,kg \times 9.8 = 49000\,N$
• 마찰력 = 나사면에 걸리는 수직력 × 마찰계수
$= (49000 \times \cos 0.87°) \times 0.1$
$\fallingdotseq 48994 \times 0.1 = 4899.4$
• 면에 걸리는 분력 $= 49000 \times \sin 0.87°$
$\fallingdotseq 752.4$
• 마찰력 + 면에 걸리는 분력
$= 4899.4 + 752.4$
$= 5651.8$
• 지렛대 원리에 의해
$5651.4 \times 31.5 = 200 \times 레버\ 길이$
∴ 레버 길이 $\fallingdotseq 890.15 \fallingdotseq 891$

26. 다음 나사의 표시 방법에 대한 설명 중 올바르지 않은 것은?

① 수나사와 암나사의 결합 부분은 수나사로 표시한다.
② 수나사나 암나사의 골지름은 가는 실선으로 그린다.
③ 수나사의 바깥지름과 암나사의 안지름은 굵은 실선으로 그린다.
④ 완전 나사부와 불완전 나사부의 경계선은 가는 실선으로 그린다.

해설 완전 나사부와 불완전 나사부 경계선은 굵은 실선으로 그린다.

정답 22. ② 23. ③ 24. ③ 25. ① 26. ④

27. 스프링의 용도로 거리가 먼 것은?

① 진동 또는 충격 에너지를 흡수
② 에너지를 저축하여 동력원으로 작용
③ 힘의 측정에 사용
④ 동력원의 제동

해설 ①, ②, ③ 외에 압력의 제한, 기계 부품의 운동 제한 및 운동 전달 등이 있다

28. 판 스프링(leaf spring)의 특징에 관한 설명으로 거리가 먼 것은?

① 판 사이의 마찰에 의해 진동이 감쇠한다.
② 내구성이 좋고 유지 보수가 용이하다.
③ 트럭 및 철도 차량의 현가장치로 주로 이용된다.
④ 판 사이의 마찰 작용으로 인해 미소 진동의 흡수에 유리하다.

해설 판 스프링
- 흡수 능력이 크기 때문에 좁은 공간에서 큰 하중을 받을 때 사용한다.
- 미소 진동에는 코일 스프링을 사용한다.

29. 다음 중 제동용 기계요소에 해당하는 것은?

① 웜   ② 코터
③ 래칫 휠   ④ 스플라인

해설 제동용 기계요소 : 래칫 휠, 브레이크, 플라이휠 등

30. 코일 스프링 제도 방법 중 틀린 것은?

① 스프링은 원칙적으로 무하중인 상태로 그린다.
② 하중과 높이 또는 처짐과의 관계를 표시할 필요가 있을 때에는 선도 또는 표로 표시한다.
③ 코일 스프링의 중간 부분을 생략할 때는 생략하는 부분의 선지름의 중심선을 굵은 실선으로 그린다.
④ 특별한 단서가 없는 한 모두 오른쪽 감기로 도시하고, 왼쪽 감기로 도시할 때에는 "감긴 방향 왼쪽"이라고 표시한다.

해설 코일 스프링에서 양 끝을 제외한 동일 모양 부분의 일부를 생략하는 경우 생략하는 부분의 선지름의 중심선을 가는 1점 쇄선으로 그린다.

31. 다음 중 자동 하중 브레이크에 속하지 않는 것은?

① 웜 브레이크   ② 원판 브레이크
③ 나사 브레이크   ④ 원심 브레이크

해설 원판 브레이크는 축압 브레이크이다.

32. 블록 브레이크에서 브레이크 용량을 결정하는 요소로 거리가 먼 것은?

① 접촉부의 마찰계수
② 브레이크 압력
③ 드럼의 원주 속도
④ 드럼의 용량

해설 드럼의 용량은 브레이크 용량 결정과 관계가 없으며, 브레이크 용량이 크면 온도 상승을 줄일 수 있다.

33. 기계의 운동 에너지를 마찰에 따른 열에너지 등으로 변환·흡수하여 속도를 감소시키는 장치는?

① 기어   ② 브레이크
③ 베어링   ④ V 벨트

해설 브레이크 : 기계의 운동 에너지를 흡수하여 속도를 느리게 하거나 정지시키는 장치

정답 27. ④ 28. ④ 29. ③ 30. ③ 31. ② 32. ④ 33. ②

34. 원형 봉에 비틀림 모멘트를 가하면 비틀림 변형이 생기는 원리를 이용한 스프링은?
① 겹판 스프링 ② 토션 바
③ 벌류트 스프링 ④ 래칫 휠

해설 • 겹판 스프링 : 여러 장의 판재를 겹쳐서 사용하는 것으로 보의 굽힘을 받는다.
• 벌류트 스프링 : 태엽 스프링을 축 방향으로 감아 올려 사용하는 것으로, 용적에 비해 매우 큰 에너지를 흡수할 수 있다.
• 래칫 휠 : 기계의 역회전을 방지하고, 한쪽 방향 가동 클러치 및 분할 작업 시 사용한다.

35. 스프링의 자유 길이 H와 코일의 평균 지름 D의 비를 무엇이라 하는가?
① 스프링 지수 ② 스프링 변위량
③ 스프링 상수 ④ 스프링 종횡비

해설 스프링 종횡비 $i = \dfrac{H}{D}$
H : 자유 길이, D : 코일의 평균 지름

36. 고무 스프링의 일반적인 특징에 관한 설명으로 틀린 것은?
① 1개의 고무로 2축 또는 3축 방향의 하중에 대한 흡수가 가능하다.
② 형상을 자유롭게 할 수 있고 다양한 용도가 가능하다.
③ 방진 및 방음 효과가 우수하다.
④ 특히 인장 하중에 대한 방진 효과가 우수하다.

해설 고무 스프링
• 탄성이 크고 완충 작용, 방진 및 방음 효과가 우수하다.
• 특히 압축 하중에 대한 방진 효과가 우수하다.

37. 공기 스프링에 대한 설명 중 틀린 것은?
① 공기량에 따라 스프링계수의 크기를 조절할 수 있다.
② 감쇠 특성이 크므로 작은 진동을 흡수할 수 있다.
③ 측면 방향으로의 강성도 좋은 편이다.
④ 구조가 복잡하고 제작비가 비싸다.

해설 공기 스프링은 측면 방향으로 하중이 발생하면 실링(밀폐)이 어렵고 취약하다.

38. 나사의 표기를 "L 2줄 M50×3-6H"로 나타냈을 때, 이 나사에 대한 설명으로 틀린 것은?
① 나사의 감김 방향이 왼쪽이다.
② 수나사 등급이 6H이다.
③ 미터나사이고 피치는 3mm이다.
④ 2줄 나사이다.

해설 수나사는 소문자, 암나사는 대문자를 사용하므로 6H는 암나사의 등급이다.

39. 나사 표기가 TM18이라 되어 있을 때, 이는 무슨 나사인가?
① 관용 평행나사
② 29° 사다리꼴나사
③ 관용 테이퍼 나사
④ 30° 사다리꼴나사

해설 • 관용 평행나사 : G
• 29° 사다리꼴나사 : TW
• 관용 테이퍼 수나사 : R
• 관용 테이퍼 암나사 : Rc
• 30° 사다리꼴나사 : TM

40. 다음 나사 기호 중 관용 평행나사를 나타내는 것은?
① Tr ② E ③ R ④ G

정답 34. ② 35. ④ 36. ④ 37. ③ 38. ② 39. ④ 40. ④

해설 나사의 기호
- Tr : 미터 사다리꼴나사
- E : 전구 나사
- R : 관용 테이퍼 수나사

3과목 공유압

41. 다음 중 공압에서 드레인이 발생하는 이유는?

① 사용 압력의 과다
② 밸브의 가공 공차
③ 수증기의 응축
④ 조작 오류

해설 공압에서 드레인이란 압축공기를 만들 때 발생되는 액체상의 불순물을 말한다.

42. 공압에서 사용되는 압축공기에는 오염된 물질이 혼입되는 경우가 있다. 시스템 외부에서 혼입되는 오염물질로 볼 수 없는 것은?

① 먼지(분진, 매연, 모래먼지 등)
② 유해 가스(황화수소, 아황산가스 등)
③ 파이프의 부식물(필터의 부스러기, 마모분 등)
④ 유해 물질(습기, 염분 등)

해설 파이프의 부식물은 시스템 내부에서 혼입된다.

43. 압축공기 내 오염물질의 영향 중 적합하지 않은 것은?

① 필터, 윤활기 등의 합성수지 파손
② 슬라이딩부 등의 흠집이나 부식 발생
③ 밸브의 고착, 마모, 실 불량 발생
④ 실린더의 진동 발생

해설 압축공기 내 오염물질의 영향
㉠ 필터, 윤활기 등의 합성수지 파손
㉡ 필터 엘리먼트의 눈막힘 및 드레인 밸브의 배수 기능 저하
㉢ 녹의 발생에 의한 작동 불량 및 스프링의 절손
㉣ 냉각 시 수분 동결에 의한 기기의 작동 불량
㉤ 먼지의 퇴적에 의한 관로 면적 감소 및 가동부의 작동 불량
㉥ 슬라이딩부 등의 흠집이나 부식 발생
㉦ 드레인에 의해 막힌 윤활제를 세척
㉧ 실재나 다이어프램의 팽윤 이상 마모 또는 파손

44. 공기 압축기에서 표준 대기압 상태의 공기를 시간당 10m³씩 흡입한다. 이 공기를 700kPa로 압축하면 압축된 공기의 체적은 약 몇 m³인가? (단, 압축 시 온도의 변화는 무시한다.)

① 0.43   ② 1.25   ③ 2.43   ④ 3.25

해설 $P_1V_1 = P_2V_2$ (보일의 법칙)

∴ $V_2 = \dfrac{101 \times 10}{700} = 1.44 \, \text{m}^3$

45. 일반적으로 압축기에서 압축의 정도를 나타낼 때에는 흡입 공기 압력과 배출 공기 압력의 비를 사용한다. 압축기는 얼마의 압력비로 압축된 것을 말하는가?

① 0.1~0.3   ② 0.5~1.1
③ 1.3~1.8   ④ 2.0 이상

해설 ㉠ 압력비 = $\dfrac{\text{토출 절대 압력}}{\text{흡입 절대 압력}}$
㉡ 압축기는 압력비 2 이상, 압력 상승이 100 kPa 이상의 것

정답 41. ③ 42. ③ 43. ④ 44. ② 45. ④

46. 토출 압력의 크기로 송풍기와 압축기를 구분할 때, 압축기에 해당하는 압력(kgf/cm²)은?
① 0.01~0.3
② 0.3~0.5
③ 0.5~0.7
④ 1.0 이상

해설 압축기는 압력비 2 이상, 압력 상승이 $100\,\text{kPa}(1.0\,\text{kgf/cm}^2)$ 이상의 것

47. 다음 중 용적형 공기 압축기가 아닌 것은?
① 격판 압축기
② 베인 압축기
③ 터보 압축기
④ 피스톤 압축기

해설 터보형은 유량 압축기이다.

48. 다음 그림과 같이 2개의 회전자를 서로 90° 위상으로 설치하고, 회전기 간의 미소한 틈을 유지하고 역방향으로 회전시키는 방식의 공기 압축기는?

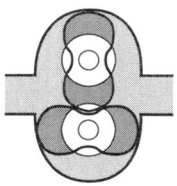

① 루츠 블로어
② 베인형 공기 압축기
③ 축류식 공기 압축기
④ 회전식 공기 압축기

49. 공압 루츠 블로어(roots blower)에 대한 설명으로 옳은 것은?
① 소음이 작다.
② 토크 변동이 작다.
③ 비접촉형으로 무급유식이다.
④ 대형이고, 고압 송풍을 할 수 없다.

50. 날개의 회전 운동에 따라 공기 흐름이 회전축과 평행으로 흐르는 압축기는 어느 것인가?
① 사류식 압축기
② 원심식 압축기
③ 축류식 압축기
④ 혼류식 압축기

51. 압력 제어 밸브로 옳은 것은?
① 체크 밸브
② 리듀싱 밸브
③ 셔틀 밸브
④ 감속 밸브

52. 압력 제어 밸브가 아닌 것은?
① 교축 밸브
② 감압 밸브
③ 시퀀스 밸브
④ 카운터 밸런스 밸브

해설 교축 밸브는 유량 제어 밸브이다.

53. 다음 유압 밸브 중 주 회로의 압력보다 저압으로 사용할 경우 쓰이는 밸브는 어느 것인가?
① 감압 밸브
② 릴리프 밸브
③ 무부하 밸브
④ 시퀀스 밸브

해설 감압 밸브(pressure reducing valve) : 이 밸브는 유압 회로에서 어떤 부분 회로의 압력을 주 회로의 압력보다 저압으로 해서 사용하고자 할 때의 분기 회로로 사용한다.

54. 유압 회로 내에 설정 압력 이상으로 유압유가 동작될 때 설정 압력 초과분의 압력을 탱크로 바이패스시켜 회로 내의 과부하를 방지하는 기능을 가진 압력 제어 밸브는 어느 것인가?

① 릴리프 밸브
② 시퀀스 밸브
③ 리듀싱 밸브
④ 압력 스위치

해설 릴리프 밸브 : 직동형 압력 제어 밸브에 보완 장치를 갖춘 것으로 시스템 내의 압력이 최대 허용 압력을 초과하는 것을 방지해 준다.

55. 유압 제어 밸브 중 회로의 최고 압력을 제한하는 밸브는?

① 감압 밸브
② 릴리프 밸브
③ 시퀀스 밸브
④ 카운터 밸런스 밸브

해설 릴리프 밸브는 실린더 내의 힘이나 토크를 제한하여 부품의 과부하(over load)를 방지하고 최대 부하 상태로 최대의 유량이 탱크로 방출되기 때문에 작동 시 최대의 동력이 소요된다.

56. 압력 제어 밸브는 유압 시스템의 전체 또는 일부의 압력을 제어한다. 다음 중 압력 릴리프 밸브의 사용 목적에 따른 밸브 명칭이 아닌 것은?

① 카운터 밸런스 밸브
② 브레이크 밸브
③ 로딩 밸브
④ 시퀀스 밸브

57. 직동형 압력 릴리프 밸브의 특징이 아닌 것은?

① 원격 제어가 가능하다.
② 구조가 간단하다.
③ 압력 오버라이드 특성이 크다.
④ 저압 소용량에 적합하다.

해설 직동형은 원격 제어가 불가능하다.

58. 압력 릴리프 밸브에서 압력 오버라이드는 어떻게 표현되는가?

① 전유량 압력 – 크래킹 압력
② 크래킹 압력 – 전유량 압력
③ 크래킹 압력 ÷ 전유량 압력
④ 전유량 압력 × 크래킹 압력

59. 무부하 밸브(unloading valve)에 대한 설명으로 틀린 것은?

① 동력을 절감시키는 역할을 한다.
② 유압의 상승을 방지하는 역할을 한다.
③ 실린더의 부하를 감소시키는 역할을 한다.
④ 펌프 송출량을 탱크로 되돌리는 역할을 한다.

해설 무부하 밸브(언로드 밸브, unloader pressure control valve) : 일정한 조건으로 펌프를 무부하로 주기 위해 사용되는 밸브

60. 압력의 조정을 통하여 실린더를 순서대로 작동시키기 위해 사용되는 밸브는?

① 시퀀스 밸브
② 카운터 밸런스 밸브
③ 파일럿 작동 체크 밸브
④ 일방향 유량 제어 밸브

해설 시퀀스 밸브는 순차 밸브이다.

정답 54. ① 55. ② 56. ③ 57. ① 58. ① 59. ③ 60. ①

자동화설비 산업기사 — 제10회 CBT 대비 실전문제

1과목 자동 제어

1. 실린더 내부의 오일이 유출되는 방향으로 유량제어 밸브를 설치하여 전·후진 속도조절이 가능한 속도제어 회로는?
 ① 미터 인 회로   ② 미터 아웃 회로
 ③ 블리드 오프 회로   ④ 디퍼렌셜 회로

2. 어떤 제어계에 대하여 단위 1인 크기의 계단입력에 대한 응답을 무엇이라 하는가?
 ① 과도 응답   ② 선형 응답
 ③ 정상 응답   ④ 인디셜 응답

 [해설] 인디셜 응답(indicial response)은 단위 계단입력에 대한 응답을 의미하며 제어요소의 동작 특성을 알 수 있다.

3. 다음 중 유압제어의 특징을 설명한 것으로 틀린 것은?
 ① 작은 장치로 큰 출력을 얻을 수 있다.
 ② 전기, 전자의 조합으로 자동제어가 가능하다.
 ③ 무단 변속이 불가능하다.
 ④ 입력에 대한 출력 응답이 빠르다.

 [해설] 유압제어에서는 교축밸브를 이용하여 무단변속을 대단히 쉽게 할 수 있다.

4. 공기 압축기에서 왕복 피스톤 압축기의 분류에 속하는 것은?
 ① 미끄럼 날개 회전 압축기
 ② 축류 압축기
 ③ 루트 블로어
 ④ 격판 압축기

 [해설] • 미끄럼 날개 회전 압축기 : 회전식이며 베인식 공기 압축기라고도 한다.
 • 축류 압축기 : 터보형으로 많은 유량을 토출할 수 있지만 압력은 낮다.
 • 루트 블로어 : 회전식으로 2개의 로터가 회전하며 압축공기를 토출한다.
 • 격판 압축기 : 왕복식이며 다이어프램식 공기 압축기라고도 한다.

5. 목표값 400℃의 전기로에서 열전온도계의 지시에 따라 전압조정기로 전압을 조절하여 온도를 일정하게 유지시키고 있다. 이때 온도는 어느 것에 해당되는가?
 ① 검출부   ② 조작부
 ③ 제어량   ④ 조작량

6. 다음 중 PLC 구성 시 입력기기에 해당되지 않는 것은?
 ① 푸시 버튼 스위치
 ② 검출용 스위치 및 센서
 ③ 명령용 조작 스위치
 ④ 히터

 [해설] 히터는 열을 발생하는 출력기기이다.

7. 속응성의 정도를 수량으로 표시하는 것은?
 ① 정확도 ② 정밀도 ③ 시정수 ④ 오차

 [해설] 속응성이란 제어의 출력이 얼마나 빨리 목표값에 도달할 수 있는지를 나타내는 특성이다.

정답 1. ② 2. ④ 3. ③ 4. ④ 5. ③ 6. ④ 7. ③

시정수는 출력값이 최종값의 63.2%에 도달하는 데 걸리는 시간이므로 속응성을 수치로 나타내는 방법이 된다.

8. PLC와 주변기기의 통신 방식 중 송신과 수신에 같은 회선을 사용하므로 반이중 방식으로만 통신이 가능한 것은?
① RS-232　② RS-422
③ RS-485　④ EtherNet

9. 과도응답의 소멸되는 정도를 나타내는 감쇠비는?
① $\dfrac{\text{최대 오버슈트}}{\text{제2 오버슈트}}$　② $\dfrac{\text{제3 오버슈트}}{\text{제2 오버슈트}}$
③ $\dfrac{\text{제2 오버슈트}}{\text{최대 오버슈트}}$　④ $\dfrac{\text{제2 오버슈트}}{\text{제3 오버슈트}}$

해설 과도응답이란 제어의 출력이 최종값에 도달할 때까지의 과도기에 나타나는 응답특성이며 첫 번째 오버슈트가 최대 오버슈트이고 그 다음 오버슈트가 제2 오버슈트이다.

감쇠비 = $\dfrac{\text{제2 오버슈트}}{\text{최대 오버슈트}}$

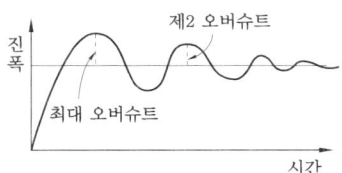

10. 다음 그림과 같은 타임 차트 형태로 동작하는 타이머의 명칭은?

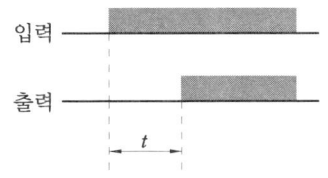

① 적산 타이머　② 감산 타이머
③ 온 딜레이 타이머　④ 오프 딜레이 타이머

해설 그림의 입력에 나타난 신호가 출력에 지연되어 나타나므로 온 딜레이 타이머의 동작이다.

11. 다음 중 엔코더를 이용해서 검출하기 어려운 것은?
① 기계장치의 이송거리 검출
② 모터의 회전부하 검출
③ 모터의 회전속도 검출
④ 모터의 회전방향 검출

12. 다음 중 자동조정에 속하지 않는 제어량은?
① 전류　② 방위
③ 주파수　④ 전압

해설 방위는 서보제어의 제어량이다.

13. 다음 공압 밸브 기호의 명칭은?

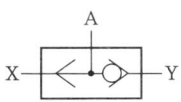

① 릴리프 밸브　② OR 밸브
③ AND 밸브　④ 감압 밸브

해설 X 또는 Y 중 하나의 입력만 있어도 출력 A가 발생하므로 논리적으로는 OR 밸브라고 하며 내부의 구조가 셔틀을 닮았다고 해서 셔틀 밸브라고도 한다.

14. s-평면에서 특성 방정식의 근이 허수축 상에 복소수 근으로 존재할 때 계단 응답의 형태는?
① 수렴　② 발산
③ 지속 진동　④ 무응답

15. 제어량을 어떤 일정한 목표값으로 유지하는 것을 목적으로 하는 제어를 무엇이라 하는가?
① 정치제어 ② 프로그램 제어
③ 조건제어 ④ 순서제어

16. 주파수 전달 함수가 $G(jw) = 1 + j$일 때 보드 선도의 위상은?
① 0° ② 45°
③ 90° ④ 180°

17. 서보기구의 제어량에 해당되지 않는 것은?
① 위치 ② 방위
③ 중량 ④ 자세

해설 서보기구 : 물체의 위치·방위·자세 등을 제어량(출력)으로 하고 목표값(입력)의 임의의 변화에 추종하도록 구성된 제어계

18. 공압기기에서 윤활기는 어느 원리를 이용한 것인가?
① 벤투리(Venturi) 원리
② 보일(Boyle)의 법칙
③ 파스칼(Pascal)의 원리
④ 훅(Hooke)의 법칙

해설 벤투리 원리란 유체의 속도가 빨라지는 부분에서 압력이 낮아진다는 원리이다. 공압기기의 윤활기는 유체의 속도에 의해 낮아진 압력을 이용하여 윤활유를 통에서 빨아올려 압축공기와 함께 분사한다.

19. 선형 제어계의 안정도를 결정하는 방법이 아닌 것은?
① 나이퀴스트(nyquist) 판별법
② 근 궤적도
③ 보드(bode)선도
④ 과도 응답 판별법

20. PLC에서 제어 내용을 기억해 두는 메모리로 필요에 따라 기억 내용을 소멸 또는 기억시키는 것으로 맞는 것은?
① 제어용 메모리
② 프로그램 메모리
③ 입출력 메모리
④ 연산제어부

2과목 기계 요소 설계

21. 나사의 제도 방법을 설명한 것으로 틀린 것은?
① 수나사에서 골지름은 가는 실선으로 도시한다.
② 불완전 나사부를 나타내는 골지름 선은 축선에 대해 평행하게 표시한다.
③ 암나사의 측면도에서 호칭지름에 해당하는 선은 가는 실선이다.
④ 완전 나사부란 산봉우리와 골밑 모양의 양쪽 모두 완전한 산형으로 이루어지는 나사부이다.

해설 불완전 나사부를 나타내는 골지름 선은 축선에 대해 30°의 가는 실선으로 그린다.

22. 미터나사에 관한 설명으로 잘못된 것은?
① 기호는 M으로 표기한다.
② 나사산의 각은 60°이다.
③ 호칭 지름은 인치(in)로 나타낸다.
④ 부품의 결합 및 위치 조정 등에 사용된다.

해설 미터나사의 호칭 지름은 mm로 나타낸다.

정답 15. ① 16. ② 17. ③ 18. ① 19. ④ 20. ② 21. ② 22. ③

23. Tr 40×7-6H로 표시된 나사의 설명 중 틀린 것은?

① Tr : 미터 사다리꼴나사
② 40 : 나사의 호칭 지름
③ 7 : 나사산의 수
④ 6H : 나사의 등급

[해설] • 7 : 피치
• 6H : 암나사 등급

24. 나사의 표기를 "No.8-36UNF"로 나타냈을 때 나사의 종류는?

① 유니파이 보통 나사
② 유니파이 가는 나사
③ 관용 테이퍼 수나사
④ 관용 테이퍼 암나사

[해설] • 유니파이 보통 나사 : UNC
• 관용 테이퍼 수나사 : R
• 관용 테이퍼 암나사 : Rc

25. 나사의 종류를 표시하는 기호 중 미터 사다리꼴나사의 기호는?

① M   ② SM
③ PT   ④ Tr

[해설] • M : 미터나사
• SM : 미싱 나사
• PT : 관용 테이퍼 나사

26. KS 나사가 다음과 같이 표기될 때 이에 대한 설명으로 옳은 것은?

"왼 2줄 M50×2-6H"

① 나사산의 감긴 방향은 왼쪽이고, 2줄 나사이다.
② 미터 보통 나사로 피치가 6mm이다.
③ 수나사이고, 공차 등급은 6급, 공차 위치는 H이다.
④ 이 기호만으로는 암나사인지 수나사인지 알 수 없다.

[해설] • M50×2 : 미터 가는 나사, 피치 2mm
• 6H : 암나사 6급

27. 호칭 지름이 3/8인치이고, 1인치 사이에 나사산이 16개인 유니파이 보통나사의 표기로 옳은 것은?

① UNF 3/8-16
② 3/8-16 UNF
③ UNC 3/8-16
④ 3/8-16 UNC

[해설] 3/8-16 UNC
• 3/8 : 나사의 지름
• 16 : 나사산의 수
• UNC : 나사의 종류(유니파이 보통나사)

28. 나사의 표기법 중 관용 평행나사 "A"급을 나타내는 방법으로 옳은 것은?

① Rc 1/2 A
② G 1/2 A
③ A Rc 1/2
④ A G 1/2

[해설] G 1/2 A : 관용 평행나사(G 1/2) A급

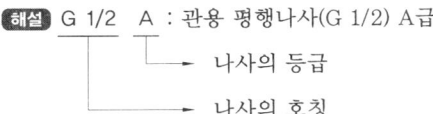

29. 나사를 다음과 같이 나타낼 때, 이에 대한 설명으로 틀린 것은?

L 2N M10-6H/6g

① 나사의 감김 방향은 오른쪽이다.
② 나사의 종류는 미터나사이다.
③ 암나사 등급은 6H, 수나사 등급은 6g 이다.
④ 2줄 나사이며 나사의 바깥지름은 10mm 이다.

[해설] L 2N M10-6H/6g
- L : 왼나사
- 2N : 2줄 나사
- M10 : 미터나사, 바깥지름은 10mm
- 6H/6g : 암나사 등급은 6H, 수나사 등급은 6g

30. 나사의 종류 중 ISO 규격에 있는 관용 테이퍼 나사에서 테이퍼 암나사를 표시하는 기호는?

① PT ② PS ③ Rp ④ Rc

[해설]
- PT : ISO 규격에 없는 관용 테이퍼 나사
- PS : ISO 규격에 없는 관용 평행 암나사
- Rp : ISO 규격에 있는 관용 평행 암나사

31. 키 재료의 허용 전단 응력이 60N/mm², 키의 폭×높이가 16mm×10mm인 성크 키를 지름이 50mm인 축에 사용하여 250rpm으로 40kW를 전달시킬 때, 성크 키의 길이는 몇 mm 이상이어야 하는가?

① 51 ② 64 ③ 78 ④ 93

[해설] $T = 9.55 \times 10^6 \times \dfrac{H}{N} = 9.55 \times 10^6 \times \dfrac{40}{250}$
$= 1528000 \text{N} \cdot \text{mm}$
$\therefore l = \dfrac{2T}{b\tau d} = \dfrac{2 \times 1528000}{16 \times 60 \times 50}$
$\fallingdotseq 64 \text{mm}$

32. 묻힘 키(sunk key)에서 키의 폭 10mm, 키의 유효 길이 54mm, 키의 높이 8mm, 축의 지름 45mm일 때 최대 전달 토크는 약 몇 N·m인가? (단, 키(key)의 허용 전단 응력은 35N/mm²이다.)

① 425 ② 643
③ 846 ④ 1024

[해설] $l = \dfrac{2T}{bd\tau}, \ T = \dfrac{bdl\tau}{2}$
$\therefore T = \dfrac{10 \times 45 \times 54 \times 35}{2}$
$= 425250 \text{N} \cdot \text{mm} \fallingdotseq 425 \text{N} \cdot \text{m}$

33. 지름 50mm 연강축을 사용하여 350rpm으로 40kW를 전달할 수 있는 묻힘 키의 길이는 몇 mm 이상인가? (단, 키의 허용 전단 응력은 49.05MPa, 키의 폭과 높이는 $b \times h = 15 \times 10$mm, 전단 저항만 고려한다.)

① 38 ② 46 ③ 60 ④ 78

[해설] $T = 9.55 \times 10^6 \times \dfrac{H}{N} = 9.55 \times 10^6 \times \dfrac{40}{350}$
$\fallingdotseq 1091429 \text{N} \cdot \text{mm}$
$\therefore l = \dfrac{2T}{b\tau d} = \dfrac{2 \times 1091429}{15 \times 49.05 \times 50}$
$\fallingdotseq 60 \text{mm}$

34. 942 N·m의 토크를 전달하는 지름 50mm인 축에 사용할 묻힘 키(폭×높이=12×8mm)의 길이는 최소 몇 mm 이상이어야 하는가? (단, 키의 허용 전단 응력은 78.48N/mm²이다.)

① 30 ② 40 ③ 50 ④ 60

[해설] $l = \dfrac{2T}{bd\tau} = \dfrac{2 \times 942000}{12 \times 50 \times 78.48}$
$\fallingdotseq 40 \text{mm}$

정답 30. ④ 31. ② 32. ① 33. ③ 34. ②

35. 축에는 가공을 하지 않고 보스 쪽만 홈을 가공하여 조립하는 키는?

① 안장 키(saddle key)
② 납작 키(flat key)
③ 묻힘 키(sunk key)
④ 둥근 키(round key)

해설 안장 키(새들 키) : 축에는 홈을 파지 않고 보스에만 홈을 파서 박는 것으로, 축의 강도를 감소시키지 않고 보스를 축의 임의의 위치에 설치할 수 있다.

36. 묻힘 키에서 키에 생기는 전단 응력을 τ, 압축 응력을 σ_c라 할 때, $\dfrac{\tau}{\sigma_c} = \dfrac{1}{4}$이면 키의 폭 b와 높이 h와의 관계식은? (단, 키 홈의 높이는 키 높이의 1/2이라고 한다.)

① $b=h$
② $b=2h$
③ $b=\dfrac{h}{4}$
④ $b=\dfrac{h}{2}$

해설 $\tau = \dfrac{2T}{bld}$, $\sigma_c = \dfrac{4T}{dhl}$

$\dfrac{\tau}{\sigma_c} = \dfrac{2T}{bld} \div \dfrac{4T}{dhl} = \dfrac{2T}{bld} \times \dfrac{dhl}{4T} = \dfrac{h}{2b}$

$\dfrac{\tau}{\sigma_c} = \dfrac{h}{2b}$이고 $\dfrac{\tau}{\sigma_c} = \dfrac{1}{4}$이므로 $\dfrac{h}{2b} = \dfrac{1}{4}$, $2b = 4h$

∴ $b = 2h$

37. 축 방향으로 보스를 미끄럼 운동시킬 필요가 있을 때 사용하는 키는?

① 페더(feather) 키
② 반달(woodruff) 키
③ 성크(sunk) 키
④ 안장(saddle) 키

해설 페더 키(미끄럼 키)
• 축 방향으로 보스의 이동이 가능하다.

• 보스와 간격이 있어 회전 중 이탈을 막기 위해 고정하는 경우가 많다.
• 묻힘 키의 일종으로 테이퍼 없이 길다.

38. 폭(b)×높이(h)=10×8 mm인 묻힘 키가 전동축에 고정되어 0.25 kN·m의 토크를 전달할 때, 축지름은 약 몇 mm 이상이어야 하는가? (단, 키의 허용 전단 응력은 36 MPa이며, 키의 길이는 47 mm이다.)

① 29.6
② 35.3
③ 41.7
④ 50.2

해설 $\tau = \dfrac{2T}{bld}$

∴ $d = \dfrac{2T}{\tau bl} = \dfrac{2 \times 0.25}{36 \times 10 \times 47} \times 10^6$

≒ 29.6 mm

39. 축의 홈 속에서 자유롭게 기울어질 수 있어 키가 자동적으로 축과 보스에 조정되는 장점이 있지만, 키 홈의 깊이가 깊어서 축의 강도가 약해지는 단점이 있는 키는?

① 반달키
② 원뿔 키
③ 묻힘 키
④ 평행키

해설 • 원뿔 키 : 축과 보스에 홈을 파지 않고 갈라진 원뿔통의 마찰력으로 고정시킨다.
• 묻힘 키, 평행키 : 축과 보스에 같이 홈을 파는 것으로, 가장 많이 사용한다.
• 반달 키 : 축의 원호상에 홈을 파고, 키를 끼워 넣은 다음 보스를 밀어 넣는다. 축이 약해지는 단점이 있다.

40. 2405 N·m의 토크를 전달시키는 지름 85 mm의 전동축이 있다. 이 축에 사용되는 묻힘키(sunk key)의 길이는 전단과 압축을 고려하여 최소 몇 mm 이상이어야 하는가?

정답 35. ① 36. ② 37. ① 38. ① 39. ① 40. ④

(단, 키의 폭은 24mm, 높이는 16mm, 키 재료의 허용 전단 응력은 68.7MPa, 허용 압축 응력은 147.2Mpa, 키 홈의 깊이는 키 높이의 1/2로 한다.)

① 12.4　　　　② 20.1
③ 28.1　　　　④ 48.1

해설 $P = \dfrac{2T}{d} = \dfrac{2 \times 2405000}{85}$
　　　　$≒ 56588.23$
∴ $l = \dfrac{P}{h\sigma} \times 2 = \dfrac{56588.23}{16 \times 147.2} \times 2$
　　　$≒ 48.1\,mm$

3과목　공유압

41. 다음 압축기의 종류 중 왕복 피스톤 압축기에 해당되는 것은?

① 원심식　　　② 다이어프램식
③ 스크루식　　④ 베인식

해설 왕복 피스톤 압축기에는 피스톤 압축기, 격판 압축기(다이어프램식)가 있으며, 고압 성향은 피스톤 압축기이다.

42. 다음 중 왕복형 공기 압축기의 특징으로 맞는 것은?

① 진동이 적다.
② 고압에 적합하다.
③ 소음이 적다.
④ 맥동이 적다.

해설 왕복식 공기 압축기는 고압용이다.

43. 다음 중 베인형 압축기의 특징이 아닌 것은?

① 소음과 진동이 작다.
② 압력을 일정하게 공급한다.
③ 소형으로 제작이 가능하다.
④ 압축기 벽면에 냉각핀을 부착하여야 한다. 아닌 것은?

해설 베인형 압축기는 실린더 역할을 하는 하우징 내에서 베인이 부착된 편심된 로터가 고속 회전한다. 하우징 내에 분사되는 오일은 베인과 케이싱 사이의 밀봉과 압축공기의 냉각을 돕는다.

44. 공기 압축기의 용량 제어 방식이 아닌 것은?

① 고속 제어
② 배기 제어
③ 차단 제어
④ ON-OFF 제어

해설 용량 제어 방식 : 배기 제어, 차단 제어, ON-OFF 제어

45. 일반적인 압축공기의 생산과 준비 단계가 옳은 것은?

① 압축기 → 건조기 → 서비스 유닛 → 애프터 쿨러 → 저장 탱크
② 압축기 → 애프터 쿨러 → 저장 탱크 → 건조기 → 서비스 유닛
③ 압축기 → 건조기 → 서비스 유닛 → 저장 탱크 → 애프터 쿨러
④ 압축기 → 서비스 유닛 → 애프터 쿨러 → 건조기 → 저장 탱크

46. 압축기 설치 장소에 관한 설명으로 옳지 않은 것은?

① 통풍이 양호한 장소에 설치한다.
② 옥외 설치 시 직사광선을 피한다.

정답 41. ②　42. ②　43. ④　44. ①　45. ②　46. ③

③ 쿨링 타워 부근에 설치하여야 한다.
④ 건축물과는 벽면에 30 cm 이상 떨어져 있어야 한다.

해설 압축기의 설치 조건
㉠ 저온, 저습 장소에 설치하여 드레인 발생을 억제한다.
㉡ 지반이 견고한 장소에 설치한다(5 t/m2를 받을 수 있어야 되고, 접지 설치).
㉢ 유해 물질이 적은 곳에 설치한다.
㉣ 압축기 운전 시 진동을 고려한다(방음, 방진벽 설치).
㉤ 우수, 염풍, 일광의 직접 노출을 피하고 흡입 필터를 부착한다.
㉥ 건축물과는 벽면에 30 cm 이상 이격시킨다.

47. 공유압 시스템에서 기본적인 3가지 제어가 아닌 것은?
① 압력 제어
② 유량 제어
③ 위치 제어
④ 방향 제어

48. 방향 제어 밸브의 구조에 의한 분류에 해당되지 않는 것은?
① 포핏 형식
② 로터리 형식
③ 파일럿 형식
④ 스풀 형식

해설 구조에 의한 분류 : 포핏 형식, 스풀 형식, 로터리 형식

49. 다음 중 공압 포핏식 밸브의 단점으로 옳은 것은?
① 이물질의 영향을 잘 받는다.
② 윤활이 필요하고 수명이 짧다.
③ 짧은 거리에서 개폐를 할 수 있다.
④ 다방향 밸브일 때는 구조가 복잡하다.

해설 포핏 밸브(poppet valves)
㉠ 구조가 간단하여 이물질의 영향을 잘 받지 않는다.
㉡ 짧은 거리에서 밸브의 개폐를 할 수 있다.
㉢ 시트(seat)는 탄성이 있는 실에 의해 밀봉되기 때문에 공기가 새어나가기 어렵다.
㉣ 활동부가 없어 윤활이 불필요하고 수명이 길다.
㉤ 공급 압력이 밸브에 작용하기 때문에 큰 변환 조작이 필요하다.
㉥ 다방향 밸브로 되면 구조가 복잡하게 된다.

50. 방향 제어 밸브의 작동을 위한 조작 방식이 아닌 것은?
① 유량 제어 방식
② 인력 조작 방식
③ 기계 방식
④ 전자 방식

해설 밸브의 조작 방식에는 인력 조작 방식, 기계 방식, 공압 방식, 보조 방식, 전자 방식 등이 있다.

51. 자중에 의한 낙하 등을 방지하기 위한 배압을 생기게 하고, 역방향의 흐름이 자유롭도록 체크 밸브의 기능이 내장되어 있는 밸브는?
① 방향 제어 밸브
② 유압 서보 밸브
③ 유량 제어 밸브
④ 카운터 밸런스 밸브

해설 카운터 밸런스 밸브(counter balance valve) : 회로의 일부에 배압을 발생시키고자 할 때 사용하는 밸브로, 조작 중 부하가 급속하게 제거되어 연직 방향으로 작동하는 램이 중력에 의하여 낙하하는 것을 방지하고자 할 경우에 사용한다.

정답 47. ③ 48. ③ 49. ④ 50. ① 51. ④

52. 회로의 일부에 배압을 발생시키고자 할 때 사용하는 밸브로서 한 방향의 흐름에 대해서는 설정된 배압을 부여하고 다른 방향의 흐름은 자유 흐름을 행하는 밸브는?

① 브레이크 밸브
② 카운터 밸런스 밸브
③ 디플레이션 밸브
④ 파일럿 릴리프 밸브

53. 카운터 밸런스 밸브 및 시퀀스 밸브를 설명한 것 중 옳은 것은?

① 원격 제어가 가능한 시퀀스 밸브는 내부 파일럿 드레인이다.
② 카운터 밸런스 밸브는 릴리프 밸브와 체크 밸브의 조합이다.
③ 카운터 밸런스 밸브는 무부하, 시퀀스 밸브는 배압 발생 밸브이다.
④ 카운터 밸런스 밸브는 압력 제어 밸브, 시퀀스 밸브는 방향 제어 밸브이다.

[해설] 원격 제어가 가능한 시퀀스 밸브는 외부 파일럿 드레인, 카운터 밸런스 밸브는 배압 발생 밸브, 시퀀스 밸브는 순차 제어용이며, 카운터 밸런스 밸브와 시퀀스 밸브는 모두 압력 제어 밸브이다.

54. 다음 중 유압 신호를 전기 신호로 전환시키는 기기는?

① 압력 스위치
② 유압 실린더
③ 방향 제어 밸브
④ 압력 제어 밸브

[해설] 압력 스위치는 유압 신호를 전기 신호로 전환시키는 일종의 스위치이다.

55. 압력 스위치는 유압 신호를 전기 신호로 전환시키는 일종의 스위치이다. 이 스위치의 구조상 종류에 해당되지 않는 것은?

① 소형 피스톤과 스프링과의 평형을 이용하는 것
② 부르동관(bourdon tube)을 사용한 것
③ 벨로스(bellows)를 사용한 것
④ 오리피스(orifice)를 사용한 것

[해설] 오리피스를 사용하는 곳은 유량 제어 밸브이다.

56. 회로압이 설정압을 초과하면 유체압에 의해 파열되어 압유를 탱크로 귀환시키고 동시에 압력 상승을 막아 기기를 보호하는 역할을 하는 유압기기는?

① 유압 퓨즈
② 체크 밸브
③ 압력 스위치
④ 릴리프 밸브

[해설] 유압 퓨즈(fluid fuse) : 전기 퓨즈와 같이 유압 장치 내의 압력이 어느 한계 이상이 되는 것을 방지하는 것으로 얇은 금속막을 장치하여 회로압이 설정압을 넘으면 막이 유체압에 의하여 파열되어 압유를 탱크로 귀환시킴과 동시에 압력 상승을 막아 기기를 보호하는 역할을 한다. 그러나 맥동이 큰 유압 장치에서는 부적당하다. 급격한 압력 변화에 대하여 응답이 빨라 신뢰성이 좋고, 설정압은 막의 재료 강도로 조절한다.

57. 유압의 방향 제어 밸브 중 슬라이드 밸브 구조의 특징은?

① 밀봉이 우수하다.
② 누유가 발생한다.
③ 이물질에 둔감하다.
④ 작동 거리가 짧다.

[정답] 52. ② 53. ② 54. ① 55. ④ 56. ① 57. ②

해설 슬라이드 밸브는 밸브 안을 스풀이 미끄러지며 운동하여야 하므로 약간의 간격을 필요로 하기 때문에 누유가 따르게 되는 결점이 있어 로크(lock) 회로에는 이용하지 않고 포핏 형식을 사용하여 장시간 확실한 로크를 하도록 한다.

58. 4포트 3위치 방향 제어 밸브 중 탠덤 센터형에 대한 설명이 아닌 것은?
① 펌프를 무부하시킬 수 있다.
② 센터 바이패스형이라고도 한다.
③ 실린더를 임의의 위치에서 정지시킬 수 있다.
④ 중립 위치에서 액추에이터 배관에 압력이 걸리지 않는다.

해설 탠덤 센터형은 중립 위치에서 펌프와 탱크 사이 배관에는 압력이 걸리지 않고, 액추에이터에는 압력이 걸린다.

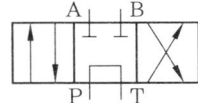

59. 건설기계 중 굴삭기는 붐 실린더나 버킷 실린더가 정지된 상태에서 굴삭기가 회전하는 경우가 있다. 4/3-way 밸브를 사용한다면 중간 정지가 가능한 중립 위치의 형식은?
① 펌프 클로즈드 센터형(pump closed center type)
② 오픈 센터형(open center type)
③ 클로즈드 센터형(closed center type)
④ 오픈 탠덤 센터형(open tandem center type)

60. 다음 중 중립 위치에서 모든 포트가 막힌 형식은?
① 세미 오픈 센터형
② 클로즈드 센터형
③ 펌프 클로즈드 센터형
④ 탠덤 센터형

해설 클로즈드 센터형

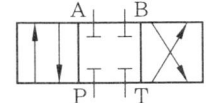

자동화설비 산업기사

제11회 CBT 대비 실전문제

1과목 자동 제어

1. PLC로 사회자 1명에 출연자 4명이 참가한 퀴즈 게임 회로를 작성하려고 할 때 출연자 1명에 걸어 주어야 할 b접점의 최소 개수는 몇 개인가? (단, 사회자의 초기화 조작 스위치는 포함하지 않는다.)

① 1개   ② 2개
③ 3개   ④ 4개

해설

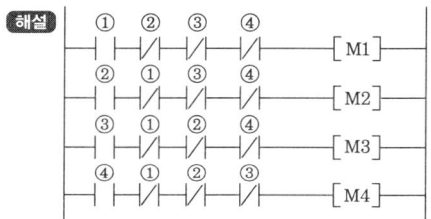

2. 폐루프 시스템의 기본요소에 해당하지 않는 것은?

① 카운트부   ② 비교부
③ 제어부   ④ 계측부

해설
- 제어부 : 조절부로부터 받은 신호를 조작량으로 바꾸어 제어 대상에 보내는 부분
- 비교부 : 제어 요소가 동작하는 데 필요한 신호를 만들어 제어부에 보내는 부분
- 계측부 : 제어량을 계측하고 입력과 출력을 비교하는 비교부가 반드시 필요

3. 유압동력을 기계적인 회전 운동으로 변환하는 장치는?

① 유압모터   ② 공압모터
③ 유압펌프   ④ 유압실린더

해설
- 유압모터 : 유압동력을 연속적인 회전 운동으로 변환하는 장치
- 유압펌프 : 전기모터의 기계적 에너지를 유체 에너지로 변환하는 장치

4. 3각법에 의한 투상도에서 누락된 정면도로 가장 적합한 것은?

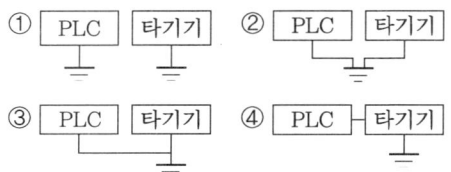

해설

전용접지 (우수)	공용접지 (양호)	공통접지 (불가)
PLC 타기기	PLC 타기기	PLC 타기기

5. 퍼지(fuzzy) 제어를 이용함으로써 제어특성을 개선할 수 있는 대상 공정으로 적합하지 않은 것은?

① 생물체 발효공정
② 냉각수 저장조 온도제어
③ 시멘트 회전 혼합기
④ 소각로 연소제어

해설 퍼지 제어(fuzzy control)의 개념으로 제어분야에서 인간은 애매한 구문을 사용할 수 있다. 예를 들어 컴퓨터에서 "온도가 낮으면 밸브를 열어라."라는 명령을 할 경우 애매한 표현인 '낮으면'을 어떻게 처리할 것인가? 냉각수 저장고 온도제어는 설정온도제어이므로 피드백제어이다.

정답 1. ③ 2. ① 3. ① 4. ① 5. ②

6. PLC 설치 시 실드 트랜스를 사용하는 것은 어느 곳으로부터의 노이즈 대책인가?

① 입력기기 ② 출력기기
③ 전원계통 ④ PLC 자체

해설 전기, 전자기기의 동작 주파수와 다른 전압과 전류, 즉 기본 주파수 이외의 정상동작을 방해하는 불필요한 전기 전자적 에너지를 노이즈라 하며 이를 실드 트랜스를 사용하여 차폐가 가능하다.

7. 개루프 전달 함수 $G(s) = \dfrac{s+1}{s^2}$ 시스템에 단위 계단입력이 들어올 때, 폐루프 시스템의 정상 상태 오차는?

① 0 ② 1
③ 2 ④ ∞

해설 자동 제어계의 정상상태 오차식
$r(t) = 1$ 스텝신호를 라플라스로 변환하면
$R(s) = \dfrac{1}{s}$

$e_{ss} = \lim_{t \to \infty} e(t) = \lim_{s \to 0} sE(s) = \lim_{s \to 0} \dfrac{sR(s)}{1+G(s)}$

$e_{ss} = \lim_{t \to \infty} \dfrac{s \cdot \dfrac{1}{s}}{1 + \dfrac{s+2}{s^2}} = \lim_{s \to 0} \dfrac{s^2}{s^2 + s + 2}$

$= \lim_{s \to 0} \dfrac{0}{0+0+2}$

8. 다음 제어기 중에서 제어 목표값에 빨리 도달하도록 미분동작을 부가하여 응답속도만을 개선한 것은?

① P 제어기
② PI 제어기
③ PD 제어기
④ PID 제어기

해설 제어기 동작에 의한 분류
- P제어 : 잔류편차(offset)가 발생한다. (속응성)
- I제어 : 응답속도는 느리지만, 정확성이 좋다. (offset 제거)
- D제어 : 오차가 커지는 것을 미연에 방지한다. (안정성)
- PI 제어 : offset 소멸, 진동으로 접근하기 쉽다.
- PD 제어 : 응답속도 개선에 사용된다.
- PID 제어 : 비례동작은 잔류편차를 발생하고, 적분동작은 잔류편차를 없애고, 미분동작은 동특성을 개선하는 동작이므로 제어 시스템은 안정적이다.

9. 다음 중 서보기구로 제어할 수 있는 가장 적합한 제어량은?

① P 제어기
② PI 제어기
③ PD 제어기
④ PID 제어기

해설 제어량의 성질에 의한 분류
- 공정제어(process control)
  〈제어량〉온도, 유량, 압력, 액위, 밀도, PH, 점도
- 서보기구
  〈제어량〉물체의 위치, 방위, 자세
  〈용 도〉비행기, 선박의 항법제어 시스템, 미사일 발사대의 자동위치제어 시스템, 자동조타장치, 추적용레이더, 공작기계, 자동평형기록계
- 자동조정 : 부하에 관계없이 출력을 일정하게 유지
  〈제어량〉전압, 전류, 주파수, 회전속도
  〈용 도〉정전압장치, 발전기의 조속기, 자동전원 조정장치

정답 6. ③ 7. ① 8. ③ 9. ④

10. 다음 내용에 해당하는 유압펌프의 명칭은?

> 구조가 간단하고 운전 및 보수가 용이하지만 가변 토출형으로 제작이 불가능하고 내부 오일 누설이 다른 펌프에 비해서 많다. 그리고 운전 중에 밀폐작용(폐입현상)이 발생하기도 한다.

① 기어펌프
② 배인펌프
③ 피스톤펌프
④ 나사펌프

해설 기어펌프의 특징
- 구조가 간단하며 다루기 쉽고 가격이 저렴하다.
- 기름의 오염에 비교적 강한 편이며 펌프의 효율은 피스톤 펌프에 비하여 떨어진다.
- 가변 용량형으로 만들기가 곤란하며 흡입능력이 가장 크다.

11. 유압제어와 비교한 공압제어에 대한 설명으로 틀린 것은?

① 공기압력은 4~7 kgf/cm² 정도를 사용한다.
② 공압과 유압의 출력은 항상 동일하다.
③ 에어 드라이어를 설치한다.
④ 구성은 간단하나 압축성으로 속도가 일정치 않다.

해설 공압장치의 단점
- 압축성 유체이므로 큰 힘을 얻는 데 제약을 받는다.
- 전기, 유압방식에 비해 에너지 효율이 떨어진다.
- 정밀한 속도, 위치, 중간정지 조절이 곤란하여 필요 시 특수한 장치가 필요하다.

12. 제어장치에 있어서 목표치에 의한 신호와 검출부로부터의 신호에 의거, 제어계가 소정의 작동을 하는 데 필요한 신호를 만들어서 조작부에 보내주는 부분은?

① 검출부
② 입력부
③ 조절부
④ 출력부

해설
- 조절부(調節部 ; controlling means) : 기준입력과 검출부 출력을 합하여 제어계가 소요의 작용을 하는 데 필요한 신호를 만들어 조작부(操作部)에 보내는 부분이다.
- 검출부(檢出部;detecting means) : 제어량을 검출하고 기준입력 신호와 비교시키는 부분이다.

13. 주파수 전달 함수 $G(jw) = \dfrac{1}{1+jwT}$ 의 복소수 평면에서의 벡터 궤적의 모양은? (단, w 값이 0에서 ∞까지이다.)

① 원
② 반원
③ 직선
④ 타원

해설 1차 지연

$$G(s) = \frac{1}{1+Ts} \rightarrow G(jw) = \frac{1}{1+jwT}$$

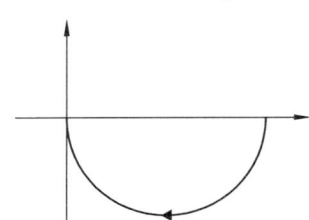

14. 다음 중 PLC의 CPU가 수행하지 않는 작업은?

① 운용시스템(OS) 실행
② 메모리 관리
③ 자기진단

④ PID 연산

해설 PLC의 CPU는 운용시스템의 실행 및 메모리 관리와 자기진단 등을 수행한다. PID(비례적분미분) 연산은 통상 별도의 카드를 사용한다.

15. 마이크로컨트롤러 기반제어와 비교할 때 PC기반제어의 특성이 아닌 것은?
① 어셈블러의 사용이 쉽다.
② 많은 양의 데이터 저장이 가능하다.
③ 프로그램 크기가 큰 프로그램의 수행이 가능하다.
④ PC에서 사용가능한 여러 가지 응용소프트웨어의 사용이 가능하다.

해설 어셈블러는 기계언어이므로 어렵고, C언어는 다목적 언어이다.

16. 압력, 온도, 유량, 액위 및 농도 등의 상태량을 제어량으로 하는 제어 방식은?
① 서보기구
② 시퀀스 제어
③ 프로그램 제어
④ 프로세스 제어

해설
• 프로세스 제어 : 온도, 유량, 압력, 레벨, 효율 등의 공업 프로세스의 상태량을 제어량으로 하는 제어
• 서보기구 : 물체의 위치, 각도 등을 제어량으로 하고 목표값의 임의의 변화에 추종하는 것

17. 제어량의 종류에 의한 제어계의 분류로 적당하지 않은 것은?
① 서보기구
② 자동조정
③ PLC 제어
④ 프로세스 제어

해설
• 프로세스 제어 : 온도, 유량, 압력, 레벨, 효율 등의 공업 프로세스의 상태량을 제어량으로 하는 제어
• 서보기구 : 물체의 위치, 각도 등을 제어량으로 하고 목표값의 임의의 변화에 추종하는 것
• 자동조정 : 전압, 전류, 주파수, 회전속도, 힘 등 전기적, 기계적인 양을 주로 제어하는 것으로서 응답속도가 빠른 장치

18. 비례 제어기의 일반적인 특성으로 옳지 않은 것은?
① 상승시간을 줄인다.
② 오버슈트를 크게 한다.
③ 잔류편차를 제거해 준다.
④ 제어편차에 비례한 수정동작을 한다.

해설
• 비례제어는 기준신호와 되먹임 신호 사이의 차인 오차신호에 적당한 비례상수 이득을 곱해서 제어신호를 만들어내는 제어기법이다.
• 장점은 구성이 간단하여 구현하기가 쉽지만 이득의 조정만으로는 시스템의 성능을 여러 가지 면에서 함께 개선시키기는 어렵다.
• 잔류편차를 제거하는 것은 적분제어이다.

19. 함수 $f(t) = e^{-at}$의 라플라스 변환은?
① $\dfrac{1}{s-a}$ ② $\dfrac{1}{s+a}$
③ $(s-a)$ ④ $\dfrac{1}{(s-a)^2}$

해설 $f(t) = e^{-at}$의 라플라스 변환
$f(t) = e^{-at}$
$F(s) = \dfrac{1}{s+a}$

정답 15. ① 16. ④ 17. ③ 18. ③ 19. ②

20. 제어요소의 전달 함수에 대한 설명 중 틀린 것은?

① 비례요소 : K

② 1차 지연요소 : $\dfrac{K}{(1+Ts)^2}$

③ 적분요소 : $\dfrac{1}{Ts}$

④ 미분요소 : Ts

[해설]
- 비례요소 : $G(s) = K$
- 미분요소 : $G(s) = s$
- 적분요소 : $G(s) = \dfrac{1}{s}$
- 비례미분요소 : $G(s) = 1 + Ts$
- 1차 지연 : $G(s) = \dfrac{1}{1+Ts}$

2과목 기계 요소 설계

21. 볼트 이음이나 리벳 이음 등과 비교하여 용접 이음의 일반적인 장점으로 틀린 것은?

① 잔류 응력이 거의 발생하지 않는다.
② 기밀 및 수밀성이 양호하다.
③ 공정 수를 줄일 수 있고 제작비가 저렴한 편이다.
④ 전체적인 제품의 중량을 적게 할 수 있다.

[해설] 용접 이음은 용접 후 잔류 응력이 발생하여 치수가 변형된다.

22. 용접 이음의 단점에 속하지 않는 것은?

① 내부 결함이 생기기 쉽고 정확한 검사가 어렵다.
② 용접공의 기능에 따라 용접부의 강도가 좌우된다.
③ 다른 이음 작업과 비교하여 작업 공정이 많은 편이다.
④ 잔류 응력이 발생하기 쉬워서 이를 제거해야 하는 작업이 필요하다.

[해설] 용접 이음의 특징
- 사용 재료의 두께에 제한이 없다.
- 기밀 유지에 용이하고 이음 효율이 좋다.
- 작업할 때 소음이 작고 자동화가 용이하다.
- 작업자의 기능에 따라 용접부의 강도가 좌우된다.
- 수축 및 잔류 응력으로 인한 변형 위험이 있다.
- 다른 이음에 비해 작업 공정이 적어 제작비를 줄일 수 있다.

23. 이면 용접의 KS 기호로 옳은 것은?

① ⌒   ② △
③ ⊓   ④ ○

[해설]
- △ : 필릿 용접
- ⊓ : 플러그 용접
- ○ : 점 용접

24. 1줄 리벳 겹치기 이음에서 강판의 효율(η)을 나타내는 식은? (단, p : 리벳의 피치, d : 리벳 구멍의 지름, t : 강판의 두께, σ_t : 강판의 인장 응력이다.)

① $\dfrac{d-p}{d}$ ② $\dfrac{p-d}{p}$

③ $(p-d)t\sigma_t$ ④ $pt\sigma_t$

[해설] $\eta = \dfrac{\text{구멍이 있을 때의 인장 응력}}{\text{구멍이 없을 때의 인장 응력}}$

$= \dfrac{p-d}{p} = 1 - \dfrac{d}{p}$

정답 20. ② 21. ① 22. ③ 23. ① 24. ②

25. 판의 두께 15 mm, 리벳의 지름 20 mm, 피치 60 mm인 1줄 겹치기 리벳 이음을 하고자 할 때, 강판의 인장 응력과 리벳 이음 판의 효율은 각각 얼마인가? (단, 12.26 kN의 인장 하중이 작용한다.)

① 20.43 MPa, 66%
② 20.43 MPa, 76%
③ 32.96 MPa, 66%
④ 32.96 MPa, 76%

해설
- $\sigma = \dfrac{W}{A} = \dfrac{12260}{15(60-20)} \fallingdotseq 20.43\,\text{MPa}$
- $\eta = \dfrac{p-d}{p} = \dfrac{60-20}{60} \fallingdotseq 0.66 = 66\%$

26. 950 N·m의 토크를 전달하는 지름이 50 mm인 축에 안전하게 사용할 키의 최소 길이는 약 몇 mm인가? (단, 묻힘 키의 폭과 높이는 모두 8 mm이고, 키의 허용 전단 응력은 80 N/mm²이다.)

① 45 ② 50 ③ 65 ④ 60

해설 $\tau = \dfrac{2T}{bld}$, $l = \dfrac{2T}{b\tau d}$

$\therefore l = \dfrac{2 \times 950000}{8 \times 80 \times 50} \fallingdotseq 60\,\text{mm}$

27. 다음 중 전달할 수 있는 회전력의 크기가 가장 큰 키(key)는?

① 접선 키   ② 안장 키
③ 평행 키   ④ 둥근 키

해설 접선 키
- 한 개소에 두 개의 키가 서로 구배를 반대 방향으로 하고 있으므로 강력한 힘이 작용되는 부분에 사용되는 체결법이다.
- 관성 바퀴와 같은 무거운 것이나 급격한 속도 변화가 있는 부분의 체결에 사용된다.

28. 축의 원주에 여러 개의 키를 가공한 것으로, 큰 토크를 전달할 수 있고 내구력이 크며 축과 보스와의 중심축을 정확하게 맞출 수 있는 것은?

① 스플라인   ② 미끄럼 키
③ 묻힘 키   ④ 반달 키

해설 스플라인 : 축으로부터 직접 여러 줄의 키(key)를 절삭하여 축과 보스가 슬립 운동을 할 수 있도록 한 것으로, 큰 동력을 전달할 수 있다.

29. 10 kN의 인장 하중을 받는 1줄 겹치기 이음이 있다. 리벳의 지름이 16 mm라 하면 몇 개 이상의 리벳을 사용해야 되는가? (단, 리벳의 허용 전단 응력은 6.3 MPa이라고 한다.)

① 5   ② 6   ③ 7   ④ 8

해설 $\tau = \dfrac{P}{A} = \dfrac{P}{\dfrac{\pi d^2}{4}} = \dfrac{4P}{\pi d^2}$

$10 = \dfrac{4P}{\pi \times 16^2}$, $4P = 10 \times 16^2 \times \pi$

$P = \dfrac{10 \times 16^2 \times \pi}{4} \fallingdotseq 2009.6\,\text{MPa}$

$\therefore$ 리벳 수$(n) = \dfrac{10000}{2009.6 \times 6.3} \fallingdotseq 8$개

30. 다음 도면과 같은 이음의 종류로 가장 적합한 설명은?

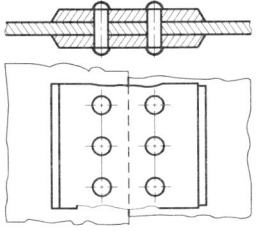

정답 25.① 26.④ 27.① 28.① 29.④ 30.②

① 2열 겹치기 평행형 둥근머리 리벳 이음
② 양쪽 덮개판 1열 맞대기 둥근머리 리벳 이음
③ 양쪽 덮개판 2열 맞대기 둥근머리 리벳 이음
④ 1열 겹치기 평행형 둥근머리 리벳 이음

31. 다음 그림은 리벳 이음 보일러의 간략도와 부분 상세도이다. ㉠판의 두께는?

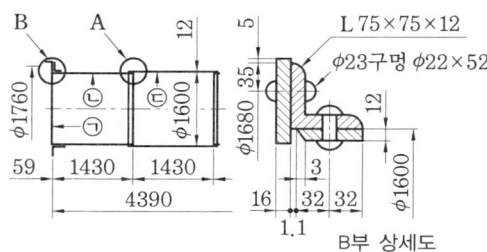

① 11 mm ② 12 mm
③ 16 mm ④ 32 mm

[해설] • B부 상세도에서
㉠의 두께는 16 mm, ㉡의 두께는 12 mm
• L 75×75×12에서
가로 75 mm, 세로 75 mm, 두께 12 mm

32. 볼트 이음이나 리벳 이음 등과 비교하여 용접 이음의 일반적인 장점으로 틀린 것은?
① 잔류 응력이 거의 발생하지 않는다.
② 기밀 및 수밀성이 양호하다.
③ 공정 수를 줄일 수 있고 제작비가 저렴한 편이다.
④ 전체적인 제품의 중량을 적게 할 수 있다.

[해설] 용접 이음은 용접 후 잔류 응력이 발생하여 치수가 변형된다.

33. 용접 기호가 그림과 같이 도시되었을 때의 설명으로 틀린 것은?

$$\frac{a5 \triangleright 5\times200 \angle (100)}{a5 \triangleright 5\times200 \angle (100)}$$

① 지그재그 용접이다.
② 인접한 용접부의 간격은 100 mm이다.
③ 목 길이가 5 mm인 필릿 용접이다.
④ 용접부의 길이는 200 mm이다.

[해설] • a5 : 목 두께
• 5 : 용접부의 개수
• 200 : 용접부의 길이
• (100) : 인접한 용접부의 간격

34. 용접 이음의 단점에 속하지 않는 것은?
① 내부 결함이 생기기 쉽고 정확한 검사가 어렵다.
② 용접공의 기능에 따라 용접부의 강도가 좌우된다.
③ 다른 이음 작업과 비교하여 작업 공정이 많은 편이다.
④ 잔류 응력이 발생하기 쉬워서 이를 제거해야 하는 작업이 필요하다.

[해설] 용접 이음의 특징
• 사용 재료의 두께에 제한이 없다.
• 기밀 유지에 용이하고 이음 효율이 좋다.
• 작업할 때 소음이 작고 자동화가 용이하다.
• 작업자의 기능에 따라 용접부의 강도가 좌우된다.
• 수축 및 잔류 응력으로 인한 변형 위험이 있다.
• 다른 이음에 비해 작업 공정이 적어 제작비를 줄일 수 있다.

35. 그림과 같은 맞대기 용접 이음에서 인장 하중을 W[N], 강판의 두께를 h[mm]라 할 때 용접 길이 l[mm]을 구하는 식으로 가장 옳은 것은? (단, 상하의 용접부 목 두께가

정답 31. ③ 32. ① 33. ③ 34. ③ 35. ④

각각 t_1[mm], t_2[mm]이고, 용접부에서 발생하는 인장 응력은 σ_t[N/mm²]이다.)

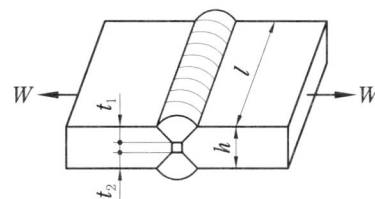

① $l = \dfrac{0.707W}{h\sigma_t}$ ② $l = \dfrac{0.707W}{(t_1+t_2)\sigma_t}$

③ $l = \dfrac{W}{h\sigma_t}$ ④ $l = \dfrac{W}{(t_1+t_2)\sigma_t}$

[해설] $\sigma_t = \dfrac{W}{A} = \dfrac{W}{(t_1+t_2) \cdot l}$

∴ $l = \dfrac{W}{(t_1+t_2)\sigma_t}$

36. 도면의 KS 용접 기호를 가장 올바르게 설명한 것은?

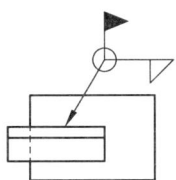

① 전체 둘레 현장 연속 필릿 용접
② 현장 연속 필릿 용접(화살표가 있는 한 변만 용접)
③ 전체 둘레 현장 단속 필릿 용접
④ 현장 단속 필릿 용접(화살표가 있는 한 변만 용접)

[해설] KS 용접 기호

현장 용접	필릿 용접	전체 둘레 용접
▙	△	○

37. 용접 이음의 장점으로 틀린 것은?
① 사용 재료의 두께에 제한이 없다.
② 용접 이음은 기밀 유지가 불가능하다.
③ 이음 효율을 100%까지 할 수 있다.
④ 리벳, 볼트 등의 기계 결합 요소가 필요 없다.

[해설] 용접 이음의 장점
• 사용 재료의 두께에 제한이 없다.
• 기밀 유지에 용이하다.
• 이음 효율을 100%까지 할 수 있다.
• 사용 기계가 간단하고 작업할 때 소음이 작다.
• 다른 이음에 비해 무게를 줄일 수 있다.

38. 이면 용접의 KS 기호로 옳은 것은?
① ⌣ ② △
③ ⊓ ④ ○

[해설] • △ : 필릿 용접
• ⊓ : 플러그 용접
• ○ : 점 용접

39. 다음과 같은 용접 보조 기호 중 전체 둘레 현장 용접 기호는?
① ▙ ② ●
③ ⊕ ④ ○

[해설] • ▙ : 현장 용접
• ○ : 전체 둘레 용접

40. KS 용접 기호와 용접 명칭이 잘못 나열된 것은?
① ⊓ : 플러그 용접

② ◯ : 점 용접
③ || : 플러그 용접
④ ◺ : 필릿 용접

해설 • || : 평행 맞대기 이음 용접
• ||| : 가장자리 용접

3과목　　공유압

41. 방향 제어 밸브의 연결구 표시 방법 중 'R'이 의미하는 것은?

① 배출구　　② 작업 라인
③ 제어 라인　④ 에너지 공급구

해설 밸브의 기호 표시법

라인	ISO 1219	ISO 5509/11
작업 라인	A, B, C -	2, 4, 6 -
공급 라인	P	1
배기구	R, S, T	3, 5, 7
제어 라인	Y, Z, X	10, 12, 14

42. 유량 제어 밸브가 아닌 것은?

① 스로틀 밸브　② 시퀀스 밸브
③ 급속 배기 밸브　④ 속도 제어 밸브

해설 시퀀스 밸브는 압력 제어 밸브이다.

43. 작은 지름의 파이프에서 유량을 미세하게 조정하기에 적합한 밸브는?

① 니들 밸브　② 체크 밸브
③ 셔틀 밸브　④ 소켓 밸브

44. 압축공기의 출입구가 있는 본체에 끝부분이 원추 형상을 한 조절 나사가 설치되어 밸브 본체 통로와 원추체 간의 틈새를 변화시켜 양방향으로 공기량을 조절 가능하게 한 밸브는?

① 스톱 밸브
② 스로틀 밸브
③ 체크 밸브
④ 파일럿 작동 체크 밸브

45. 교축 밸브에 체크 밸브를 붙인 것으로, 공압 회로에서 실린더의 속도를 제어하기 위한 밸브는?

① 급속 배기 밸브
② 한 방향 유량 제어 밸브
③ 방향 제어 밸브
④ 양방향 유량 제어 밸브

46. 양 제어 밸브라고도 하며 다음 그림과 같이 압축공기가 입구 Y에 작용할 경우 볼에 의해 다른 입구 X를 차단하면서 공기의 통로를 Y에서 A로 개방하는 구조의 밸브는?

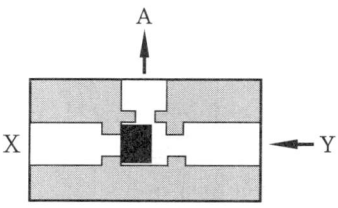

① 2압 밸브　　② 셔틀 밸브
③ 차단 밸브　　④ 체크 밸브

47. AND 밸브라고도 불리며 연동 제어, 안전 제어에 사용되는 밸브는?

① 2압 밸브　　② 셔틀 밸브
③ 차단 밸브　　④ 체크 밸브

해설 2압 밸브(two pressure valve) : AND 요소로서 저압 우선 셔틀 밸브라고도 한다.

정답 41. ①　42. ②　43. ①　44. ②　45. ②　46. ②　47. ①

48. 다음 중 시간 지연 밸브의 구성 요소가 아닌 것은?
① 압력 증폭기 ② 3/2-way 밸브
③ 속도 조절 밸브 ④ 공기 저장 탱크

해설 시간 지연 밸브 : 3/2-way 밸브, 속도 제어 밸브, 공기 저장 탱크로 구성되어 있으나 3/2-way 밸브가 정상 상태에서 열려 있는 점이 공기 제어 블록과 다르다.

49. 공압 시퀀스 제어 회로를 구성할 때 사용되는 스테퍼 모듈의 구성 요소가 아닌 것은?
① OR 밸브 ② 타이머
③ 메모리 밸브 ④ 3/2-way 밸브

50. 전기 신호로 전자석을 조작해서 그 힘으로 전자 밸브 내의 스풀(spool)을 변환시켜 공기의 흐름 방향을 제어하는 밸브는?
① 배압 센서 ② 리밋 스위치
③ 공기압 실린더 ④ 솔레노이드 밸브

51. 다음의 3위치 4방향 제어 밸브 중 중간 정지용으로 사용할 수 있고 밸브의 전환 시 서지압이 발생될 수 있는 밸브는 무엇인가?
① 펌프 클로즈드 센터형(pump closed center type)
② 오픈 센터형(open center type)
③ 클로즈드 센터형(closed center type)
④ 오픈 탠덤 센터형(open tandem center type)

해설 오픈 탠덤 센터형

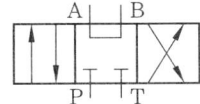

52. 유압 장치 작동 중 관로의 흐름이 밸브 등에 의해 순간적으로 차단될 때, 유체의 운동 에너지가 탄성 에너지로 변하여 나쁜 영향을 미치는 것은?
① 오리피스(orifice)
② 채터링(chattering)
③ 캐비테이션(cavitation)
④ 서지 압력(surge pressure)

53. 유압 액추에이터의 속도 조절용 밸브는 어느 것인가?
① 축압기
② 압력 제어 밸브
③ 방향 제어 밸브
④ 유량 제어 밸브

54. 외부의 압력 부하가 변하더라도 회로에 흐르는 유량을 항상 일정하게 유지시켜 주면서 유압 모터의 회전이나 유압 실린더의 이동 속도를 제어하는 밸브는?
① 분류 밸브
② 단순 교축 밸브
③ 압력 보상형 유량 조절 밸브
④ 온도 보상형 유량 조절 밸브

해설 압력 보상형 유량 조절 밸브 : 압력 보상 기구를 내장하고 있으므로 압력의 변동에 의하여 유량이 변동되지 않도록 회로에 흐르는 유량을 항상 일정하게 자동적으로 유지시켜 주면서 유압 모터의 회전이나 유압 실린더의 이동 속도 등을 제어한다.

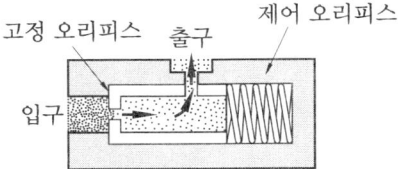

정답 48. ① 49. ② 50. ④ 51. ④ 52. ④ 53. ④ 54. ③

55. 두 개의 실린더를 동조시키는 데 사용되며, 정확도가 크게 요구되지 않는 경우에 사용되는 밸브는?

① 감속 밸브 ② 감압 밸브
③ 체크 밸브 ④ 분류 및 집류 밸브

[해설] 분류 및 집류 밸브 : 공급되는 유량을 분류 또는 집류하며 10 % 내에서 균등하게 분배되는 것으로 두 개의 실린더를 동조시키는 데 사용되며, 정확도가 크게 요구되지 않는 경우에 사용되는 밸브

56. 한쪽 방향으로의 흐름은 제어하지만 역방향으로의 흐름은 제어가 불가능한 밸브는?

① 감속 밸브 ② 니들 밸브
③ 셔틀 밸브 ④ 체크 밸브

57. 로킹 회로에서 큰 외력에 대항해서 정지 위치를 확실히 유지하기 위해 사용되는 밸브는?

① 셔틀 밸브
② 시퀀스 밸브
③ 감압 밸브
④ 파일럿 조작 체크 밸브

[해설] 파일럿 조작 체크 밸브(pilot operated check valve) : 파일럿으로서 작용되는 유체 압력에 의해 그 기능을 변화시키는 것이 가능한 체크 밸브

58. 다음 그림과 같은 구조의 밸브 명칭은 무엇인가?

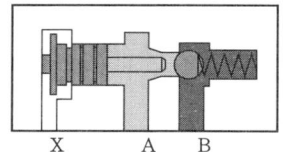

① 셔틀 밸브
② 릴리프 밸브
③ 파일럿 조작 체크 밸브
④ 압력 보상형 유량 조정 밸브

[해설] 파일럿 조작 체크 밸브(pilot operated check valve) : 파일럿으로서 작용되는 유체 압력에 의해 그 기능을 변화시키는 것이 가능한 체크 밸브

59. 적당한 캠 기구로 스풀을 이동시켜 유량의 증감 또는 개폐 작용을 하는 밸브로서 상시 개방형과 상시 폐쇄형이 있으며 귀환 운동을 자유롭게 하기 위하여 체크 밸브를 내장한 것도 있는 유압기기는?

① 스로틀 변환 밸브
② 감속(deceleration) 밸브
③ 파일럿 조작 체크 밸브
④ 셔틀 밸브

[해설] 감속 밸브 : 캠 기구를 이용하여 스풀을 이동시킴으로써 유량을 증감 또는 개폐할 수 있는 작용을 하는 밸브

60. 서보 유압 밸브의 특징으로 볼 수 없는 것은?

① 소형으로서 대출력을 얻을 수 있다.
② 빠른 응답성을 가지고 있다.
③ 작동기와 부하 장치를 보호하는 효과가 있다.
④ 소형으로서 가격이 저렴하다.

[해설] 서보 밸브(servo valve) : 전기 그 밖의 입력 신호에 따라 유량 또는 압력을 제어하는 밸브로 소형이며 고응답성이다.

정답 55. ④ 56. ④ 57. ④ 58. ③ 59. ② 60. ④

자동화설비 산업기사

제12회 CBT 대비 실전문제

1과목 자동 제어

1. USB 장치 및 USB 버스에 대한 설명으로 틀린 것은?

① 플러그 앤 플레이 설치를 지원하는 외부 버스이다.
② 병렬 버스 장치를 연결할 수 있도록 해 주는 컴퓨터 인터페이스이다.
③ 컴퓨터를 종료하거나 다시 시작하지 않아도 USB 장치를 연결하거나 연결을 끊을 수 있다.
④ 단일 USB 포트를 사용하여 스피커, 전화, CD-ROM 드라이브, 스캐너 등 주변기기를 연결할 수 있다.

해설 USB(Universal Serial Bus) : '범용 직렬 버스' 장치이다.

2. 리밋 스위치의 기호로 옳은 것은?

해설
• 리밋 스위치 a접점(기계적 접점)
• 푸시 버튼 스위치(수동조작 자동 복귀)
• 유지형 스위치(토글, 비상 정지 스위치)

3. 3/2-Way 방향제어 밸브에 대한 설명으로 틀린 것은?

① 연결구의 수가 2개이다.
② 정상 상태 열림형도 있다.
③ 정상 상태 닫힘형도 있다.
④ 솔레노이드 작동, 스프링 리셋(복귀)형도 있다.

해설 3/2-Way 방향제어 밸브 : 2위치 3포트 밸브(솔레노이드 조작)

4. $f(t) = t^2$의 라플라스 변환은?

① $\dfrac{1}{s}$ ② $\dfrac{1}{s^2}$ ③ $\dfrac{2}{s^3}$ ④ $\dfrac{2}{s^4}$

해설 $f(t) = t^2$

$F(s) = \dfrac{2 \times 1}{s^{2+1}} = \dfrac{2}{s^3}$

5. 다음 블록 선도에서 합성 전달 함수는?

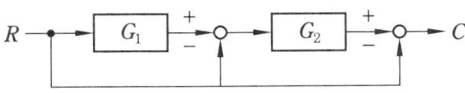

① $1 + G_1 G_2$
② $-1 + G_1 + G_2$
③ $-1 - G_1 - G_2 G_1$
④ $-1 - G_2 + G_1 G_2$

해설
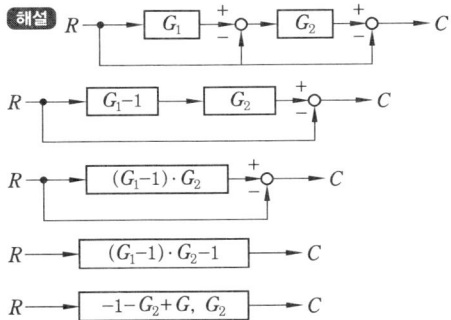

정답 1. ② 2. ② 3. ① 4. ③ 5. ④

6. 온도를 전압으로 변환시키는 특징을 가진 것은?

① 광전지
② 열전대
③ 차동 변압기
④ 측온 저항체

해설
- 열전대(thermocouple) : 제베크(Seebeck)효과에 의한 온도를 열기전력으로 감지하는 온도 센서
- 측온 저항체(RTD) : 온도 증가에 따른 저항 증가로 선형적인 온도 특성을 갖는다.

7. 다음 중 공압 장치의 구성기기로 가장 거리가 먼 것은?

① 윤활기(lubricator)
② 축압기(accumulator)
③ 공기 압축기(compressor)
④ 애프터 쿨러(after cooler)

해설 공압 장치의 구성기기
- 공기 압축기(air compressor)
- 압축공기 정화 장치(애프터 쿨러 : after cooler)
- 압축공기 분배 라인
- 축압기(accumulator) : 유압 용기 내에 오일을 고압으로 압입하여 유용한 작업을 하는 유압유 저장 용기

8. 다음 데이터 통신 방식 중 직렬 데이터 전송 방식이 아닌 것은?

① 반 이중 방식
② 전 이중 방식
③ 단방향 전송 방식
④ 스트로브-에크놀리지 방식

해설 병렬 전송의 경우 수신 문자들 간의 간격을 식별하는 스트로브(strobe) 신호를 사용하여 문자들을 식별

9. 동기형 AC 서보 전동기의 특징으로 틀린 것은?

① 교류 전원을 사용한다.
② 회전자에 영구자석을 사용한다.
③ 정류자 브러시가 없어 유지 보수가 용이하다.
④ 제어 시 회전자 위치를 검출할 필요가 없어 회전 검출기가 필요 없다.

해설 동기형 AC 서보 전동기의 특징
- 교류 전원을 사용한다.
- 회전자에 영구자석을 사용하는 구조이므로 복잡하다. (시스템이 복잡하고 고가)
- 제어 시 회전자 위치를 검출해야 할 필요가 있다. (회전 검출기가 필요)
- 브러시가 없어 보수가 용이하다.
- 전기적 시정수가 크다.

10. 다음 자동제어 시스템의 주요 구성 요소 중에서 오차를 찾아내는 부분은?

① Block
② Direct arrow
③ Takeout point
④ Summing point

해설
- 블록(block) : 입·출력 간의 전달특성을 표시하는 신호전달요소(signal flow element)를 나타낸 것이다.
- 가합점(summing point) : 신호의 부호에 따라서 가산을 행한다. 신호의 차원은 동일해야 한다.
- 인출점(takeout point) : 하나의 신호를 둘 이상의 계통으로 신호의 분기를 나타낸다.

11. 함수 $F(s) = \dfrac{4}{s^3 + 3s^2 + 2s}$를 라플라스 역변환한 결과값 $f(t)$은?

① $2 - 4e^{-t} + 2e^{-2t}$

정답 6.② 7.② 8.④ 9.④ 10.④ 11.①

② $2-4e^{-t}-2e^{-2t}$

③ $\dfrac{1}{2}-\dfrac{1}{4}e^{-t}+\dfrac{1}{2}e^{-2t}$

④ $\dfrac{1}{2}-\dfrac{1}{4}e^{-t}-\dfrac{1}{2}e^{-2t}$

해설 $F(s)=\dfrac{4}{s^3+3s^2+2s}$의 역 라플라스 변환

$F(s)=\dfrac{4}{s(s+1)(s+2)}$의 부분분수 전계법

$F(s)=\dfrac{K_1}{s}+\dfrac{K_1}{s+1}+\dfrac{K_1}{s+2}$

$K_1=\lim\limits_{s\to 0} s\cdot F(s)=\lim\limits_{s\to 0} s\cdot\dfrac{4}{s(s+1)(s+2)}=2$

$K_2=\lim\limits_{s\to -1}(s+1)\dfrac{4}{s(s+1)(s+2)}$
$=\lim\limits_{s\to -1}\dfrac{4}{s(s+2)}=-4$

$K_3=\lim\limits_{s\to -2}(s+2)\dfrac{4}{s(s+1)(s+2)}$
$=\lim\limits_{s\to -2}\dfrac{4}{s(s+1)}=2$

∴ $f(t)=2-4e^{-t}+2e^{-2t}$

12. 다음 그래프의 Laplace 변환은?

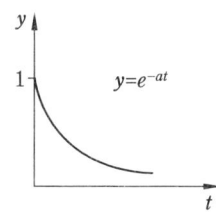

① as
② $\dfrac{a}{s}$
③ $\dfrac{1}{(s+a)}$
④ $\dfrac{1}{(s-a)}$

해설 지수 함수의 라플라스 변환

$f(t)=-e^{-at}$

$F(t)=\dfrac{1}{(s+a)}$

13. 주파수 영역에서 시스템의 응답성 및 안전성을 표시하기 위한 값이 아닌 것은?

① 대역폭
② 이득 여유
③ 위상 여유
④ 피크 시간

해설 제어계의 안정도 판별하는 방법
• 루드－홀비츠 안정도 판별법
• 나이퀴스트 안정도 판별법
• 보드 선도
• 니콜스 선도
• 근궤적법

∴ 모든 제어계는 안정하고 가장 알맞은 제어 응답을 얻기 위해서는 위상 여유, 이득 여유, 주파수 대역폭으로 판별한다.

14. C언어의 조건에 따른 흐름 제어문에 해당되지 않는 것은?

① if문
② if-else문
③ do-while문
④ switch-case문

해설 C언어의 조건에 따른 흐름 분기 제어문
: 상황에 따른 프로그램의 유연성 부여
• if문
• if~else문
• switch vs. if~case문
• 제어문 : while문, do~while문, while문, do~while문, for문, break문, continue문, goto문

15. 그림에서 2개의 피스톤 ㉠, ㉡의 단면적 A_1, A_2가 각각 $2m^2$, $10m^2$일 때, F_1으로 1N의 힘으로 가하면 F_2에 생성되는 힘(N)은?

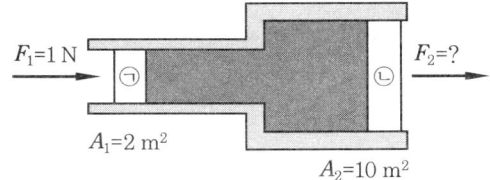

① 5   ② 10
③ 20 ④ 25

해설 파스칼의 원리 : 유체 내의 압력은 모든 부분에 똑같은 크기로 전달된다.

$$P = \frac{F_1}{A_1} = \frac{F_2}{A_2}$$

$$F_2 = F_2 \times \frac{A_2}{A_1} = 1 \times \frac{10}{2} = 5\,\text{N}$$

16. 다음 중 주파수 영역에서 자동 제어계를 해석할 때 기본 입력으로 많이 사용되는 것은?

① 계단 입력 ② 등속 입력
③ 등가속 입력 ④ 정현파 입력

해설 주파수 응답법에서 자동 제어계의 입력 신호 : 정현파 입력

17. 전기식 서보기구에 대한 설명으로 옳은 것은?

① 작동속도가 유압식에 비해 느리다.
② 유압식에 비해 큰 출력을 얻을 수 있다.
③ 유압식에 비해 경제성과 취급이 용이하다.
④ 전기식 서보기구에는 분사관식 서보기구가 있다.

해설
• 유압식 서보기구는 작동속도가 전기식에 비해 느리다.
• 유압식은 전기식에 비해 큰 출력을 얻을 수 있다.
• 전기식은 유압식에 비해 경제성과 취급이 용이하다.
• 유압식 서보기구에는 분사관식 서보기구가 있다.

18. 다음 블록 선도의 전체 전달 함수를 구하는 식으로 옳은 것은?

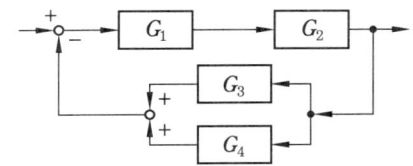

① $G = \dfrac{G_3 + G_4}{1 + G_1 G_2}$

② $G = \dfrac{G_3 + G_4}{1 - G_1 G_2}$

③ $G = \dfrac{G_1 G_2}{1 + G_1 G_2 (G_3 + G_4)}$

④ $G = \dfrac{G_1 + G_2}{1 - G_1 G_2 (G_3 + G_4)}$

해설

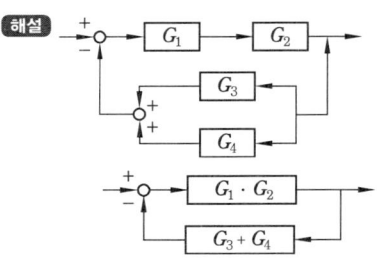

$$G = \frac{G_1 G_2}{1 + (G_1 \cdot G_2)(G_3 + G_4)}$$

∴ 참고

$$Y = \frac{G}{1 + G \cdot H}$$

19. 비례동작에 의해 발생되는 잔류편차를 제거하기 위한 것으로 제어 결과가 진동적으로 되기 쉬우나 잔류 편차가 작아지는 제어 동작은?

① 미분제어동작
② 비례제어동작
③ 비례미분제어동작
④ 비례적분제어동작

해설 제어기동작에 의한 분류
• P제어 : 잔류편차(offset)가 발생한다. (속응성)

정답 16. ④ 17. ③ 18. ③ 19. ④

- I제어 : 응답속도는 느리지만, 정확성이 좋다. (offset 제거)
- D제어 : 오차가 커지는 것을 미연에 방지한다. (안정성)
- PI제어 : offset 소멸, 진동으로 접근하기 쉽다.
- PD제어 : 응답속도 개선에 사용된다.
- PID제어 : 비례동작은 잔류편차를 발생하고, 적분동작은 잔류편차를 없애고, 미분동작은 동특성을 개선하는 동작이므로 제어 시스템은 안정적이다.

20. 제어용 기기에 대한 설명으로 틀린 것은?

① 전기 릴레이는 다수 독립 회로를 개폐할 수 있다.
② 도체에 흐르는 전류의 크기는 도체의 저항에 반비례한다.
③ 전기 접점에 상시 열려 있다가 작동되면 닫히는 접점을 b접점이라 한다.
④ 전자 접촉기란 전자석의 동작에 의하여 부하전로를 개폐하는 접촉기를 말한다.

해설 전기 접점에 상시 열려 있다가 작동되면 닫히는 접점은 a접점이라 한다.

2과목 기계 요소 설계

21. 두께 10mm 강판을 지름 20mm 리벳으로 1줄 겹치기 리벳 이음을 할 때 리벳에 발생하는 전단력과 판에 작용하는 인장력이 같도록 할 수 있는 피치는 약 몇 mm인가? (단, 리벳에 작용하는 전단 응력과 판에 작용하는 인장 응력은 동일하다고 본다.)

① 51.4   ② 73.6
③ 163.6 ④ 205.6

해설 $\sigma_t = \dfrac{W}{t(p-d)}$ 에서

$p - d = \dfrac{W}{t\sigma_t} = \dfrac{\dfrac{\pi d^2}{4}\tau}{t\sigma_t} = \dfrac{\pi d^2 \tau}{4t\sigma_t}$

$\tau = \sigma_t$ 이므로 $p - d = \dfrac{\pi d^2}{4t}$

$\therefore p = d + \dfrac{\pi d^2}{4t} = 20 + \dfrac{\pi \times 20^2}{4 \times 10} \fallingdotseq 51.4 \,\text{mm}$

22. 1줄 겹치기 리벳 이음에서 리벳 구멍의 지름은 12mm이고, 리벳의 피치는 45mm일 때 판의 효율은 약 몇 %인가?

① 80   ② 73
③ 55   ④ 42

해설 $\eta = \dfrac{p-d}{p} = \dfrac{45-12}{45}$

$\fallingdotseq 0.73 = 73\%$

23. 정(chilsel) 등의 공구를 사용하여 리벳머리의 주위와 강판의 가장자리를 두드리는 작업을 코킹(caulking)이라 한다. 이러한 작업을 실시하는 목적으로 적절한 것은?

① 리벳 작업에 있어서 강판의 강도를 크게 하기 위하여
② 리벳 작업에 있어서 기밀을 유지하기 위하여
③ 리벳 작업 중 파손된 부분을 수정하기 위하여
④ 리벳이 들어갈 구멍을 뚫기 위하여

해설 리벳 이음 작업
- 유체의 누설을 막기 위해 코킹이나 풀러링을 한다.
- 코킹이나 풀러링은 판재 두께 5mm 이상에서 하며, 판 끝은 75~85°로 깎아준다.

정답 20. ③ 21. ① 22. ② 23. ②

24. 두께 10mm의 강판에 지름 24mm 리벳을 사용하여 1줄 겹치기 이음을 할 때 피치는 약 몇 mm인가? (단, 리벳에서 발생하는 전단 응력은 35.5MPa이고, 강판에 발생하는 인장 응력은 42.2MPa이다.)

① 43mm
② 62mm
③ 55mm
④ 4mm

해설 • 리벳이 전단될 경우
$$W = A\tau = \frac{\pi d^2}{4}\tau = \frac{\pi \times 24^2}{4} \times 35.5 ≒ 16052$$
• 리벳 사이의 판이 인장 파괴될 경우
$$W = (p-d)t\sigma_t$$
$$\therefore p = \frac{W}{t\sigma_t} + d = \frac{16052}{10 \times 42.2} + 24$$
$$≒ 62mm$$

25. 다음 중 리벳 이음의 특징에 대한 설명으로 옳은 것은?

① 용접 이음에 비해 응력에 의한 잔류 변형이 많이 생긴다.
② 리벳 길이 방향으로의 인장 하중을 지지하는 데 유리하다.
③ 경합금에서 용접 이음보다 신뢰성이 높다.
④ 철골 구조물, 항공기 동체 등에는 적용하기 어렵다.

해설 리벳 이음의 특징
• 잔류 변형이 생기지 않으므로 취약 파괴가 일어나지 않는다.
• 구조물 등에서 현지 조립할 때는 용접 이음보다 쉽다.
• 경합금과 같이 용접이 곤란한 재료에는 용접 이음보다 신뢰성이 높다.
• 강판의 두께에 한계가 있으며 이음 효율이 낮다.

26. ϕ100e7인 축에서 치수 공차 0.035, 위 치수 허용차 −0.072라면 최소 허용 치수는?

① 99.893
② 99.928
③ 99.965
④ 100.035

해설 아래 치수 허용차
=위 치수 허용차−치수 공차
=−0.072−0.035=−0.107
∴ 최소 허용 치수
=기준 치수+아래 치수 허용차
=100−0.107
=99.893

27. 기준 치수가 50mm, 최대 허용 치수가 50.015mm, 최소 허용 치수가 49.990mm일 때 치수 공차는 몇 mm인가?

① 0.025 ② 0.015
③ 0.005 ④ 0.010

해설 치수 공차
=최대 허용 치수−최소 허용 치수
=50.015−49.990
=0.025

28. 기준 치수 30, 최대 허용 치수 29.98, 최소 허용 치수 29.95일 때 아래 치수 허용차는?

① +0.05 ② +0.03
③ −0.05 ④ −0.03

해설 아래 치수 허용차
=최소 허용 치수−기준 치수
=29.95−30
=−0.05

정답 24. ② 25. ③ 26. ① 27. ① 28. ③

29. 다음 중 치수 공차가 0.1이 아닌 것은?

① $50^{+0.1}_{-0}$ ② 50 ± 0.05
③ $50^{+0.07}_{-0.03}$ ④ 50 ± 0.1

해설 치수 공차
= 위 치수 허용차 − 아래 치수 허용차
① $+0.1 - 0 = +0.1$
② $+0.05 - (-0.05) = +0.1$
③ $+0.07 - (-0.03) = +0.1$
④ $+0.1 - (-0.1) = +0.2$

30. 지름 60mm, 공차 +0.001~+0.015인 구멍의 최대 허용 치수는?

① 59.85 ② 59.985
③ 60.15 ④ 60.015

해설 구멍의 최대 허용 치수 = 60 + 0.015
= 60.015

31. 최대 틈새 0.075mm, 축의 최소 허용 치수 49.950mm일 때 구멍의 최대 허용 치수는?

① 50.075 ② 49.875
③ 49.975 ④ 50.025

해설 구멍의 최대 허용 치수
= 최대 틈새 + 축의 최소 허용 치수
= 0.075 + 49.950
= 50.025

32. 다음 기하 공차 중에서 자세 공차를 나타내는 것은?

① — ② ▱
③ ○ ④ ⊥

해설 자세 공차는 데이텀이 있어야 하는 관련 형체로 평행도, 직각도, 경사도가 있다.

33. 그림과 같은 도면에서 "가" 부분에 들어갈 가장 적절한 기하 공차 기호는?

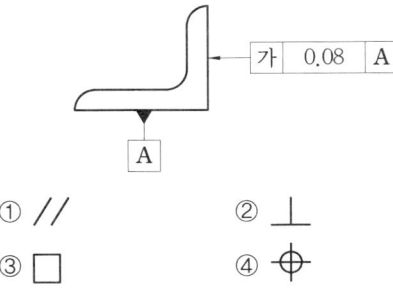

① ∥ ② ⊥
③ ▱ ④ ⌖

해설 도면상에서 직각을 이루는 형상이므로 데이텀 A를 기준으로 직각도 공차로 지시하는 것이 적절하다.

34. 평행도가 데이텀 B에 대해 지정 길이 100mm마다 0.05mm 허용값을 가질 때, 그 기하 공차의 기호를 옳게 나타낸 것은?

① ∥ | 0.05/100 | B
② ▱ | 0.05/100 | B
③ ═ | 0.05/100 | B
④ ╱ | 0.05/100 | B

해설 • 평행도 : ∥
• 평면도 : ▱
• 대칭도 : ═
• 원주 흔들림 : ╱

35. 다음 중 데이텀(datum)에 관한 설명으로 틀린 것은?

① 데이텀을 표시하는 방법은 알파벳 소문자를 정사각형으로 둘러싸서 나타낸다.
② 지시선을 연결하여 사용하는 데이텀 삼각 기호는 빈틈없이 칠해도 좋고, 칠하지 않아도 좋다.

정답 29. ④ 30. ④ 31. ④ 32. ④ 33. ② 34. ① 35. ①

③ 형체에 지정되는 공차가 데이텀과 관련되는 경우, 데이텀은 원칙적으로 데이텀을 지시하는 문자 기호로 나타낸다.
④ 관련 형체에 기하학적 공차를 지시할 때, 그 공차 영역을 규제하기 위해 설정한 이론적으로 정확한 기하학적 기준을 데이텀이라 한다.

[해설] 데이텀은 알파벳 대문자를 정사각형으로 둘러싸고 데이텀 삼각 기호에 지시선을 연결하여 나타낸다.

36. KS에서 정의하는 기하 공차 기호 중에서 관련 형체의 위치 공차 기호만으로 짝지어진 것은?

① ▱ ○ — ② ∠ ⊥ ⌒
③ ⌖ ◎ ═ ④ ↗ ⌒ ◎

[해설]
- 위치도 : ⌖
- 동심도(동축도) : ◎
- 대칭도 : ═

37. 그림과 같은 기하 공차 기입 틀에서 "A"에 들어갈 기하 공차 기호는?

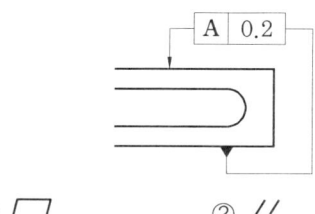

① ▱ ② //
③ ⊥ ④ ═

[해설]
- 평면도 : ▱
- 평행도 : //
- 직각도 : ⊥
- 대칭도 : ═

38. 다음과 같은 공차 기호에서 최대 실체 공차 방식을 표시하는 기호는?

◎ | ⌀0.04 | Ⓜ

① ◎ ② A
③ Ⓜ ④ ⌀

[해설]
- ◎ : 동축도(동심도)
- ⌀0.04 : 공차값
- A : 데이텀 기호
- Ⓜ : 최대 실체 공차 방식

39. 다음 기하 공차 기호 중 돌출 공차역을 나타내는 기호는?

① Ⓟ ② Ⓜ
③ A ④ Ⓐ

[해설]
- Ⓜ : 최대 실체 공차 방식
- Ⓟ : 돌출 공차역
- A : 데이텀

40. 그림과 같은 기하 공차 기호에 대한 설명으로 틀린 것은?

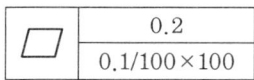

① 평면도 공차를 나타낸다.
② 전체 부위에 대해 공차값 0.2mm를 만족해야 한다.
③ 지정 넓이 100×100mm에 대해 공차값 0.1mm를 만족해야 한다.
④ 이 기하 공차 기호에서는 두 가지 공차 조건 중 하나만 만족하면 된다.

[해설] 단위 평면도는 기하 공차로, 지정 넓이 100×100mm에 대해 공차값이 0.1mm 이내이며, 전체 부위 공차값은 0.2mm로 두 가지 공차 조건 모두를 만족해야 한다.

정답 36. ③ 37. ② 38. ③ 39. ① 40. ④

3과목 공유압

41. 다음 중 공압 선형 액추에이터의 특징이 아닌 것은?
① 20mm/s 이하의 저속 운전 시 스틱 슬립 현상이 발생한다.
② 사용하는 압력이 높지 않아 큰 힘을 낼 수 없다.
③ 비압축성 작업 매체를 이용하므로 균일한 속도를 얻을 수 있다.
④ 일반적인 작업 속도가 1~2m/s이다.

해설 압축성을 사용하므로 균일한 속도를 얻을 수 없다

42. 공압 선형 액추에이터 중 단동 실린더에 속하지 않는 것은?
① 피스톤 실린더 ② 충격 실린더
③ 격판 실린더   ④ 벨로스 실린더

해설 충격 실린더는 복동형 실린더이다.

43. 직선 왕복 운동용 액추에이터가 아닌 것은?
① 다단 실린더 ② 단동 실린더
③ 복동 실린더 ④ 요동 실린더

해설 요동 실린더는 요동 모터 또는 요동 액추에이터라 한다.

44. 단동 실린더에 대한 설명으로 틀린 것은?
① 피스톤의 전진 및 후진 운동을 통해 일을 해야 할 경우에 사용된다.
② 피스톤의 귀환은 스프링의 힘으로 이루어진다.
③ 공압의 경우, 귀환 스프링으로 인하여 최대 행정 거리가 100mm 정도로 제한된다.
④ 공압의 경우 귀환 장치로 탄력 있는 인조 고무를 사용하기도 한다.

해설 한쪽 방향만의 공기압에 의해 운동하는 것을 단동 실린더라 하며 보통 자중 또는 스프링에 의해 복귀한다.

45. 공압 단동 실린더의 특징으로 틀린 것은?
① 귀환 장치를 내장한다.
② 행정 거리의 제한을 받는다.
③ 압축공기를 한쪽에서만 받는다.
④ 압축공기의 유량을 조절하여도 전·후진 속도가 동일하다.

해설 단동 실린더의 최대 행정 거리는 100mm 정도이며 한쪽 방향만의 공기압에 의해 운동한다. 고정(clamping), 추출(ejecting), 프레싱(pressing), 리프팅(lifting), 이송(feeding) 등의 작업에 주로 사용된다.

46. 미끄럼 밀봉이 필요 없으며 단지 재료가 늘어나는 것에 따라 생기는 마찰이 있을 뿐인 실린더로 클램핑 실린더라고도 하는 것은?
① 탠덤 실린더 ② 격판 실린더
③ 피스톤 실린더 ④ 벨로스 실린더

47. 다음 그림과 같이 두 개의 복동 실린더가 한 개의 실린더 형태로 조립되어 있고 실린더의 지름이 한정되고 큰 힘을 요하는 곳에 사용되는 실린더는?

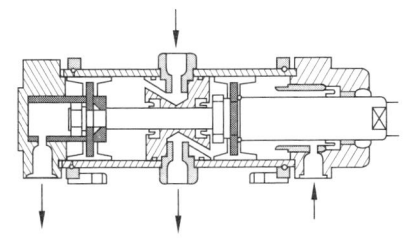

정답 41. ③ 42. ② 43. ④ 44. ① 45. ④ 46. ② 47. ①

① 탠덤 실린더
② 양로드형 실린더
③ 쿠션 내장형 실린더
④ 텔레스코프형 실린더

해설 탠덤형 실린더는 길이 방향으로 연결된 복수의 복동 실린더를 조합시킨 것으로 2개의 피스톤에 압축공기가 공급되기 때문에 실린더의 출력은 합이 되므로 큰 힘이 얻어진다. 또한 단계적 출력의 제어도 할 수 있어 직경은 한정되고, 큰 힘이 필요한 곳에 사용된다.

48. 두 개의 복동 실린더가 직렬로 하나의 유니트에 조합되어 가압하면 약 2배의 추력을 얻을 수 있는 구조의 실린더는 무엇인가?
① 격판 실린더
② 충격 실린더
③ 탠덤 실린더
④ 다위치 제어 실린더

해설 탠덤 실린더는 꼬치 모양으로 연결된 복수의 피스톤을 n개 연결시켜 n배의 출력을 얻을 수 있도록 한 실린더이다.

49. 전진 및 후진 완료 위치에서 가해지는 충격을 방지하기 위한 실린더는 무엇인가?
① 충격 실린더
② 탠덤 실린더
③ 양로드 실린더
④ 쿠션 내장형 실린더

해설 쿠션 내장형 실린더는 충격 방지용 실린더이다.

50. 피스톤에 공기 압력을 급격하게 작용시켜 피스톤을 고속으로 움직이며 이때의 속도 에너지를 이용한 실린더는?

① 충격 실린더
② 로드리스 실린더
③ 다위치 제어 실린더
④ 텔레스코프 실린더

51. 유압 에너지를 직선 왕복 운동으로 변환하는 기계 요소는?
① 실린더
② 축압기
③ 회전 모터
④ 스트레이너

해설 유압 실린더 : 유압 동력을 직선 왕복 운동으로 변환하는 기구

52. 다음 중 유압 실린더의 사용 목적으로 가장 적절한 것은?
① 유체의 양을 조절하기 위한 것
② 유체의 흐름 방향을 제어하기 위한 것
③ 유체의 압력 에너지의 압력을 조절하는 것
④ 유체의 압력 에너지를 전진 운동으로 변환하는 것

53. 유압을 피스톤의 한쪽 면에만 공급해 주는 실린더는?
① 복동 실린더
② 단동 실린더
③ 탠덤 실린더
④ 양로드 실린더

54. 피스톤이 없이 로드 자체가 피스톤 역할을 하는 것으로 로드가 굵기 때문에 좌굴하중을 받을 수 있고, 공기 구멍을 두지 않아도 되는 유압 단동 실린더는?

정답 48. ③ 49. ④ 50. ① 51. ① 52. ④ 53. ② 54. ①

① 램형 실린더(ram cylinder)
② 디지털 실린더(digital cylinder)
③ 양로드 실린더(double rod cylinder)
④ 텔레스코프 실린더(telescope cylinder)

해설 램형 실린더 : 같은 크기의 실린더일 때 로드의 좌굴하중을 가장 크게 받을 수 있는 실린더

55. 유압 실린더의 실린더 전진과 후진 속도를 일정하게 하는 방법으로 옳은 것은?

① 양로드 실린더를 사용한다.
② 브레이크 회로를 사용한다.
③ 블리드 오프 회로를 사용한다.
④ 카운터 밸런스 회로를 사용한다

56. 유압 실린더의 쿠션 장치에 대한 설명으로 틀린 것은?

① 체크 밸브 : 복귀하기 위한 운동 속도를 촉진한다.
② 쿠션 링 : 로드 엔드축에 흐르는 오일을 차단한다.
③ 쿠션 플런저 : 헤드 엔드축에 흐르는 오일을 차단한다.
④ 쿠션 밸브 : 완충 장치로 서지압은 발생하지 않는다.

해설 쿠션 밸브는 감속 범위 조정용이다.

57. 유압 실린더를 선정함에 있어서 유의할 사항이 아닌 것은?

① 행정 길이
② 설치 형식
③ 실린더 색상
④ 튜브의 안지름

58. 유압 실린더를 선정함에 있어서 유의할 사항으로 거리가 먼 것은?

① 부하의 크기
② 속도
③ 스트로크
④ 설치 방법

59. 유압 실린더의 호칭을 표시할 때 포함되지 않는 정보는?

① 규격 명칭
② 로드 무게
③ 쿠션 구분
④ 실린더 안지름

해설 로드 지름은 기호로 나타내고 무게는 표시하지 않는다.

60. 유압 실린더를 구성하는 기본적인 부품이 아닌 것은?

① 커버
② 피스톤
③ 스풀
④ 실린더 튜브

해설 유압 실린더는 사용 목적, 조건에 따라 여러 가지 구조가 있으나 이것을 구성하고 있는 기본적인 부품에는 실린더 튜브, 피스톤, 피스톤 로드, 커버, 패킹 등이 있다.

정답 55. ① 56. ④ 57. ③ 58. ④ 59. ② 60. ③

제13회 CBT 대비 실전문제

1과목 자동 제어

1. 목표값 400℃ 전기로에서 열전온도계의 지시에 따라 전압조정기로 전압을 조절하여 온도를 일정하게 유지시키고 있다. 이때 온도는 어느 것에 해당되는가?
① 검출부 ② 제어량
③ 조작량 ④ 조작부

해설 제어량의 종류에 의한 분류
- 프로세서(공정) 제어 : 온도, 유량, 압력, 레벨 등
- 서보기구 : 위치, 각도, 방향 등
- 자동 조정 : 회전수, 압력, 전압, 주파수, 온도, 속도 등

2. PC 기반제어에서 'imechatronics.h' 파일이 컴퓨터의 다음 폴더에 있을 경우 참조선언 방법으로 옳은 것은?

```
Program Files-Microsoft Visual Studio-
VC98-include
```

① #include"imechatronics.h"
② #include(imechatronics.h)
③ #include[imechatronics.h]
④ #include<imechatronics.h>

해설 외부파일 포함(#include) :
#include 제어문 두 가지 형식 :
#include <파일명>
#include "파일명"A

3. 1차 지연요소 $G(s) = \dfrac{1}{1+Ts}$인 제어계의 절점 주파수에서의 이득[dB]으로 옳은 것은?
① -3 ② -4 ③ -5 ④ -6

해설 1차 지연요소 절점주파수 $jwT = sT = 1$일 때 이득 계산

$|G(s)| = \dfrac{1}{\sqrt{1+(sT)^2}}$

$g = 20\log|G(s)| = 20\log\dfrac{1}{\sqrt{1+(sT)^2}}$

$g = -\dfrac{1}{2} \times 20\log 2 = -10\log 2 = -3\,\text{dB}$

4. 다음 중 개루프(open loop) 제어계의 응용으로 볼 수 없는 것은?
① 교통 신호 장치
② 스테핑 모터 시스템
③ 물류 공장의 컨베이어
④ NC 선반의 위치제어

해설 NC 선반의 위치제어 : 자동제어계의 분류에서 제어량 종류가 위치제어이기 때문에 서보기구이다.

5. 기계적 변위를 제어량으로 하는 서보기구와 관계없는 것은?
① 자동 조타 장치
② 자동 위치 제어기
③ 자동 평형 기록계
④ 자동 전원 조정장치

해설 제어량의 종류에 의한 분류
- 프로세서(공정) 제어 : 수조의 온도제어, 호학 플랜트, 동력 플랜트 등

정답 1.② 2.④ 3.① 4.④ 5.④

- 서보기구 : NC 공작기계, 로켓, 선박의 방향제어계, 추적용 레이더, 자동 평행 기록계
- 자동 조정 : 자동 전원 조정장치(AVR), 증기 기관의 조속기

6. 1,200rpm으로 회전하는 모터에 분해능이 5,000ppr(pulse per round)인 로터리 엔코더의 출력 주파수[kHz]는?

① 10　　　② 100
③ 1,000　　④ 2,000

해설 제어량의 종류에 의한 분류

$$f_{max} = \frac{\text{최대 회전수}}{60} \times \text{분해능}$$
$$= \frac{1,200}{60} \times 5,000 = 100 \, kHz$$

7. 다음 중 공기압 서비스 유닛(압축공기 조정 유닛)의 기능으로 적합하지 않은 것은?

① 진공을 발생시킨다.
② 압축공기 속에 포함된 이물질을 제거한다.
③ 압축공기 속에 윤활유를 섞어서 공급한다.
④ 공압 제어밸브와 실린더에 공급되는 압축공기의 압력을 조절한다.

해설 압축공기 조정 유닛의 구성과 기능
- 압축 공기 필터
- 압축 공기 조절기
- 압축 공기 윤활기(루브리케이터)

8. 다음 제어계 요소 중 1차 지연 요소는?

① K　　　② Ks
③ $\dfrac{K}{s}$　　④ $\dfrac{K}{1+Ts}$

해설
- 비례 요소 : $G(s) = K$
- 미분 요소 : $G(s) = Ts$
- 적분 요소 : $G(s) = \dfrac{1}{Ts}$
- 비례미분 요소 : $G(s) = 1 + Ts$
- 1차 지연 요소 : $G(s) = \dfrac{K}{1+Ts}$

9. 다음 중 유압의 일반적인 특징이 아닌 것은?

① 소형장치로 큰 힘(출력)을 발생시킬 수 있다.
② 전기·전자의 조합으로 자동제어가 가능하다.
③ 과부하에 대한 안전장치가 간단하고 정확하다.
④ 유온의 영향을 받지 않아 정확한 속도와 제어가 가능하다.

해설 공기압 기술의 특징

장점	단점
1. 사용 에너지를 쉽게 얻을 수 있다.	1. 압축성 에너지이므로 위치 제어성이 나쁘다.
2. 동력의 전달이 간단하며 먼 거리 이송이 쉽다.	2. 전기나 유압에 비하여 큰 힘을 낼 수 없다.
3. 에너지로서 저장성이 있다.	3. 응답성이 떨어진다.
4. 힘의 증폭이 용이하고 속도 조절이 간단하다.	4. 배기 소음이 발생한다.
5. 제어가 간단하고 취급이 용이하다.	5. 균일한 속도를 얻기 힘들다.
6. 폭발과 인화의 위험이 없다.	6. 윤활장치가 필요하다.
7. 과부하에 대하여 안전하다.	7. 초기 에너지 생산 비용이 많이 든다.
8. 환경오염의 우려가 없다.	

10. 제어량의 종류(성질)에 따른 분류가 아닌 것은?

① 공정제어　　② 서보기구
③ 자동조정　　④ 정치제어

해설 제어량의 종류에 의한 분류
- 프로세서(공정) 제어 : 온도, 유량, 압력, 레벨 등
- 서보기구 : 위치, 각도, 방향 등
- 자동 조정 : 회전수, 압력, 전압, 주파수, 온도, 속도 등

11. 직류 서보기구에 대한 특징으로 틀린 것은?

① 구조가 복잡하다.
② 기동 토크가 크다.
③ 보수가 용이하고 내환경성이 좋다.
④ 속도제어 범위가 넓고 제어성이 좋다.

해설 서보전동기의 종류와 특징(유도형 서보전동기)

분류	종류	장점	단점
DC	DC 서보 전동기	• 기동 토크가 크다. • 크기에 비해 큰 토크 발생한다. • 효율이 높다. • 제어성이 높다. • 속도제어 범위가 넓다. • 비교적 가격이 싸다.	• 브러시 마찰로 기계적 손상이 크다. • 브러시의 보수가 필요하다. • 접촉부의 신뢰성이 떨어진다. • 브러시에 의해 노이즈가 발생한다. • 정류 한계가 있다. • 사용 환경에 제한이 있다. • 방열이 나쁘다.
AC	동기형 서보 전동기	• 브러시가 없어 보수가 용이하다. • 내 환경성이 높다. • 정류에 한계가 없다. • 신뢰성이 높다. • 고속, 고 토크 이용가능하다. • 방열이 좋다.	• 시스템이 복잡하고 고가이다. • 전기적 시정수가 크다. • 회전 검출기가 필요하다.
AC	유도형 서보 전동기	• 브러시가 없어 보수가 용이하다. • 내환경성이 좋다. • 정류에 한계가 없다. • 자석을 사용하지 않는다. • 고속, 고 토크 이용 가능하다. • 방열이 좋다. • 회전 검출기가 불필요하다.	• 시스템이 복잡하고 고가이다. • 전기적 시정수가 크다.

12. PLC(Programmable Logic Controller)의 주요 구성요소로만 짝 지워진 것은?

① CPU, 기억장치, 하드웨어, 통신, 네트워크
② CPU, 기억장치, 입·출력장치, Bus 커넥터
③ CPU, Power Supply, 기억장치, 입·출력장치
④ CPU, Power Supply, 하드웨어, 입·출력장치

해설 프로세서(메모리+중앙연산처리장치; CPU), 입출력장치, 전원 공급장치, 외부기기(주변장치) 또는 다른 PLC나 컴퓨터 등과 데이터를 전송할 수 있는 통신 장치 그리고 이 모든 동작을 제어하는 내부 실행 소프트웨어로 구성

정답 10. ④　11. ③　12. ③

13. 제어동작에 따른 분류 중 다음 설명에 해당되는 제어동작은?

> 제어편차가 검출될 때 편차가 변화하는 속도에 비례하여 조작량을 가감함으로써 오차가 커지는 것을 미연에 방지한다.

① 미분 제어동작
② 비례 제어동작
③ 적분 제어동작
④ 비례적분 제어동작

해설 • 비례 제어 : 잔류편차(offset)가 발생한다. (속응성)
• 적분 제어 : 응답속도는 느리지만, 정확성이 좋다. (offset 제거)
• 미분 제어 : 오차가 커지는 것을 미연에 방지한다. (안정성)
• 비례적분 제어 : 잔류편차(offset) 소멸, 진동으로 접근하기 쉽다.
• 비례미분 제어 : 응답속도 개선에 사용한다.

14. 공기압 발생장치에서 보내 온 공기 중에는 인지 및 이물질 등이 포함되어 있다. 이러한 것을 막아 공압기기를 보호하기 위해 설치하는 것은?

① 압축공기 필터
② 압축공기 조절기
③ 압축공기 증폭기
④ 압축공기 드라이어

해설 압축공기 필터 : 공기압 발생장치에서 보내져 오는 공기 중에는 수분, 먼지 등이 포함되어 공기압 회로 중에 이물질을 제거하기 위한 목적에 사용되며, 입구부에 필터를 설치

15. 제어계의 시간영역동작에서 백분율(%) 최대 오버슈트의 의미로 옳은 것은?

① $\dfrac{\text{최종값}}{\text{최대 오버슈트}} \times 100\%$

② $\dfrac{\text{최대 오버슈트}}{\text{최종값}} \times 100\%$

③ $\dfrac{\text{최대 오버슈트}}{\text{제2 오버슈트}} \times 100\%$

④ $\dfrac{\text{제2 오버슈트}}{\text{최대 오버슈트}} \times 100\%$

해설 • 오버슈트(over shoot) : 응답 중에 생기는 입력과 출력 사이의 최대편차량
• 지연시간(time delay ; T_d) : 응답이 최초로 희망값의 50%에 도달하는 데 필요한 시간 (응답의 속응성)
• 상승시간(rising time ; T_r) : 응답이 최종 희망값의 10%에서 90%까지 도달하는 데 필요한 시간
• 정정시간(setting time ; T_s) : 응답시간이라고도 하며 응답이 정해진 허용 범위(최종 희망값의 5%) 이내로 정착되는 시간
• 백분율 최대 오버슈트 : $\dfrac{\text{최대 오버슈트}}{\text{최대 희망값}} \times 100\%$
• 감쇄비 : $\dfrac{\text{제2 오버슈트}}{\text{최대 오버슈트}}$

16. 선형제어시스템에서 $r(t) = 100\sin 500t$를 시스템에 입력으로 하였더니 $y(t) = 500\sin(500t = 60°)$의 출력이 발생하였다. 이 시스템의 압력대비 출력의 진폭비와 위상차는?

① 진폭비 : 0.5, 위상차 : 30°
② 진폭비 : 0.5, 위상차 : 60°
③ 진폭비 : 2.0, 위상차 : 30°
④ 진폭비 : 2.0, 위상차 : 60°

해설 • 진폭비 $= \dfrac{\text{출력진폭}}{\text{입력진폭}} = \dfrac{50}{100} = 0.5$
• 위상차 : $\angle(0-(-60°))\angle 60°$

정답 13. ① 14. ① 15. ② 16. ②

17. PLC 프로그램에서 다음 설명에 해당하는 것은?

> 입·출력 상태를 유지하기 위하여 설치된 메모리 내의 표를 갱신하는 시간을 포함하고 애플리케이션 프로그램의 같은 부분을 재실행할 때까지의 시간

① 스캔 타임
② 실행시간
③ 응답시간
④ 워치독 타임

해설 스캔 타임(scan time) : 입력 리플레시된 상태에서 이들 조건으로 프로그램을 처음부터 마지막까지 순차적으로 연산을 실행하고 출력 리플레시를 한다. 이러한 방법으로 한 번 실행하는 데 걸리는 시간을 1스캔 타임이라 한다.

18. 다음 중 점근 안정한 시스템은?

① 특성방정식이 $s^2+2s-3=0$인 시스템
② 특성방정식이 $s^2-4s+3=0$인 시스템
③ 전달 함수가 $G(s)=\dfrac{1}{(s+1)(s+2)}$로 주어진 시스템
④ 전달 함수가 $G(s)=\dfrac{1}{(s-1)(s-2)}$로 주어진 시스템

해설 특성방정식 근이 (-)음수를 가져야 안정
① 특성방정식 근 : $s=1, -3$
② 특성방정식 근 : $s=1, 3$
③ 특성방정식 근 : $s=-1, -2$
④ 특성방정식 근 : $s=1, 2$

19. 다음 PLC 프로그램 방식 중 회로도 방식에 속하지 않는 것은?

① 래더도 방식
② 명령어 방식
③ 논리기호 방식
④ 플로차트 방식

해설 래더도, 명령어, 논리기호 방식은 시퀀스 회로를 논리적으로 회로도 화하여 프로그래밍 하는 방식이며 플로차트 방식은 프로그램 전체 관점에서 알고리즘의 흐름을 프로그래밍 하는 방식이다.

• 래더도 방식

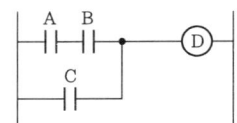

• 명령어 방식

```
LOAD    A
AND     B
OR      C
OUT     D
```

• 논리기호 방식

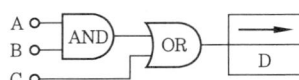

20. 8비트의 출력 포트 중 하위 비트에서 두 번째, 세 번째, 다섯 번째 비트만 ON시키고 나머지는 OFF시키려고 하는 프로그램을 작성하려고 할 때 출력해야 할 16진수 값은?

① 0×04
② 0×08
③ 0×16
④ 0×32

해설

8bit=	0	0	0	1	0	1	1	0
16진수=			1				6	

2과목 기계 요소 설계

21. M22볼트(골지름 19.294 mm)가 그림과 같이 2장의 강판을 고정하고 있다. 체결 볼트의 허용 전단 응력이 36.15 MPa이라면 최대 몇 kN까지의 하중(P)을 견딜 수 있는가?

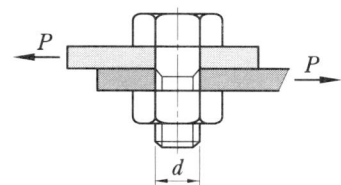

① 3.21   ② 7.54
③ 10.57 ④ 11.48

해설 $\tau = \dfrac{P}{A} = \dfrac{P}{\dfrac{\pi d^2}{4}}$

$\therefore P = \dfrac{\pi d^2 \tau}{4} = \dfrac{\pi \times 19.294^2 \times 36.15}{4}$
$\fallingdotseq 10570\,N = 10.57\,kN$

22. 안지름 300 mm, 내압 100 N/cm²가 작용하고 있는 실린더 커버를 12개의 볼트로 체결하려고 한다. 볼트 1개에 작용하는 하중 W는 약 몇 N인가?

① 3257   ② 5890
③ 8976   ④ 11245

해설 $P = \dfrac{\pi \times (300)^2}{4} = 70650\,N$

$\therefore W = \dfrac{P}{12} = \dfrac{70650}{12} \fallingdotseq 5890\,N$

23. 전단력이 많이 작용하는 곳에 주로 사용하는 볼트는?

① 스터드 볼트   ② 탭 볼트
③ 리머 볼트   ④ 스테이 볼트

해설
- 스터드 볼트 : 볼트 머리가 없고 양쪽이 수나사로 된 형태
- 탭 볼트 : 조립할 부품에 탭으로 암나사를 내고 육각 머리 볼트를 조립한 형태
- 스테이 볼트 : 일정하게 거리를 두고 조립하기 위해 부시를 넣고 조립한 형태
- 리머 볼트 : 볼트가 끼워지는 구멍은 볼트 지름보다 크기 때문에 전단력이 발생하여 볼트가 파손될 우려가 있는데, 이를 방지하기 위해 사용하는 볼트

24. 볼트·너트의 풀림 방지법 중 틀린 것은?

① 로크 너트에 의한 방법
② 스프링 와셔에 의한 방법
③ 플라스틱 플러그에 의한 방법
④ 아이볼트에 의한 방법

해설 아이볼트는 주로 기계 설비 등 큰 중량물을 크레인으로 들어 올리거나 이동할 때 사용한다.

25. 다음 그림과 같은 와셔의 명칭은? (단, d는 볼트의 지름이다.)

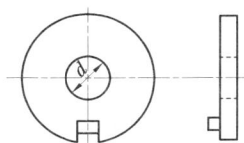

① 혀붙이 와셔
② 클로 와셔
③ 스프링 와셔
④ 둥근평 와셔

해설 클로 와셔(claw washer) : 둥근 와셔의 일부를 절개하고, 그 부분을 접어 구부려서 회전을 방지한 와셔이다.

26. 도면에 다음과 같은 기하 공차가 도시되어 있을 경우, 이에 대한 설명으로 알맞은 것은?

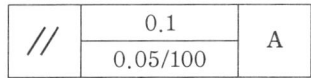

① 경사도 공차를 나타낸다.
② 전체 길이에 대한 허용값은 0.1 mm이다.
③ 지정 길이에 대한 허용값은 $\dfrac{0.05}{100}$ mm 이다.
④ 위의 기하 공차는 데이텀 A를 기준으로 100 mm 이내의 공간을 대상으로 한다.

해설 //는 평행도 공차를 나타내며, 전체 길이에 대한 허용값은 0.1 mm이고, 지정 길이 100 mm에 대한 허용값은 0.05 m이다.

27. 평면도를 나타내는 기호는?

① ▱ ② //
③ ○ ④ ⊠

해설 • 평행도 : //   • 진원도 : ○

28. 그림과 같은 도면의 기하 공차에 대한 설명으로 가장 옳은 것은?

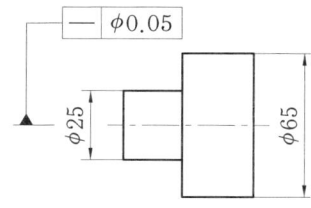

① ϕ25 부분만 중심축에 대한 평면도가 ϕ0.05 이내
② 중심축에 대한 전체의 평면도가 ϕ0.05 이내
③ ϕ25 부분만 중심축에 대한 진직도가 ϕ0.05 이내
④ 중심축에 대한 전체의 진직도가 ϕ0.05 이내

해설 중심축에 대한 축심이 0.05 mm 내에 있지 않으면 안 된다.

29. 최대 실체 공차 방식을 적용할 때 공차붙이 형체와 그 데이텀 형체 두 곳에 함께 적용하는 경우로 바르게 표현한 것은?

① ⊕ | ϕ0.04Ⓜ | A
② ⊕ | ϕ0.04 | AⓂ
③ ⊕ | ϕ0.04 | Ⓜ A
④ ⊕ | ϕ0.04Ⓜ | AⓂ

해설 최대 실체 공차 방식(MMS) : 형체의 부피가 최소일 때를 고려하여 형상 공차 또는 위치 공차를 적용하는 방법이다. 적용하는 형체의 공차나 데이텀의 문자 뒤에 Ⓜ을 붙인다.

30. 다음과 같이 치수가 도시되었을 경우 그 의미로 옳은 것은?

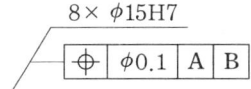

① 8개의 축이 ϕ15에 공차 등급 H7이며, 원통도가 데이텀 A, B에 대하여 ϕ0.1을 만족해야 한다.
② 8개의 구멍이 ϕ15에 공차 등급 H7이며, 원통도가 데이텀 A, B에 대하여 ϕ0.1을 만족해야 한다.
③ 8개의 축이 ϕ15에 공차 등급 H7이며, 위치도가 데이텀 A, B에 대하여 ϕ0.1을 만족해야 한다.
④ 8개의 구멍이 ϕ15에 공차 등급 H7이며, 위치도가 데이텀 A, B에 대하여 ϕ0.1을 만족해야 한다.

정답 26.② 27.① 28.④ 29.④ 30.④

해설 • ⌖ : 위치도   • H7 : 구멍 기준

31. 기하 공차를 나타내는 데 있어서 대상면의 표면은 0.1mm만큼 떨어진 두 개의 평행한 평면 사이에 있어야 한다는 것을 나타내는 것은?

① ─ 0.1   ② ▱ 0.1
③ ∠ 0.1   ④ ⊥ 0.1 A

해설 평면도는 공차역만큼 떨어진 두 개의 평행한 평면 사이에 끼인 영역으로, 단독 형체이므로 데이텀이 필요하지 않다.

32. 그림에서 나타낸 기하 공차 도시에 대해 가장 바르게 설명한 것은?

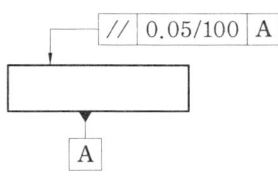

① 임의의 평면에서 평행도가 기준면 A에 대해 $\dfrac{0.05}{100}$ mm 이내에 있어야 한다.
② 임의의 평면 100×100mm에서 평행도가 기준면 A에 대해 $\dfrac{0.05}{100}$ mm 이내에 있어야 한다.
③ 지시하는 면 위에서 임의로 선택한 길이 100mm에서 평행도가 기준면 A에 대해 0.05mm 이내에 있어야 한다.
④ 지시한 화살표를 중심으로 100mm 이내에서 평행도가 기준면 A에 대해 0.05mm 이내에 있어야 한다.

해설 지정된 길이 100mm에서 허용값이 0.05mm이므로 기준면 A에 대해 0.05mm 이내에 있어야 한다.

33. 기하학적 형상의 특성을 나타내는 기호 중 자유 상태 조건을 나타내는 기호는?

① Ⓟ   ② Ⓜ
③ Ⓕ   ④ Ⓛ

해설 • Ⓟ : 돌출 공차역
• Ⓜ : 최대 실체 공차방식
• Ⓕ : 자유 상태 조건
• Ⓛ : 최소 실체 공차방식

34. 다음과 같은 데이텀 표적 도시기호의 의미에 대한 설명으로 옳은 것은?

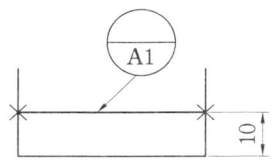

① 점의 데이텀 표적
② 선의 데이텀 표적
③ 면의 데이텀 표적
④ 구형의 데이텀 표적

해설 두 개의 ×를 연결한 선이 데이텀 표적이다.

35. 다음 그림과 같은 도면에서 구멍 지름을 측정한 결과 10.1일 때 평행도 공차의 최대 허용치는?

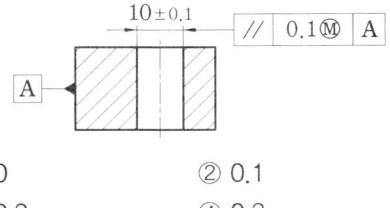

① 0   ② 0.1
③ 0.2   ④ 0.3

해설 이용 가능한 치수 공차
=10.1-9.9=0.2

∴ 이용 가능한 평행도 공차
=이용 가능한 치수 공차+평행도 공차
=0.2+0.1=0.3

36. 기하 공차의 종류에서 위치 공차에 해당하지 않는 것은?

① 동축도 공차　② 위치도 공차
③ 평면도 공차　④ 대칭도 공차

해설 모양 공차에는 진직도, 평면도, 진원도, 원통도, 선의 윤곽도, 면의 윤곽도가 있다.

37. 축의 치수가 $\phi 20^{\pm 0.1}$ 이고, 그 축의 기하 공차가 다음과 같다면 최대 실체 공차 방식에서 실효 치수는 얼마인가?

| ⊥ | $\phi 0.2$Ⓜ | A |

① 19.6　② 19.7
③ 20.3　④ 20.4

해설 실효 치수
=최대 허용 치수+직각도 공차
=20.1+0.2=20.3

38. 다음 중 자세 공차에 속하는 기하 공차는?

① 평면도 공차　② 평행도 공차
③ 원통도 공차　④ 진원도 공차

해설 자세 공차 : 평행도, 직각도, 경사도

39. 그림과 같이 도면에 기입된 기하 공차에 관한 설명으로 옳지 않은 것은?

| // | 0.05 | A |
| | 0.011/200 | |

① 제한된 길이에 대한 공차값이 0.011이다.
② 전체 길이에 대한 공차값이 0.05이다.
③ 데이텀을 지시하는 문자 기호는 A이다.
④ 공차의 종류는 평면도 공차이다.

해설 • 데이텀 A를 기준으로 단위 평행도는 기하 공차이며 200 mm에 대해 공차값이 0.011 mm 이내이다.
• 전체 부위 공차값은 0.05 mm로 두 가지 공차값을 모두 만족해야 한다.

40. 최대 실체 공차 방식으로 규제된 축의 도면이 다음과 같다. 실제 제품을 측정한 결과 축지름이 49.8 mm일 경우 최대로 허용할 수 있는 직각도 공차는?

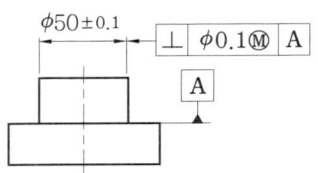

① 0.3 mm　② 0.4 mm
③ 0.5 mm　④ 0.6 mm

해설 최대로 허용할 수 있는 직각도 공차
=치수 공차+기하 공차
=0.4+0.1=0.5 mm

3과목　공유압

41. 그림과 같은 공기압 실린더의 올바른 명칭은?

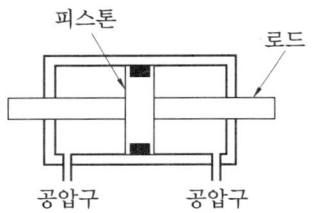

① 단동 실린더
② 편로드 복동 실린더
③ 탠덤형 실린더
④ 양로드 복동 실린더

42. 다음 실린더 중 전진 운동과 후진 운동의 속도와 힘을 같게 할 수 있는 것은?
① 탠덤 실린더
② 충격 실린더
③ 복동 양로드 실린더
④ 단동 텔레스코프 실린더

해설 양로드형 실린더는 복동 실린더이고, 격판 실린더는 단동 실린더이다.

43. 텔레스코프 실린더의 특징으로 틀린 것은?
① 긴 행정 거리를 낼 수 있다.
② 단동 및 복동 형태로 작동된다.
③ 전진 끝단에서 출력이 떨어진다.
④ 다른 실린더에 비해 속도 제어가 용이하다.

해설 텔레스코프 실린더는 다른 실린더에 비해 속도 제어가 어렵다.

44. 다단형 피스톤 로드를 가진 형태로 실린더 길이에 비해 긴 행정 거리를 얻을 수 있는 실린더는?
① 충격 실린더
② 탠덤 실린더
③ 텔레스코프 실린더
④ 복동 양로드 실린더

해설 텔레스코프형 실린더 : 유압 실린더의 내부에 또 하나의 다른 실린더를 내장하고, 유압이 유입되면 순차적으로 실린더가 이동하도록 되어 있어 실린더 길이에 비하여 큰 스트로크를 필요로 하는 경우에 사용된다. 이 경우에 포트가 하나이고, 중력에 의해서 돌아가는 것을 단동형이라 한다.

45. 짧은 실린더 본체로 긴 행정 거리를 낼 수 있는 다단 튜브형의 로드로 구성되어 있는 실린더는?
① 충격 실린더
② 로드리스 실린더
③ 텔레스코프 실린더
④ 다위치 제어 실린더

해설 44번 해설 참조

46. 제한된 공간상에서 긴 행정 거리가 요구되는 곳에서 사용하며 외부와 피스톤 사이의 강한 자력에 의해 운동을 전달하므로 내·외부의 실링 효과가 우수하고 비접촉식 센서에 의해서 위치 제어가 가능한 실린더는?
① 텔레스코프 실린더   ② 케이블 실린더
③ 로드리스 실린더   ④ 충격 실린더

해설 로드리스 실린더 : 실린더의 설치 면적을 최소화하기 위해 로드 없이 영구자석이 내장되어 있어 내·외부의 실링 효과가 우수하다. 제한된 공간상에 최대 10m의 긴 행정 거리를 가지고 있고 비접촉식 센서의 의해 위치 제어가 가능하다.

47. 로드리스 실린더의 설명으로 틀린 것은?
① 설치 공간을 줄일 수 있다.
② 빠른 속도를 얻을 수 있다.
③ 임의의 위치에서 정지시키기 유리하다.
④ 양방향의 운동에서 균일한 힘과 속도를 얻기에 유리하다.

해설 실린더의 속도는 유량에 의해 결정된다.

정답 42. ③ 43. ④ 44. ③ 45. ③ 46. ③ 47. ②

48. 다음의 그림은 복동 실린더를 나타낸 것이다. 번호가 붙여진 부분 중에서 7, 8, 9번 위치의 명칭으로 맞는 것은?

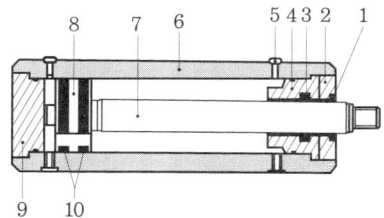

① 와이퍼 실-실린더 배럴-피스톤 실
② 엔드캡-피스톤 로드-피스톤 로드 실
③ 피스톤-피스톤 실-공기빼기 스크립
④ 피스톤-로드-피스톤-엔드캡

49. 로드 커버와 피스톤에 연결되어 피스톤 출력 및 변위를 외부에 전달하는 공압 실린더의 구성 요소는?

① 로드 부싱
② 타이 로드
③ 실린더 튜브
④ 피스톤 로드

50. 실린더 튜브와 커버를 체결하는 것으로, 공기 압력이나 피스톤 왕복 운동 시 충격력을 흡수할 수 있는 충분한 강도를 가져야 하는 부품은?

① 쿠션 링
② 타이 로드
③ 피스톤 로드
④ 피스톤 패킹

해설 타이 로드(tie rod) : 튜브와 커버를 체결하는 것으로 공기 압력이나 피스톤 왕복 운동 시 충격력을 흡수할 수 있는 충분한 강도가 있어야 하며, 튜브와 커버를 일체로 제작하는 일체형도 있다.

51. 다음 중 유압 실린더의 지지 형식에 따른 기호에 해당되지 않는 것은?

① LA
② FA
③ LC
④ TC

해설 ㉠ 고정 실린더 : 풋형(LA, LB), 플런저형(FA, PB)
㉡ 요동 실린더 : 클레비스형(CA, CB), 트러니언형(TA, TC, TB)

52. 유압 실린더에서 면적비가 1 : 0.5(피스톤 측 면적 : 피스톤 로드 측 면적)이라면 유량이 일정할 때 피스톤의 후진 운동 속도는 전진 속도의 몇 배인가?

① 0.5
② 1.5
③ 2
④ 3

해설 피스톤의 속도는 피스톤 면적에 반비례한다.

53. 다음 중 유압 실린더의 수축 과정에서 발생하는 힘을 나타내는 수식 표현으로 옳은 것은?

① 압력×피스톤 면적
② 유량÷피스톤 면적
③ 압력×(피스톤 면적-로드 면적)
④ 유량÷(피스톤 면적-로드 면적)

54. 실린더에 적용된 사양이 다음과 같을 때 실린더의 전진 추력(N)은 얼마인가? (단, 배압은 작용하지 않는다.)

- 피스톤 지름 : 10cm
- 공급 압력 : 1000kPa
- 로드 지름 : 2cm

① 250π ② 500π
③ 2500π ④ 5000π

해설 $F = P_1 A_1$ 에서
$P_1 = 10\,\text{bar} = 1,000,000\,\text{Pa}$
$\quad = 1,000,000\,\text{N/m}^2 = 100\,\text{N/cm}^2$
$A_1 = \dfrac{\pi}{4} \times D^2 = \dfrac{\pi}{4} \times 10^2\,\text{cm}^2$
$\therefore F = 100 \times \dfrac{\pi}{4} \times 10^2 = 2500\pi\,[\text{N}]$

해설 $A_1 = \dfrac{\pi D^2}{4} = \dfrac{\pi \times 5^2}{4} = 19.63\,\text{cm}^2$
$A_2 = \dfrac{\pi(D^2 - d^2)}{4} = \dfrac{\pi \times (5^2 - 2.5^2)}{4}$
$\quad = 14.73\,\text{cm}^2$
$F_1 = F_2,\ P_2 = \dfrac{A_1 \times P_1}{A_2}$
$\quad = \dfrac{19.63 \times 30}{14.73} = 39.98\,\text{kgf/cm}^2$

55. 내경 10 cm, 추력 3140 kgf, 피스톤 속도 40 m/min인 유압 실린더에서 필요로 하는 유압은 최소 몇 kgf/cm²인가?

① 40 ② 60
③ 80 ④ 160

해설 $P = \dfrac{F}{A} = \dfrac{3140}{\dfrac{\pi}{4} \times 10^2} \fallingdotseq 40\,\text{kgf/cm}^2$

57. 펌프의 토출량이 15 L/min이고 유압 실린더에서의 피스톤 지름이 32 mm, 배관경이 6 mm일 때 배관에서의 유속(A)과 피스톤의 전진 속도(B)는 각각 몇 m/s인가?

① (A) 0.88, (B) 0.03
② (A) 5.31, (B) 1.87
③ (A) 8.84, (B) 0.31
④ (A) 53.1, (B) 18.7

해설 $Q = \dfrac{15 \times 10^{-3}\,\text{m}^3}{60\,\text{s}} = 2.5 \times 10^{-4}\,\text{m}^3/\text{s}$

㉠ 배관에서의 유속(A)
$\dfrac{Q}{A} = \dfrac{2.5 \times 10^{-4}\,\text{m}^3/\text{s}}{\dfrac{\pi}{4} \times (6 \times 10^{-3}\,\text{m})^2} = 8.84\,\text{m/s}$

㉡ 피스톤의 전진 속도(B)
$\dfrac{Q}{A} = \dfrac{2.5 \times 10^{-4}\,\text{m}^3/\text{s}}{\dfrac{\pi}{4} \times (32 \times 10^{-3}\,\text{m})^2} = 0.31\,\text{m/s}$

56. 그림에서 팽창 측과 수축 측의 부하가 같고, 로드 측의 밸브 C를 닫았을 때 압력 P_2는? (단, $D = 50\,\text{mm}$, $d = 25\,\text{mm}$, $P_1 = 30\,\text{kgf/cm}^2$)

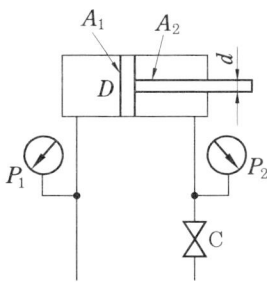

① 10 kgf/cm²
② 20 kgf/cm²
③ 30 kgf/cm²
④ 40 kgf/cm²

58. 유압 모터의 효율을 감소시키는 사항이 아닌 것은?

① 유체의 유량 변화
② 유체 접촉부와 유체의 마찰
③ 유체의 난류성에 의한 마찰
④ 흡입구와 토출구 사이의 내부 누설

정답 55. ① 56. ④ 57. ③ 58. ①

해설 유압 모터의 성능은 제조상의 정도뿐만 아니라 설계 작동 조건과의 가까운 공차 유지에 의해 좌우된다. 흡입구와 토출구 사이의 내부 누설은 유압 모터의 용적 효율을 감소시킨다. 한편, 접촉부의 마찰과 유체의 난류성에 의한 마찰은 유압 모터의 기계적 효율을 감소시킨다.

59. 다음 중 유압 모터의 장점으로 틀린 것은?

① 기계식 모터에 비해 효율이 높다.
② 소형 경량으로 큰 출력을 낼 수 있다.
③ 무단으로 회전 속도를 낼 수 있다.
④ 회전체의 관성이 작아 응답성이 빠르다.

해설 접촉부의 마찰과 유체의 난류성에 의한 마찰은 유압 모터의 기계적 효율을 감소시킨다.

60. 다음 중 유압 모터의 특징으로 옳지 않은 것은?

① 점도 변화에 영향이 적다.
② 소형·경량으로서 큰 출력을 낼 수 있다.
③ 작동유 내에 먼지나 공기가 침입하지 않도록, 특히 보수에 주의하여야 한다.
④ 작동유는 인화하기 쉬우므로 화재 염려가 있는 곳에서의 사용은 곤란하다.

해설 작동유의 점도 변화에 의해서 유압 모터의 사용에 제약을 받는다.

정답 59. ① 60. ①

자동화설비 산업기사

제14회 CBT 대비 실전문제

1과목   자동 제어

1. 서보기구에 대한 설명으로 틀린 것은?

① 출력이 낮을 때는 전기식보다 유압식이 유리하다.
② 원격 조작 장치로서의 기능과 중력기구로서의 기능이 있다.
③ 제어량의 위치, 자세 등의 기계적인 변위의 자동제어계를 서보기구라 한다.
④ 출력부를 입력신호에 추종시키기 위해서 일반적으로 힘, 토크를 증폭하는 증폭부를 가지고 있다.

해설 유압식 서보기구는 고출력·고성능에 적합하다.

2. 제어 시스템을 해석하기 위해서는 시스템에 여러 종류의 시험신호(test signal)를 사용하게 된다. 만일 시스템에 갑작스런 외란이 들어왔을 때 유지되게 하려면 어떤 시험신호를 사용해야 하는가?

① 계단 함수   ② 램프 함수
③ 사인 함수   ④ 포물선 함수

해설 계단 함수(step function)는 입력에 대해 다음 입력까지 출력이 유지되는 형태이다.

3. $G(s) = \dfrac{1}{s(s+1)}$ 인 선형 제어계에서 $w=10$ 일 때 주파수 전달 함수의 이득[dB]은?

① -10 ② -20
③ -30 ④ -40

해설 $G(s) = \dfrac{1}{s(s+1)} = \dfrac{1}{s} - \dfrac{1}{s+1}$

$G(jw) = \dfrac{1}{jw} - \dfrac{1}{jw+1}$

$\text{Gain} = 20\log_{10}w - 10\log_{10}(w^2+1)\,\text{dB}$
$\text{Gain} = 20\log_{10}10 - 10\log_{10}101\,\text{dB}$
$\quad\quad\ \ \fallingdotseq -20\log_{10}10 - 10\log_{10}10^2\,\text{dB}$
$\quad\quad\ \ = -40\,\text{dB}$

4. 다음 공기압 회로도의 기기 순서를 옳게 나열한 것은?

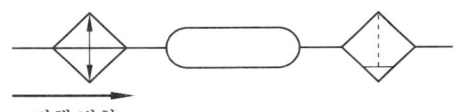

진행 방향

① 루브리케이터 → 공기탱크 → 에어드라이어
② 에어드라이어 → 공기탱크 → 루브리케이터
③ 냉각기 → 공기탱크 → 드레인 배출구 붙이 필터
④ 드레인 배출구 붙이 필터 → 공기탱크 → 냉각기

해설 공압 유닛기호

공압탱크	공압필터
냉각기	드레인
공기건조기	압력 릴리프 밸브
드레인 필터	윤활장치

정답 1. ①   2. ①   3. ④   4. ③

5. 다음 중 정상 상태 오차를 최소화할 수 있는 제어 방식은?

① 미분 ② 비례
③ 적분 ④ 비례미분

해설 적분 제어동작은 오프셋 혹은 정상상태 오차를 제거하는 반면, 진폭이 느리게 감소하거나 심지어 커지게 하는 경향이 있다.

6. 다음 그림에서 동그라미 기호의 의미는?

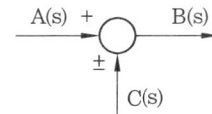

① 가합점 ② 인출점
③ 출력점 ④ 전달요소

해설 가합점 : 제어 블록 선도에서 신호의 부호에 따라서 가산을 행한다. 따라서 신호의 차원은 일치해야만 한다.

7. 예열을 하여 발열반응을 하는 프로세스 제어 시스템의 온도를 제어하는 데 있어 단순한 피드백 제어의 경우 예열단계에서 오버슈트(over shoot)의 주된 원인이 되는 제어동작은?

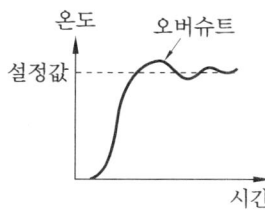

① 미분동작(D동작)
② 적분동작(I동작)
③ 비례미분동작(PD 동작)
④ 비례적분미분동작(PID 동작)

해설 적분제어 요소가 크면 오버슈트가 커지고 상승시간이 미세하게 감소한다. 반대로 작으면 오버슈트는 줄어들고 상승시간은 증가한다. 적분제어를 하게 되면 P제어를 거친 정상상태오차를 제거할 수 있지만 그만큼 정착시간이 늘어나는데 적분제어 요소가 클수록 오버슈트와 언더슈트가 크기 때문에 정착시간이 더 증가된다.

8. 전자계전기 자신의 a접점을 이용하여 회로를 구성하여 스스로 동작을 유지하는 회로는?

① 순차회로 ② 우선회로
③ 유극회로 ④ 자기유지회로

해설 자기유지회로 : 전력이 공급되는 한 계속하여 현 상태를 유지해주고 또 전력이 차단된 후 다시 공급되어도 회로에 전력이 공급되지 않는 상태를 계속 유지하려는 회로

9. 9,600bps를 사용하기 위한 1비트 전송시간은 약 몇 μs인가?

① 순차회로 ② 우선회로
③ 유극회로 ④ 자기유지회로

해설 bps(bit per second) : 초당 전송 비트수

1bit당 전송시간 $= \dfrac{1s}{9,600}$ bit

$= 0.000104 = 104\mu s$

10. 다음 전달 함수에 대한 설명이 틀린 것은?

$$G(s) = K_p\left(1 + \dfrac{1}{sT_i} + sT_D\right)$$

① T_i는 적분시간이다.
② T_D는 리셋률(reset rate)이라고 한s다.
③ K_p를 조절기의 비례 이득이라고 한다.
④ 이 조절기는 비례적분미분 동작조절이다.

정답 5. ③ 6. ① 7. ② 8. ④ 9. ③ 10. ②

해설 • 위의 전달 함수는 비례적분미분(proportional-integral-differential) 제어기이다.
• K_p : 비례 게인, K_i : 적분 게인, K_d : 미분 제어 게인
• K_p : 비례 게인, K_i : 적분 게인, K_d : 미분 제어 게인

11. 게이지 압력을 구하는 식으로 옳은 것은?
① 게이지 압력=절대압력+대기압
② 게이지 압력=절대압력-대기압
③ 게이지 압력=절대압력×대기압
④ 게이지 압력=절대압력÷대기압

해설 게이지 압력은 압력측정기에 나타나는 압력으로 측정을 할 때 측정기 내외부에 대기압이 포함된다.
따라서 게이지 압력=절대 압력-대기압이다.

12. 다음 그림과 같이 유량제어밸브를 실린더의 입구 측에 설치하여 실린더의 전진 속도를 제어하는 회로는?

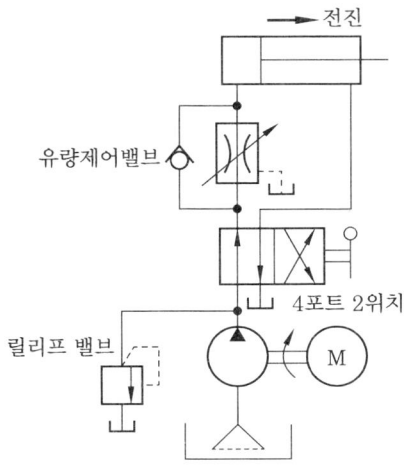

① 감압회로   ② 미터 인 회로
③ 미터 아웃 회로   ④ 블리드 오프 회로

해설 • 미터인 방식 : 복동 실린더의 전·후진 속도를 공급공기 조절 방식에 의해 조절
• 미터아웃 방식 : 복동 실린더의 전·후진 속도를 배기 조절 방식에 의해 조절

13. 다음 C언어 프로그램 중 □칸의 변수가 지정된 10진수일 때 사용하는 출력 명령어는?

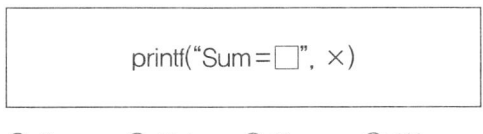

① %c   ② %d   ③ %e   ④ %f

해설 %d : 정수형(10진수)

14. 전기식 서보기구에 관한 설명 중 틀린 것은?
① 신호의 전송이 용이하다.
② 피드백 장치가 필요 없다.
③ 순차제어에 적합하지 않다.
④ 유압식에 비해 취급이 간단하고 깨끗하다.

해설 서보기구는 입력 신호에 대한 동작량을 센싱하는 피드백 장치가 필수적이다.

15. 유접점 논리회로와 비교한 무접점 논리회로의 특징이 아닌 것은?
① 유접점에 비하여 응답 속도가 빠르다.
② 기계적인 가동부가 없기 때문에 수명이 길다.
③ 논리회로가 소형화되어 복잡한 회로의 대치가 가능하다.
④ 전자석의 동작으로 부하회로를 빈번하게 개폐할 수 있다.

해설 • 유접점 시퀀스 : 제어회로에 사용되는 소자로서 유접점 릴레이, 즉 전자 계전기에

의하여 구성되는 시퀀스를 접점을 가진 기기를 사용한다 해서 유접점 시퀀스라 하며, 보통 릴레이 시퀀스라 부른다.
- 무접점 시퀀스 : 제어회로에 사용되는 소자로서 반도체 스위칭 소자를 이용한 무접점 릴레이에 의하여 구성되는 시퀀스를 무접점 시퀀스 또는 로직 시퀀스라 한다.

16. 다음 중 PLC 입출력장치의 역할과 가장 거리가 먼 것은?
① 기억 선택
② 잡음 제어
③ 절연결합
④ 신호 레벨 변환

해설 PLC 입출력 장치 : 외부 디바이스와 절연 결합 기능을 제공하고 신호레벨을 변환하며 잡음을 필터링한다.

17. 전기식 서보기구용 검출기와 관계없는 것은?
① 싱크로
② 부르동관
③ 전위차계
④ 차동변압기

해설 부르동관은 타원형의 단면을 가진 방사상으로 형성된 관이다. 측정 유체의 압력은 관 내부에서 반응하고 고정되지 않은 관 끝에서 움직인다. 이 움직임은 압력을 측정하고 무브먼트에 의해 표시되었다.

18. 다음 불 대수 식의 결과로 옳은 것은?

$$(A+B) \cdot (A+\overline{B})$$

① A
② B
③ A+B
④ A·B

해설 $(A+B) \cdot (A+\overline{B})$
$= A \cdot A + A \cdot \overline{B} + B \cdot A + B \cdot \overline{B}$
$= A + A \cdot (B+\overline{B}) + 0$
$= A + A \cdot (1) = A$

19. 출력신호를 입력 쪽으로 되돌아오게 하여 목표값에 따라 자동적으로 제어하는 것을 무슨 제어라고 하는가?
① 자동제어
② 되먹임 제어
③ 시퀀스 제어
④ 프로그램 제어

해설 되먹임 제어(feed-back control) : 출력값이 목표값에 이르도록 압력값을 조정하는 제어 기법

20. 정성적 제어장치에 해당되는 것은?
① 서보모터
② 전자 계전기
③ 추적용 레이더
④ 자동 전원조정장치

해설 정성적 제어장치 성격을 갖는 제어기는 open loop control로서 전자계 전기가 대표적 예이다.

2과목 기계 요소 설계

21. 너트의 풀림 방지를 위해 사용되는 와셔로 적절하지 않은 것은?
① 사각 와셔
② 스프링 와셔
③ 이붙이 와셔
④ 혀붙이 와셔

해설
- 스프링 와셔, 이붙이 와셔, 혀붙이 와셔, 클로 와셔는 너트의 풀림 방지용으로 사용한다.
- 사각 와셔는 평와셔와 동일한 목적으로 건축 구조물에 사용한다.

정답 16. ① 17. ② 18. ① 19. ② 20. ② 21. ①

22. 와셔를 기계용과 너트의 풀림 방지용으로 분류할 때 기계용으로 사용되는 것은?
① 혀붙이 와셔 ② 클로 와셔
③ 둥근 평와셔 ④ 스프링 와셔

해설 둥근 평와셔는 체결을 하고자 하는 대상이 연한 물체이거나 결합물의 변형이 예상될 때 면압을 낮추는 역할을 한다.

23. 다음 중 와셔의 사용 용도가 아닌 것은?
① 내압력이 낮은 고무면일 때
② 너트에 맞지 않는 볼트일 때
③ 볼트 구멍이 볼트의 호칭용 규격보다 클 때
④ 너트와 볼트의 머리 접촉면이 고르지 않을 때

해설 와셔가 사용되는 경우(①, ③, ④ 외)
• 자리가 다듬어지지 않았을 때
• 너트가 재료를 파고 들어갈 염려가 있을 때
• 너트의 풀림을 방지할 때

24. 코터의 두께를 b, 폭을 h라 하고, 축 방향의 힘 F를 받을 때 코터 내에 생기는 전단응력(τ)에 대한 식을 나타낸 것으로 알맞은 것은? (단, 축 방향의 힘에 의해 2개의 전단면이 발생한다.)

① $\tau = \dfrac{F}{bh}$ ② $\tau = \dfrac{hb}{F}$
③ $\tau = \dfrac{F}{2bh}$ ④ $\tau = \dfrac{2bh}{F}$

해설 전단면이 2군데이므로 2로 나눈다.
∴ $\tau = \dfrac{\text{힘}}{2 \times \text{단면적}} = \dfrac{F}{2bh}$

25. 양쪽 기울기를 가진 코터에서 저절로 빠지지 않기 위한 자립 조건으로 옳은 것은? (단, α는 코터 중심에 대한 기울기 각도이고, ρ는 코터와 로드 엔드와의 접촉부 마찰계수에 대응하는 마찰각이다.)
① $\alpha \leq \rho$ ② $\alpha \geq \rho$
③ $\alpha \leq 2\rho$ ④ $\alpha \geq 2\rho$

해설 코터의 자립 조건
• 양쪽 구배 : $\alpha \leq \rho$
• 한쪽 구배 : $\alpha \leq 2\rho$
여기서, ρ : 마찰각, α : 구배

26. 그림에 대한 설명 중 가장 옳은 것은?

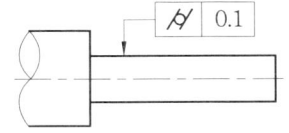

① 대상으로 하는 면은 0.1 mm만큼 떨어진 두 개의 동축 원통면 사이에 있어야 한다.
② 대상으로 하는 원통의 축선은 0.1 mm의 원통 안에 있어야 한다.
③ 대상으로 하는 원통의 축선은 0.1 mm만큼 떨어진 두 개의 평행한 평면 사이에 있어야 한다.
④ 대상으로 하는 면은 0.1 mm만큼 떨어진 두 개의 평행한 평면 사이에 있어야 한다.

해설 원통도는 진직도, 평행도, 진원도의 복합 공차로, 규제하는 원통 형체의 모든 표면의 공통 축선으로부터 같은 거리에 있는 두 개의 원통형 사이에 있어야 하는 공차이다.

27. 다음 설명에 적합한 기하 공차 기호는?

구 형상의 중심은 데이텀 평면 A로부터 30mm, B로부터 25mm 떨어져 있고, 데이텀 C의 중심선 위에 있는 점의 위치를 기준으로 지름 0.3mm 구 안에 있어야 한다.

정답 22. ③ 23. ② 24. ③ 25. ① 26. ① 27. ①

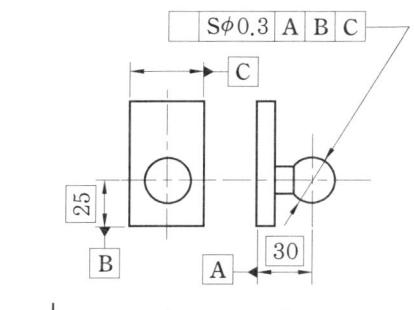

① ⊕   ② ∠   ③ ⊥   ④ ◎

해설 • 위치도 : ⊕   • 경사도 : ∠
• 직각도 : ⊥   • 동심도 : ◎

28. 다음 중 래핑 다듬질면 등에 나타나는 줄무늬로 가공에 의한 커터의 줄무늬가 여러 방향으로 교차 또는 무방향일 때 줄무늬 방향 기호는?

① R   ② C   ③ X   ④ M

해설 • R : 중심에 대해 대략 방사 모양
• C : 중심에 대해 대략 동심원 모양
• X : 2개의 경사면에 수직
• M : 여러 방향으로 교차

29. 줄 다듬질 가공을 나타내는 약호는?

① FL   ② FF   ③ FS   ④ FR

해설 • FL : 래핑   • FS : 스크레이퍼
• FR : 리머

30. 그림과 같은 표면의 상태를 기호로 표시하기 위한 표면의 결 표시 기호에서 d는 무엇을 나타내는가?

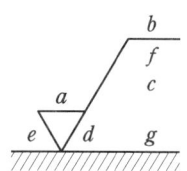

① a에 대한 기준 길이 또는 컷오프값
② 기준 길이, 평가 길이
③ 줄무늬 방향의 기호
④ 가공 방법

해설 • a : 산술평균 거칠기값
• b : 가공 방법   • c : 기준 길이
• d : 줄무늬 방향 기호   • e : 다듬질 여유
• f : Ra 이외의 파라미터값
• g : 표면 파상도

31. 줄무늬 방향의 기호에 대한 설명으로 틀린 것은?

① = : 가공에 의한 컷의 줄무늬 방향이 기호를 기입한 그림의 투영면에 평행
② X : 가공에 의한 컷의 줄무늬 방향이 다방면으로 교차 또는 무방향
③ C : 가공에 의한 컷의 줄무늬가 기호를 기입한 면의 중심에 대해 거의 동심원 모양
④ R : 가공에 의한 컷의 줄무늬가 기호를 기입한 면의 중심에 대해 거의 방사 모양

해설 X : 가공에 의한 컷의 줄무늬 방향이 두 방향으로 교차 또는 무방향

32. 보기와 같이 지시된 표면의 결 기호의 해독으로 옳은 것은?

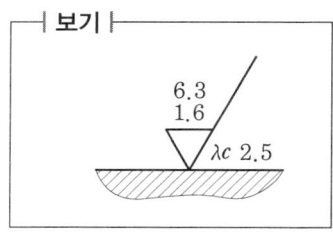

① 제거 가공 여부를 문제 삼지 않는 경우이다.
② 최대 높이 거칠기 하한값은 $6.3\mu m$이다.
③ 기준 길이는 $1.6\mu m$이다.
④ 2.5는 컷오프값이다.

정답 28. ④ 29. ② 30. ③ 31. ② 32. ④

[해설] • 제거 가공을 필요로 하는 가공면으로 가공 흔적이 거의 없는 중간 또는 정밀 다듬질이다.
• 가공면의 하한값은 1.6μm이고, 상한값은 6.3μm, 컷오프값은 2.5이다.

33. 재료의 제거 가공으로 이루어진 상태든 아니든 제조 공정에서의 결과로 나온 표면 상태가 그대로인 것을 지시하는 것은?

① 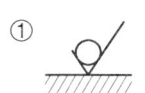　②

③ 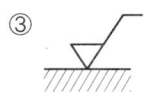　④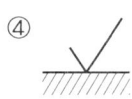

[해설] 표면의 결 도시

 　 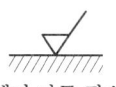 　
기본 기호　제거 가공 필요　제거 가공 불필요

34. 가공 방법의 표시 기호에서 "SPBR"은 무슨 가공인가?
① 기어 셰이빙　② 액체 호닝
③ 배럴 연마　④ 숏 블라스팅

[해설] 가공 방법의 표시 기호

가공 방법	약호
기어 셰이빙	TCSV
액체 호닝 가공	SPLH
배럴 연마 가공	SPBR
숏 블라스팅	SBSH

35. 가공 방법의 약호 중에서 래핑 가공은?
① FL　② FR　③ FS　④ FF

[해설] • FR : 리밍　• FS : 스크레이핑
• FF : 줄 다듬질

36. 그림과 같은 환봉의 "A"면을 선반 가공할 때 생기는 표면의 줄무늬 방향의 기호로 가장 적합한 것은?

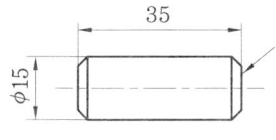

① C　② M
③ R　④ X

[해설] 줄무늬 방향의 기호 C는 기호가 적용되는 표면의 중심에 대해 대략 동심원 모양을 의미한다.

37. 가공 방법에 따른 KS 가공 방법의 기호가 바르게 연결된 것은?
① 방전 가공 : SPED
② 전해 가공 : SPU
③ 전해 연삭 : SPEC
④ 초음파 가공 : SPLB

[해설] • 전해 가공 : SPEC
• 전해 연삭 : SPEG
• 초음파 가공 : SPU

38. 다음과 같은 표면의 결 도시 기호에서 C가 의미하는 것은?

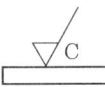

① 가공에 의한 컷의 줄무늬가 투상면에 평행
② 가공에 의한 컷의 줄무늬가 투상면에 경사지고 두 방향으로 교차
③ 가공에 의한 컷의 줄무늬가 투상면의 중심에 대하여 동심원 모양
④ 가공에 의한 컷의 줄무늬가 투상면에 대해 여러 방향

해설 줄무늬 방향 지시 기호
- = : 투상면에 평행
- X : 투상면에 경사지고 두 방향으로 교차
- M : 투상면에 대해 여러 방향으로 교차

39. 다음 KS 재료 기호 중 니켈 크로뮴 몰리브데넘강에 속하는 것은?

① SMn 420
② SCr 415
③ SNCM 420
④ SFCM 590S

해설 니켈 : Ni, 크로뮴 : Cr, 몰리브데넘 : Mo, 강 : S, 크로뮴강 : SCr

40. 다음 KS 재료 기호 중 탄소 공구강 강재의 기호는?

① STC   ② STS
③ SF   ④ SPS

해설
- STS : 합금 공구강
- SF : 단조용 강
- SPS : 스프링강

3과목 공유압

41. 다음 중 실린더의 부하 운동 방향이 고정형인 것은?

① 축방향 풋형
② 분납식 아이형
③ 로드 측 트러니언형
④ 분납식 클레비스형

해설 풋형은 고정 실린더이다.

42. 유압 실린더 피스톤 로드의 추력 방향이 실린더 축심 끝을 기준으로 원주상 일정 각도로 회전할 수 있도록 하기 위한 실린더 설치 형식은?

① 풋형   ② 램형
③ 플랜지형   ④ 클레비스형

해설 클레비스형은 부하가 한 평면 내에서 요동할 경우 사용한다.

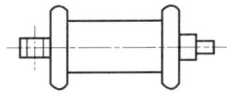

43. 실린더의 지지 방식 중 피스톤 로드의 중심선에 대해서 직각으로 이루는 실린더의 양측으로 뻗은 1개의 원통상의 피벗(pivot)으로 지탱하는 설치 형식은?

① 풋형   ② 용접형
③ 플랜지형   ④ 트러니언형

해설 트러니언형은 축심 요동형이다.

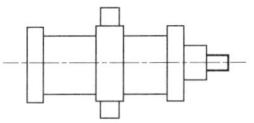

▲ 중간 트러니언형

44. 공기압 실린더의 고정 방법 중 가장 강력한 부착이 가능한 형식은?

① 풋형
② 플랜지형
③ 클레비스형
④ 트러니언형

해설 플랜지형은 축심이 고정된 것이다.

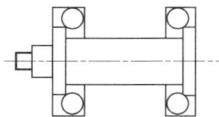

45. 다음 중 공압 실린더의 호칭사항이 아닌 것은?

① 쿠션 유무
② 지지 형식
③ 튜브 안지름
④ 로드 지름

해설 실린더의 호칭법 : 규격 번호-지지 형식-튜브 안지름-쿠션 유무-행정 길이

46. 다음 공기압 실린더의 호칭 방법에서 "LB"가 뜻하는 것은?

KS B 6373 LB 50 B 100

① 패킹의 재질
② 지지 형식
③ 쿠션의 형식
④ 규격 형태

해설 KS B 6373에 규정되어 있는 것은 공기압 실린더이다.

47. 공압 실린더가 전·후진 시 낼 수 있는 힘과 관계없는 것은?

① 공기 압력
② 실린더 속도
③ 실린더 튜브 지름
④ 피스톤 로드의 지름

48. 실린더가 전진할 때 이론 출력을 구하는 식으로 옳은 것은? (단, D : 실린더 안지름, P : 사용 공기 압력, d : 로드 지름, 마찰력은 무시하고, 로드 측 압력은 대기압이다.)

① $\dfrac{\pi D^2}{4} \times P$

② $\dfrac{\pi}{4} \times (D^2 - d^2) \times P$

③ $\dfrac{\pi}{4} \times (D^2 - d^2) \times P^2$

④ $\dfrac{\pi}{4 \times (D-d)} \times P^2$

해설 ①은 전진 시, ②는 후진 시의 이론 출력을 구하는 식을 나타낸다.

49. 공압 실린더의 출력을 결정하는 요소 중 후진 시의 출력을 구하는 데 필요 없는 요소는 어느 것인가?

① 실린더의 튜브 안지름
② 피스톤 로드의 바깥지름
③ 사용 유체의 압력
④ 실린더의 추력 계수

해설 88번 해설 참조

50. 공기압 조정 유닛에서 공급되는 공기압이 0.6MPa이고 실린더의 단면적이 10cm²라고 하면 작용할 수 있는 하중은 몇 N인가?

① 60N
② 600N
③ 6000N
④ 60000N

해설 $P = \dfrac{F}{A}$

∴ $F = 0.6 \text{MPa} \times 1000 \text{mm}^2 = 600 \text{N}$

51. 유압 모터의 종류가 아닌 것은?

① 기어형
② 베인형
③ 피스톤형
④ 나사형

해설 유압 모터의 종류에는 기어(gear)형, 베인(vane)형, 피스톤(piston)형이 있다.

52. 유압 모터 중 가장 간단하며 출력 토크가 일정하고 정역회전이 가능하며 토크 효율이 약 75~85%, 전효율은 약 80% 정도이고 최저 회전수는 150rpm으로 정밀한 서보기구에는 부적합한 모터는 어느 것인가?

정답 45. ④ 46. ② 47. ② 48. ① 49. ④ 50. ② 51. ④ 52. ②

① 베인 모터
② 기어 모터
③ 액시얼 피스톤 모터
④ 레이디얼 피스톤 모터

[해설] 기어 모터는 유압 모터 중 구조면에서 가장 간단하며 유체 압력이 기어의 이에 작동하여 출력 토크가 일정하고, 정회전과 역회전이 가능하다.

53. 유압 모터의 한 종류인 기어 모터의 특징이 아닌 것은?

① 유압 모터 중 구조가 가장 간단하다.
② 출력 토크가 일정하다.
③ 정밀한 서보기구에 적합하다.
④ 정·역회전이 가능하다.

[해설] 기어 모터는 토크 효율이 약 75~85%, 전효율은 약 80% 정도이고 최저 회전수는 150 rpm으로 정밀 서보기구에는 부적합하다.

54. 유압 모터에서 가장 효율이 높으며 고압에서도 사용할 수 있는 유압 모터는 어느 것인가?

① 피스톤 모터
② 기어 모터
③ 대칭형 베인 모터
④ 베인 모터

[해설] 피스톤형 모터(piston type motor)
㉠ 원리 : 압축공기를 순차적으로 실린더 피스톤 단면에 공급하여 피스톤 사판이나 캠 크랭크축 등을 회전시켜, 왕복 운동을 기계적으로 회전 운동으로 변환함으로써 회전력을 얻는 것이다. 변환 방식은 크랭크를 사용한 것(레이디얼 피스톤형), 경사판을 이용한 것(액시얼 피스톤형), 캠의 반력을 이용한 것(멀티 스트로크, 레이디얼 피스톤형) 등이 있다.
㉡ 특징 : 중저속회전(20~400 rpm), 대용량 고토크형으로 최고 회전 속도는 3000 rpm, 출력은 1.5~2.6 kW이다.
㉢ 용도 : 각종 반송 장치에 이용한다.

55. 다음 (   ) 안의 ㉠, ㉡ 내용으로 적절한 것은?

> 유압 모터의 토크는 (㉠)으로 제어하고, 회전 속도는 (㉡)으로 제어한다.

① 1방향 2유량
② 1압력 2유량
③ 1유량 2압력
④ 1유량 2볼트

56. 유압 베인 모터의 1회전당 유량이 50 cc일 때 공급 압력 8 MPa, 유량 30 L/min으로 할 경우 회전수(rpm)는?

① 700   ② 650
③ 625   ④ 600

[해설] $Q_T = V_D \cdot N$

$\therefore N = \dfrac{30 \times 1000}{50} = 600 \, \text{rpm}$

57. 유압 에너지를 이용하여 한정된 회전 운동을 하는 액추에이터는?

① 유압 모터
② 유압 실린더
③ 유압 펌프
④ 유압 요동 액추에이터

[해설] 유압 모터는 연속 회전 운동, 유압 실린더는 직선 운동을 한다.

정답 53. ③ 54. ① 55. ② 56. ④ 57. ④

58. 유압 베인형 요동 모터 중 더블 베인형의 출력 축의 회전 각도 범위는 얼마 이내인가?

① 280°   ② 100°
③ 60°   ④ 360°

해설 ㉠ 싱글 베인 : 280° 이내
㉡ 더블 베인 : 100° 이내
㉢ 트리플 베인 : 60° 이내

59. 오일 히터의 최대 열용량 와트 밀도로 적당한 것은?

① $2W/cm^2$ 이하
② $5W/cm^2$ 이하
③ $7W/cm^2$ 이하
④ $10W/cm^2$ 이하

60. 그림의 회로와 같이 필터를 설치했을 때 특징으로 적합한 것은?

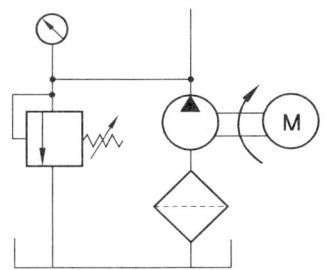

① 유압 밸브 보호를 주 목적으로 한다.
② 오염으로부터 펌프를 보호할 수 있다.
③ 복귀관 필터라고 하며 가격이 비싸다.
④ 필터 오염 시 캐비테이션이 발생하지 않는다.

정답 58. ② 59. ① 60. ②

자동화설비 산업기사

제15회 CBT 대비 실전문제

1과목   자동 제어

1. PLC에서 스캔타임(scan time)의 의미로 옳은 것은?

① PLC 입력 모듈에서 1개 신호가 입력되는 시간
② PLC 출력 모듈에서 1개 신호가 입력되는 시간
③ PLC에 의해 제어되는 시스템의 1회 실행 시간
④ PLC에 입력된 프로그램을 1회 연산하는 시간

[해설] 스캔타임 : 전원 투입과 동시에 입력된 프로그램을 처음부터 끝까지 입력을 스캔하고 연사여 출력을 내보내는 과정을 반복하는데, 처음부터 끝까지의 주기를 스캔타임이라 한다.

2. 냉동식 오일 쿨러의 특징으로 틀린 것은?

① 환기설비가 필요하다.
② 냉각수가 필요하지 않다.
③ 자동 유온 조정에 적합하다.
④ 운반이 용이하며 대기 온도나 물의 온도 이하의 냉각이 용이하다.

[해설] 냉동식 오일 쿨러는 냉각수와 환기설비가 별도로 필요하지 않다.

3. 다음 그림은 계의 입·출력 관계를 나타내는 블록선도이다. 여기서 전달 함수 G1=2, G1=3일 때 계 전체의 전달함수는?

A → [G1] → B → [G2] → C

① 3   ② 6   ③ 9   ④ 12

[해설] $B = G_1 \cdot A = 2A$
$C = G_2 \cdot B = 3 \cdot 2A = 6A$

A → [6] → C

4. PLC의 통신 중 RS-422 방식에 대한 설명으로 틀린 것은?

① 1byte 단위로 data가 전송된다.
② 전송속도가 느리나 소프트웨어가 간단하다.
③ 데이터를 1개의 케이블을 통해 1bit씩 전송된다.
④ RS-232C에 비해 전송길이가 길고 1 : N 접속이 가능하다.

[해설] 직렬통신 방식이란 데이터 비트를 1개의 비트단위로 외부로 송수신하는 방식으로써 구현하기가 쉽고, 멀리 갈 수가 있으며, 기존의 통신선로(전화선 등)를 쉽게 활용할 수가 있어 비용의 절감이 크다는 장점이 있다. 직렬통신의 대표적인 것으로 RS-232, RS-422이 있다.

5. 실린더 양측의 수압 면적이 같아 전·후진 할 때 출력속도가 동일한 실린더는?

① 단동 실린더   ② 탠덤 실린더
③ 다위치 실린더   ④ 양로드 실린더

[해설] • 단동 실린더(single acting cylinder) : 피스톤측 면적으로만 유압이 작용하므로 부하에 대하여 한 방향으로만 일을 할 수 있다.

[정답] 1.①   2.③   3.②   4.①   5.④

- 탠덤 실린더(tandem cylinder) : 하나의 실린더를 연이어 접속시킨 형식으로 전 후진 시 배력의 추력을 얻을 수 있는 구조로 되어 있다.
- 다위치 실린더 : 서로 행정거리가 다른 두 개의 실린더로 3개 또는 4개의 위치를 제어할 수 있다.
- 양로드 실린더(double acting cylinder) : 피스톤 양측에 압력이 걸릴 수 있다. 그러므로 양쪽 방향으로 일을 할 수 있다.

6. 속도를 전압으로 변환하는 센서는?

① 포텐셔미터 ② 초음파 센서
③ 광 트랜지스터 ④ 타코 제네레이터

해설
- 포텐셔미터 : 가변저항이라고 불리며 전자회로에서 저항을 임의로 바꿀 수 있는 저항기
- 초음파 센서 : 센서 자신이 갖고 있는 고유 진동 주파수와 똑같은 주파수의 교류 전압을 가하면 좀 더 효율이 좋은 음파를 발생할 수 있다. 그래서 물체에서 반사된 음파를 그대로 센서로 입력(진동)시켜서 발생된 전압을 회로에서 처리함으로써 측정 거리를 계산
- 광 트랜지스터 : 포토 다이오드와 트랜지스터를 조합한 제품으로, 트랜지스터의 베이스 입력전류를 빛으로 입력한 것
- 타코 제너레이터 : 전기식 타코미터는 회전속도에 비례하는 전압 출력을 내는 센서

7. 시퀀스제어와 비교한 PLC 제어의 특징으로 틀린 것은?

① 제어방식은 소프트 로직방식이다.
② 시스템 특징이 독립된 제어장치이다.
③ 소형화가 가능하며 시스템 확장이 용이하다.
④ 프로그램 변경만으로 제어내용의 변경이 가능하다.

해설

	시퀀스 제어	PLC 제어
제어 방식	하드 로직	소프트 로직
제어 기능	릴레이 (접점), 타이머, 카운터	• 릴레이(AND, OR, NOT) • 업/다운 카운터 • 쉬프트 레지스터 • 간단한 가감산 (고기능, 대규모의 제어를 소형으로 실현) (기능은 한정적이고, 규모에 따라 대형화)
제어 요소	유접점	무접점
제어 변경	배선 변경	프로그램 변경
시스템의 특징	독립된 제어 장치	• 시스템의 확장이 용이 • 컴퓨터와의 연결 가능

8. 다음 서보기구 중 구조가 복잡하나 출력이 클 때 유리한 서보기구는?

① 교류 서보기구
② 직류 서보기구
③ 클러치 서보기구
④ 포지셔너 서보기구

해설 직류 서보기구 : 서보기구 중 구조가 복잡하나 출력이 클 때 유리한 서보기구이다.

9. 제어대상의 현재 출력값과 미래 출력의 예상값을 이용하여 제어하며, 응답 속응성의 개선에 사용되는 동작으로 옳은 것은?

정답 6. ④ 7. ② 8. ② 9. ③

① 미분동작
② 적분동작
③ 비례미분동작
④ 비례적분동작

해설
- 비례동작(P동작) : 오프셋(잔류편차)을 일으킨다.
- 적분동작(I동작) : 오프셋(잔류편차)을 소멸시키며, 응답시간이 커진다.
- 미분동작(D동작) : 진동을 방지한다.
- 비례적분동작(PI 동작) : 진동하기 쉽고 간헐 현상이며, 지상보상요소이다.
- 비례미분동작(PD 동작) : 속응성 개선 및 진상보상요소이다.
- 비례적분미분동작(PID 동작) : 정상특성과 응답속응성이 동시에 개선된다.

10. 개루프 제어 시스템과 비교한 폐루프 제어 시스템의 특징으로 틀린 것은?

① 제어오차가 감소한다.
② 필요한 센서의 개수가 증가한다.
③ 제어 시스템의 가격이 저렴해진다.
④ 제어 시스템의 구성이 복잡해진다.

해설 폐루프 제어 시스템
- 장점
  - 외부조건의 변화에 대처 가능
  - 제어계의 특성을 향상 가능
  - 목표값에 정확히 도달 가능
- 단점
  - 복잡해지고 값이 고가
  - 제어계 전체가 불안정

11. C언어의 반복제어문에 해당되지 않는 것은?

① for문　　② while문
③ do-while문　　④ switch-case문

해설 C언어
- 반복제어문 : for, while, do-while
- 조건문 : if, if-else, switch-case

12. 제어요소의 입·출력 변수의 관계를 수식적으로 표현한 전달 함수의 특성으로 틀린 것은?

① 제어계의 입력과는 관계없다.
② 비선형 제어계에서만 정의된다.
③ 임펄스 응답의 라플라스 변환으로 정의된다.
④ 제어계 입·출력 함수의 라플라스 변환에 대한 비가 된다.

해설
- 전달 함수는 입력의 크기와 종류에는 무관
- 선형 시불변 시스템에서 주파수 특히 복소 주파수에 따른 입출력 관계

13. 공작물 수치제어 좌표계에서 절대위치 결정 방법에 대한 설명으로 옳은 것은?

① 공구의 위치를 항상 원점(영점)을 기준으로 표시
② 공구의 위치를 항상 앞의 공구위치를 기준으로 표시
③ 공구의 위치를 원점(영점)과 앞의 공구위치를 기준으로 표시
④ 공구의 위치를 X, Y축선상에서 어느 한 점을 기준으로 표시

해설 절대위치결정 : 공구를 임의의 어느 위치로 이동시킬 때 현재의 위치는 무관하게 프로그램의 원점(영점)을 기준으로 표시

14. 데이터를 1개의 케이블을 통해 1bit씩 전송하는 방식으로 전송속도는 느리나 설치비용이 저렴한 데이터 전송 방식은?

정답 10. ③　11. ④　12. ②　13. ①　14. ②

① 병렬전송방식
② 직렬전송방식
③ 반이중전송방식
④ 전이중전송방식

해설
- 병렬전송방식 : 여러 개의 병렬 채널 위로 동시에 여러 개의 데이터 신호를 보내는 방식이다.
- 직렬전송방식 : 데이터를 1개의 케이블을 통해 1bit씩 전송하는 방식으로 전송속도는 느리나 설치비용이 저렴하다.
- 반이중전송방식 : 한쪽이 송신하는 동안 다른 쪽에서 수신하는 통신 방식이다.
- 전이중전송방식 : 쌍방이 동시에 송신할 수 있는 통신 방식을 말한다.

15. 라플라스 변환에서 t함수와 s함수 관계가 옳은 것은? (단, t함수의 초기조건은 모두 0으로 가정한다.)

① $v(t) = Ri(t) \to V(s) = \dfrac{1}{R}I(s)$

② $v(t) = L\dfrac{d}{dt}i(t) \to V(s) = sLI(s)$

③ $v(t) = \dfrac{1}{C}\int i(t)dt \to V(s) = sCI(s)$

④ $v(t) = Ri(t) + \dfrac{1}{C}\int i(t)dt \to V(s)$
   $= \dfrac{1}{R}I(s) + sCI(s)$

해설
- $v(t) = Ri(t) \to V(s) = RI(s)$
- $v(t) = L\dfrac{d}{dt}i(t) \to V(s) = sLI(s)$
- $v(t) = \dfrac{1}{C}\int i(t)dt \to V(s) = \dfrac{1}{C}\dfrac{1}{s}I(s)$
- $v(t) = Ri(t) + \dfrac{1}{C}\int i(t)dt \to V(s)$
  $= RI(s) + \dfrac{1}{CS}I(s)$

16. 보드선도에서 $-3\mathrm{dB}$ 점이란 기준 크기의 얼마인가?

① $\dfrac{1}{2}$ ② $\dfrac{1}{\sqrt{2}}$ ③ $\dfrac{1}{3}$ ④ $\dfrac{1}{\sqrt{3}}$

해설
- $3\,\mathrm{dB} = 20\log_{10}\sqrt{2}$
- $-3\,\mathrm{dB} = 20\log_{10}\dfrac{1}{\sqrt{2}}$
- $10\,\mathrm{dB} = 20\log_{10}\sqrt{10}$
- $20\,\mathrm{dB} = 20\log_{10}10$

17. 다음 전달 함수의 값으로 옳은 것은?

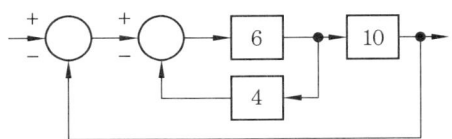

① 0.6   ② 0.7   ③ 0.8   ④ 0.9

해설 피드백 시스템 전달 함수

$T(s) = \dfrac{C(s)}{R(s)} = \dfrac{G(s)}{1 \pm G(s)H(s)}$

피드백 시스템 전달 함수

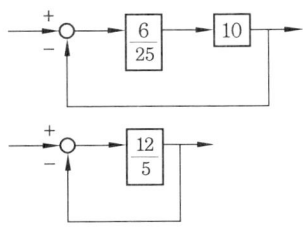

$T(s) = \dfrac{\dfrac{12}{5}}{1 + \dfrac{12}{5}} = \dfrac{12}{17} \fallingdotseq 0.7$

18. 제어계의 출력이 목표값과 일치하는가를 비교하여 일치하지 않은 경우 그 차이에 따라 정정신호를 제어계에 보내는 제어방식은?

정답 15. ② 16. ② 17. ② 18. ②

① 개루프 제어 ② 되먹임 제어
③ 시퀀스 제어 ④ 프로그램 제어

해설 • 개루프 제어 : 시스템의 출력을 입력에 피드백하지 않고 기준 입력만으로 제어 신호를 만들어서 출력을 제어
• 되먹임 제어 : 피드벡 제어(feedback control)라고도 하며, 시스템의 출력과 기준 입력을 비교하고 그 차이(오차)를 감소시키는 제어
• 시퀀스 제어 : 미리 정해진 순서에 따라 제어의 각 단계를 점차로 진행해 나가는 제어
• 프로그램 제어 : 미리 정해 놓은 프로그램에 따라 제어량 변화(엘리베이터, 무인차량)

19. 그림과 같은 파형의 라플라스 변환으로 옳은 것은?

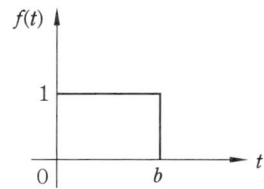

① $\dfrac{1}{s \cdot e^{bs}}$ ② $\dfrac{1}{s \cdot e^{-bs}}$
③ $\dfrac{1}{s(1-e^{bs})}$ ④ $\dfrac{1}{s(1-e^{-bs})}$

해설 그림과 같은 사각형 모양이 나오는 함수를 펄스 함수라 한다.
$\dfrac{1}{s}(1-e^{-bs})$

20. 유압 시스템에서 유압유를 선택할 때 요구조건으로 틀린 것은?
① 화재의 위험이 없을 것
② 녹이나 부식 발생이 없을 것
③ 수분을 쉽게 분리시킬 수 있을 것
④ 동력을 전달하기 위해 압축성일 것

해설 유압유 선택 시 요구조건
• 펌프와 기타 유압기기에 대해 적당한 점도를 유지하며, 온도에 대한 점도변화가 적고 전단안정성이 양호한 것
• 각종 금속에 대해 부식성이 없고 방청성을 갖는 것
• 물과 불순물이 재빨리 분리되는 것
• 운전조건의 범위에서 휘발성이 적은 것. 난연성이면 더욱 바람직

2과목 기계 요소 설계

21. 코터의 기울기 중 분해하기 쉬운 것은 얼마 정도인가?
① $\dfrac{1}{5} \sim \dfrac{1}{10}$ ② $\dfrac{1}{10} \sim \dfrac{1}{20}$
③ $\dfrac{1}{50}$ ④ $\dfrac{1}{100}$

해설 코터의 기울기 : 분해하기 쉬운 것은 $\dfrac{1}{5} \sim \dfrac{1}{10}$, 일반적인 것은 $\dfrac{1}{20}$, 반영구적인 것은 $\dfrac{1}{100}$이다.

22. 그림과 같이 축 방향으로 인장력이나 압축력이 작용하는 두 축을 연결하거나 풀 필요가 있을 때 사용하는 기계요소는?

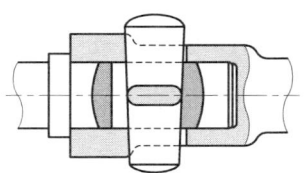

① 핀 ② 키 ③ 코터 ④ 플랜지

정답 19. ② 20. ④ 21. ① 22. ③

해설 코터 : 평평한 쐐기 모양의 부품으로, 인장력 또는 압축력이 축 방향으로 작용하는 축과 여기에 조립되는 소켓을 연결하는 데 사용하는 기계요소이다.

23. 300rpm으로 2.5kW의 동력을 전달시키는 축에 발생하는 비틀림 모멘트는 약 몇 N·m인가?

① 80   ② 60
③ 45   ④ 35

해설 $T = 9.55 \times 10^6 \times \dfrac{H}{N} = 9.55 \times 10^6 \times \dfrac{2.5}{300}$
$\fallingdotseq 79583\,\text{N}\cdot\text{mm} \fallingdotseq 80\,\text{N}\cdot\text{m}$

24. 지름 5cm 축이 300rpm으로 회전할 때, 최대 전달 동력은 약 몇 kW인가? (단, 축의 허용 비틀림 응력은 39.2MPa이다.)

① 8.59   ② 16.84
③ 30.23 ④ 181.38

해설 $d = \sqrt[3]{\dfrac{5.1T}{\tau}}$, $T = \dfrac{d^3\tau}{5.1}$

$T = \dfrac{50^3 \times 39.2}{5.1} \fallingdotseq 960784\,\text{N}\cdot\text{mm}$

$T = 9.55 \times 10^6 \times \dfrac{H}{N}$, $H = \dfrac{TN}{9.55 \times 10^6}$

$\therefore H = \dfrac{960784 \times 300}{9550000} \fallingdotseq 30\,\text{kW}$

25. 비틀림 모멘트를 받는 회전축으로 치수가 정밀하고 변형량이 적어 주로 공작기계의 주축에 사용하는 것은?

① 차축
② 스핀들
③ 플렉시블축
④ 크랭크축

해설 축은 베어링에 의해 지지되며 주로 회전력을 전달하는 기계요소를 말하는데, 공작기계의 주축에 사용하는 축은 스핀들이다.

26. 기계 재료 중 기계 구조용 탄소 강재에 해당하는 것은?

① SS 400   ② SCr 410
③ SM 40C   ④ SCS 55

해설 • SS : 일반 구조용 압연 강재
• SCr : 크로뮴 강재
• SCS : 스테인리스 주강품

27. "SPP"로 나타내는 재질의 명칭은?

① 일반 구조용 탄소 강관
② 냉간 압연 강재
③ 일반 배관용 탄소 강관
④ 보일러용 압연 강재

해설 • 일반 구조용 탄소 강관 : STK
• 냉간 압연 강판 및 강재 : SPC
• 보일러용 압연 강재 : SB

28. 재료 기호가 "STC 140"으로 되어 있을 때, 이 재료의 명칭으로 옳은 것은?

① 합금 공구강 강재
② 탄소 공구강 강재
③ 기계 구조용 탄소 강재
④ 탄소강 주강품

해설 • 합금 공구강 강재 : STS, STD
• 기계 구조용 탄소 강재 : SM
• 탄소강 주강 : SC

29. KS 기계 재료 기호 중 스프링 강재는?

① SPS   ② SBC
③ SM   ④ STS

정답 23. ① 24. ③ 25. ② 26. ③ 27. ③ 28. ② 29. ①

해설
- SBC : 보일러 압력용 탄소 강재
- SM : 기계 구조용 탄소 강재
- STS : 합금 공구강 강재

30. 재료 기호 SS 400에 대한 설명 중 옳은 항을 모두 고른 것은? (단, KS D 3503을 적용한다.)

> ㄱ. SS의 첫 번째 S는 재질을 나타내는 기호로 강을 의미한다.
> ㄴ. SS의 두 번째 S는 재료의 이름, 모양, 용도를 나타내며 일반 구조용 압연재를 의미한다.
> ㄷ. 끝부분의 400은 재료의 최저 인장 강도이다.

① ㄱ
② ㄱ, ㄴ
③ ㄱ, ㄷ
④ ㄱ, ㄴ, ㄷ

해설 첫 번째 S는 강, 두 번째 S는 일반 구조용 압연재, 끝부분 400은 최저 인장 강도이며 $400 N/mm^2$이다.

31. 지름이 10cm이고 길이가 20cm인 알루미늄 봉이 있다. 비중량이 2.7일 때 중량(kg)은 얼마인가?

① 0.4241kg
② 4.241kg
③ 42.41kg
④ 4241kg

해설 $V = \dfrac{\pi \times 10^2}{4} \times 20 ≒ 1570.8 cm^3$

중량(m) = 부피(V) × 비중(p)

∴ $m = 1570.8 \times 2.7 ≒ 4241 g = 4.241 kg$

다른 해설 중량(m) = $\dfrac{\pi \times 반지름^2 \times 길이 \times 비중}{1000}$

$= \dfrac{\pi \times 5 \times 5 \times 20 \times 2.7}{1000}$

$≒ 4.241 kg$

32. KS 재료 기호 중 합금 공구강 강재에 해당하는 것은?

① STS
② STC
③ SPS
④ SBS

해설
- STS : 합금 공구강 강재
- STC : 탄소 공구강 강재
- SPS : 스프링 강재

33. 일반 구조용 압연 강재의 KS 재료 기호로 알맞은 것은?

① SPS
② SBC
③ SS
④ SM

해설
- SPS : 스프링 강재
- SS : 일반 구조용 압연 강재
- SM : 기계 구조용 압연 강재

34. 피아노 선재의 KS 재질 기호는?

① HSWR
② STSY
③ MSWR
④ SWRS

해설
- HSWR : 경강 선재
- SWRM : 연강 선재
- SWRS : 피아노 선재

35. 크로뮴 몰리브데넘강 단강품의 KS 재질 기호는?

① SCM
② SNC
③ SFCM
④ SNCM

해설
- SCM : 크로뮴 몰리브데넘강
- SNC : 니켈 크로뮴강
- SFCM : 크로뮴 몰리브데넘강 단강품
- SNCM : 니켈 크로뮴 몰리브데넘강

36. 도면에 표시된 재료 기호가 "SF 390A"일 때 "390"이 뜻하는 것은?

① 재질 번호　② 탄소 함유량
③ 최저 인장 강도　④ 제품 번호

해설
- S : 강
- F : 단강품
- 390 : 최저 인장 강도(390 N/mm²)

37. 다음 중 니켈 크로뮴강의 KS 기호로 알맞은 것은?

① SCM 415　② SNC 415
③ SMnC 420　④ SNCM 420

해설
- SCM : 크로뮴 몰리브데넘강
- SNC : 니켈 크로뮴강
- SMnC : 망간 크로뮴강
- SNCM : 니켈 크로뮴 몰리브데넘강

38. 다음 중 다이캐스팅용 알루미늄 합금에 해당하는 기호는?

① WM 1　② ALDC 1
③ BC 1　④ ZDC 1

해설
- WM 1 : 화이트 메탈 1종
- ALDC 1 : 다이캐스팅용 알루미늄 합금 1종
- ZDC 1 : 아연 합금 다이캐스팅 1종

39. SM20C의 재료 기호에서 탄소 함유량은 몇 % 정도인가?

① 0.18~0.23%　② 0.2~0.3%
③ 2.0~3.0%　④ 18~23%

해설 기계 구조용 탄소강 강재 도면의 재질 예시

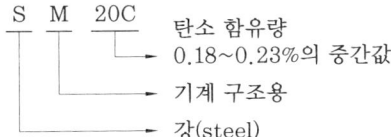

40. 합금 공구강의 재질 기호가 아닌 것은?

① STC 60　② STD 12
③ STF 6　④ STS 21

해설 STC : 탄소 공구강 강재

3과목　공유압

41. 다음 중 공압 모터의 종류가 아닌 것은?

① 기어 모터
② 나사 모터
③ 베인 모터
④ 피스톤 모터

해설 공압 모터에는 피스톤형, 베인형, 기어형, 터빈형 등이 있다. 주로 피스톤형과 베인형이 사용되고 있으며, 피스톤형은 반경류(radial)와 축류(axial)로 구분된다.

42. 다음 중 공압 모터의 특징으로 틀린 것은?

① 배기 소음이 크다.
② 모터 자체의 발열이 적다.
③ 에너지 변환 효율이 높으며 제어성이 좋다.
④ 폭발의 위험성이 있는 환경에서도 안전하다.

해설 공압 모터는 에너지의 변환 효율이 낮고, 배출음이 큰 단점이 있다.

43. 공압 모터의 장점이 아닌 것은?

① 회전 방향을 쉽게 바꿀 수 있다.
② 회전 속도와 관계없이 일정한 공기를 소모한다.
③ 속도 조절 범위가 크다.
④ 과부하에 대하여 안전하다.

해설 공압 모터는 공기 압력 에너지를 기계적인 연속 회전 에너지로 변환시키는 액추에이터이며, 시동, 정지, 역회전 등은 방향 제어 밸브에 의해 제어된다.

44. 공압 모터의 단점에 대한 설명으로 틀린 것은?

① 배기음이 크다.
② 에너지 변환 효율이 낮다.
③ 과부하 시 위험성이 크다.
④ 공기의 압축성으로 인해 제어성이 나쁘다.

해설 공압 모터는 과부하 동작 시에도 고장이 적다.

45. 구조가 간단하고 무게가 가벼우며, 3~10개의 날개가 삽입되어 있는 구조로 대부분의 공압 회로에 사용되는 모터는 어느 것인가?

① 기어 모터　② 베인 모터
③ 터빈 모터　④ 피스톤 모터

해설 베인 모터 : 3~10개의 회전 날개를 갖고 있으며 정·역회전이 가능한 공압 모터

46. 공압 모터 중 3~10개의 회전 날개를 갖고 있으며 정·역회전이 가능한 공압 모터는 어느 것인가?

① 미끄럼 날개 모터
② 기어 모터
③ 터빈 모터
④ 피스톤 모터

해설 미끄럼 날개 모터는 베인 모터이다.

47. 피스톤형 공기압 모터에 대한 설명으로 틀린 것은?

① 요동형 액추에이터에 속한다.
② 시계 방향이나 반시계 방향의 회전이 가능하다.
③ 공기의 압력 에너지를 회전 운동으로 변환한다.
④ 공기 압력이나 피스톤의 수에 의해 출력이 결정된다.

해설 공압 요동 액추에이터 : 연속 회전 운동을 하지 않고 한정된 회전각 내에서 회전 운동을 하는 공압 액추에이터

48. 연속 회전 운동을 하지 않고 한정된 회전각 내에서 회전 운동을 하는 공압 액추에이터는?

① 공압 모터
② 공압 실린더
③ 공압 전기 모터
④ 공압 요동 액추에이터

49. 공압 요동 액추에이터에서 피스톤형 요동 액추에이터 종류가 아닌 것은?

① 나사형
② 베인형
③ 크랭크형
④ 래크와 피니언형

해설 피스톤형 요동 액추에이터 : 래크와 피니언형, 나사형, 스크루형, 크랭크형, 요크형 등

50. 공압 회전 액추에이터의 종류 중 요동형 액추에이터는?

① 탱크　　　② 스트레이너
③ 필터　　　④ 어큐뮬레이터

해설 ㉠ 요동 액추에이터 : 회전 실린더 (720°), 회전 날개 실린더(300°)

정답　44. ③　45. ②　46. ①　47. ①　48. ④　49. ②　50. ①

ⓒ 모터 : 피스톤 모터, 미끄럼 날개 모터, 기어 모터, 터빈 모터

51. 비교적 큰 먼지를 제거할 목적으로 사용되는 기기로, 유압 회로에서 펌프의 흡입 관로에 사용되는 것은?

① 탱크　　　　② 스트레이너
③ 필터　　　　④ 어큐뮬레이터

해설 스트레이너(strainer) : 펌프를 고장나게 할 염려가 있는 약 100메시 이상의 먼지를 제거하기 위하여 오일 필터와 조합하여 사용하며, 오일 탱크 내의 펌프 흡입 쪽에 설치되는 것으로, 케이스를 사용하지 않고 엘리먼트를 직접 탱크 내에 부착하는 구조로 되어 있다. 스트레이너의 여과 능력은 펌프 흡입량의 2배 이상이어야 하고, 여과 입도는 100~150 μm의 것이 많이 사용되고 있다. 여과 재료로는 철망이나 와이어 메시(wire mesh)가 사용되고, 압력강하는 50~100 mmHg 이하에서 사용되는 것이 바람직하다. 보통 오일 탱크의 펌프 흡입 관로에 연결된다.

52. 오일의 점도를 알맞게 유지하기 위해 온도를 제어하는 것은?

① 필터　　　　② 가열기
③ 윤활기　　　④ 축압기

53. 유압 펌프 토출 측 관로에 설치하는 필터는 어느 것인가?

① 보조 필터　　② 압력 라인 필터
③ 바이패스 필터　④ 복귀 라인 필터

54. 다음 중 오일 탱크의 용도로 적합하지 않은 것은?

① 유압 에너지 축적
② 유온 상승의 완화
③ 기름 내의 기포 분리
④ 기름 내의 불순물 제거

해설 유압 장치는 모두 오일 탱크를 가지고 있다. 오일 탱크는 오일을 저장할 뿐만 아니라 오일을 깨끗하게 하고, 공기의 영향을 받지 않게 하며, 가벼운 냉각 작용도 한다.

55. 유압 시스템에서 기름 탱크 내의 유온이 안전 온도 영역에 해당되는 것은 몇 ℃ 범위인가?

① 80~100　　② 65~80
③ 55~65　　　④ 45~55

해설 ⓐ 0~20℃ : 저온 영역
ⓑ 20~30℃ : 상온 영역
ⓒ 30~46℃ : 이상 온도 영역
ⓓ 45~55℃ : 안전 온도 영역
ⓔ 55~65℃ : 주의 온도 영역
ⓕ 65~80℃ : 한계 온도 영역
ⓖ 80~100℃ : 위험 온도 영역

56. 오일 탱크에 설치되어 있는 방해판의 일반적 기능이 아닌 것은?

① 오일의 냉각을 양호하게 한다.
② 오일에 포함된 오염 입자의 침전을 돕는다.
③ 오일 탱크로 이물질이 흡입되는 것을 방지한다.
④ 오일 중에 함유된 기포를 방출하는 데 도움이 된다.

해설 오일 탱크 내에는 방해판으로 펌프 흡입 측과 복귀 측을 구별하여 오일 탱크 내에서의 오일의 순환 거리를 길게 하고 기포의 방출이나 오일의 냉각을 보존하며 먼지의 일부가 침전될 수 있도록 한다.

정답 51. ②　52. ②　53. ②　54. ①　55. ④　56. ③

57. 오일 탱크의 바닥면과 지면의 최소 유지 간격으로 가장 바람직한 것은?

① 300mm   ② 250mm
③ 150mm   ④ 100mm

해설 오일 탱크의 구비 요건
㉠ 오일 탱크 내에서는 먼지, 절삭분, 윤활유 등의 이물질이 혼입되지 않도록 주유구에는 여과망과 캡 또는 뚜껑을 부착하고 오일로부터 분리할 수 있는 구조이어야 한다.
㉡ 공기(빼기) 구멍에는 공기 청정기를 부착하여 먼지의 혼입을 방지하고 오일 탱크 내의 압력을 언제나 대기압으로 유지하는 데 충분한 크기인 것으로 비말유입(飛沫流入)을 방지할 수 있어야 한다. 공기 청정기의 통기 용량은 유압 펌프 토출량의 2배 이상이면 된다.
㉢ 소형 오일 탱크는 에어블리저가 주유구를 공용시켜도 무방하고, 오일 탱크의 용량은 장치 내의 작동유가 모두 복귀하여도 지장이 없을 만큼의 크기를 가져야 한다.
㉣ 오일 탱크 내에는 방해판으로 펌프 흡입측과 복귀 측을 구별하여 오일 탱크 내에서의 오일의 순환 거리를 길게 하고 기포의 방출이나 오일의 냉각을 보존하며 먼지의 일부가 침전될 수 있도록 한다.
㉤ 오일 탱크의 바닥면은 바닥에서 최소 간격 15cm를 유지하는 것이 바람직하다.
㉥ 운전 중에도 보기 쉬운 곳에 유면계를 설치하고 최고와 최저 위치를 표시한다.
㉦ 오일 탱크는 완전히 세척할 수 있도록 제작한다.
㉧ 오일 탱크에는 스트레이너의 삽입이나 분리를 용이하게 할 수 있는 출입구를 만든다.
㉨ 스트레이너의 유량은 유압 펌프 토출량의 2배 이상의 것을 사용한다.
㉩ 오일 탱크의 내면은 방청과 수분의 응축을 방지하기 위하여 양질의 내유성 도료를 도장 또는 도금한다.
㉪ 업세팅 운반용으로서 적당한 곳에 훅을 단다.
㉫ 정상적인 작동에서 발생한 열을 발산할 수 있어야 한다.

58. 다음 중 어큐뮬레이터의 용도로 적합하지 않은 것은?

① 압력 증대용
② 에너지 축적용
③ 펌프 맥동 완화용
④ 충격 압력의 완충용

해설 어큐뮬레이터(accumulator)의 일반적인 기능 : 유압 에너지의 축적, 서지압 흡수, 압력 보상, 맥동 제거, 충격 완충, 액체의 수송, 유체의 반송 및 증압

59. 다음 중 어큐뮬레이터의 용도로 옳지 않은 것은?

① 에너지 저장
② 유압의 맥동 증대
③ 충격의 흡수
④ 일정 압력의 유지

해설 유압의 맥동 제거

60. 다음 중 어큐뮬레이터의 사용 목적이 아닌 것은?

① 일정 압력 유지
② 충격 및 진동 흡수
③ 유압 에너지의 저장
④ 실린더 추력의 증가

해설 실린더 추력이 증가하려면 압력이 높아져야 하는데 이는 어큐뮬레이터 사용과 관계가 없다.

정답 57. ③ 58. ① 59. ② 60. ④

자동화설비
산업기사

제16회 CBT 대비 실전문제

1과목   자동 제어

1. 단위계단(unit step) 함수 $u(t)$의 라플라스 변환은?

① $\dfrac{1}{s}$ ② s

③ $\dfrac{1}{s^2}$ ④ s^2

해설 단위계단 함수란 $t<0$일 때 $u(t)=0$이고, $t\geq 0$일 때 $u(t)=1$이 되는 함수이다.

$$F(s)=\mathscr{L}[u(t)]=\int_0^\infty 1\cdot e^{-st}dt$$
$$=-\dfrac{1}{s}\cdot[e^{-st}]_0^\infty=-\dfrac{1}{s}(0-1)=\dfrac{1}{s}$$

2. 다음 중 되먹임 제어계의 특징을 설명한 것으로 틀린 것은?

① 제어 시스템이 비교적 안정적이다.
② 목표값을 정확히 달성할 수 있다.
③ 제어계의 특성을 향상시킬 수 있다.
④ 오픈 루프 제어가 대표적인 시스템이다.

해설 되먹임 제어는 클로즈드 루프(closed loop) 제어로서 오픈 루프(open loop)와는 다르다.

3. 다음 중 자동제어를 적용한 경우의 특징이 아닌 것은?

① 원자재비 증가
② 제품 품질의 균일화
③ 연속 작업
④ 신속한 작업

4. 로터리 인코더가 부착된 DC 서보모터에서 로터리 엔코더가 1회전할 때마다 360개의 펄스 신호가 출력된다고 한다. 이 모터가 회전할 때 로터리 인코더에서 나오는 펄스수를 카운터로 계수하였더니 720개의 펄스수가 계수되었다고 하면 모터는 몇 회전하였는가?

① 0.5회전   ② 1회전
③ 2회전   ④ 4회전

5. 온도, 유량, 압력 등을 제어량으로 하는 제어로서 프로세스에 가해지는 외란의 억제를 목적으로 하는 것은?

① 프로세스 제어   ② 개루프 제어
③ 서보제어   ④ 정치제어

6. 열처리로의 온도제어는 어느 것에 속하는가?

① 프로그램 제어   ② 정치제어
③ 추종제어   ④ 비율제어

해설 열처리로(熱處理爐)는 금속을 열처리하기 위해 일정 시간 적정 온도를 유지하고 냉각시키는 작업을 열처리 방법에 따라 다르게 설정하여 동작시켜야 하므로 프로그램 제어 방식이 적합하다.

7. 전달 함수의 특성 방정식 $s^2+2\zeta w_n s+w_n^2=0$에서 ζ를 제동비(damping ratio)라고 할 때, $\zeta=1$인 경우 생기는 것은?

① 무제동(non damping)
② 임계제동(critical damping)

정답 1. ①   2. ④   3. ①   4. ③   5. ①   6. ①   7. ②

③ 과제동(over damping)
④ 아제동(under damping)

해설 특성 방정식의 해를 구하면, $s_1, s_2 = -\zeta w_n \pm j w_n \sqrt{1-\zeta^2}$이 된다.
$\zeta > 1$이면 $s_1, s_2 = -\zeta w_n \pm w_n \sqrt{\zeta^2-1}$이 되어 진동하지 않으면서 목표값에 도달한다.
$\zeta = 1$는 진동하지 않으면서 목표값에 도달하는 최소의 제동비이다.
$\zeta = 1$인 경우의 제동을 임계제동이라고 한다.

8. 다음 전기식 서보기구에 관한 설명 중 틀린 것은?
① 유압식에 비해 취급이 간단하고 깨끗하다.
② 신호의 전송이 용이하다.
③ 높은 출력이 요구될 경우에는 직류식보다 교류식이 적합하다.
④ 전원을 어디서나 자유롭게 얻을 수 있다.

9. 다음 중 시퀀스 제어와 비교하여 피드백 제어에서만 필요한 장치는?
① 구동장치
② 제어장치
③ 입출력 비교장치
④ 입력장치

해설 입출력 비교장치란 피드백된 신호를 입력신호와 비교하여 오차 신호를 발생하는 장치이다.

10. 다음 중 공기압 서비스 유닛에 있는 윤활기의 사용 목적으로 적절한 것은?
① 액추에이터의 구동부의 윤활
② 공기 압축기의 축 윤활
③ 냉각기의 윤활
④ 압축 공기 필터의 윤활

11. PLC의 출력 형식이 아닌 것은?
① 릴레이 출력
② SSR 출력
③ 변압기 출력
④ 트렌지스터 출력

12. 제어계에서 전달 함수의 값이 1인 경우의 의미는?
① 입력량에 관계없이 출력은 1이다.
② 입력량이 0일 때, 출력은 1이다.
③ 입력량이 무한대일 때, 출력은 1이다.
④ 입력과 출력의 값이 같다.

해설 전달 함수는 입력과 출력의 비이므로 전달 함수가 1이라는 것은 입력과 출력이 같다는 것이다.

13. 다음 블록선도의 전달 함수의 값은?

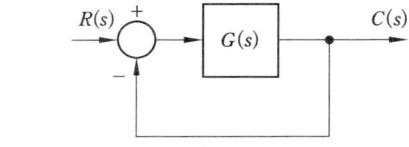

① $1 + \dfrac{1}{G(s)}$
② $\dfrac{1}{1-G(s)}$
③ $\dfrac{1}{1+G(s)}$
④ $2G(s)$

해설
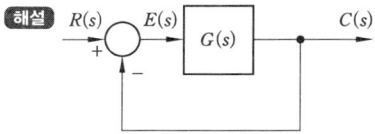

$E(s) = R(s) - C(s)$ ········ ①
$C(s) = E(s) \cdot G(s)$
$E(s) = \dfrac{C(s)}{G(s)}$ ·············· ②

식 ②를 식 ①에 대입하면,
$\dfrac{C(s)}{G(s)} = R(s) - C(s)$
$C(s) = R(s)G(s) - C(s)G(s)$
$C(s) + C(s)G(s) = R(s)G(s)$

정답 8. ③ 9. ③ 10. ① 11. ③ 12. ④ 13. ③

$$(1+G(s))C(s) = R(s)G(s)$$
$$\frac{C(s)}{G(s)} = \frac{G(s)}{1+G(s)}$$

14. 다음 중 공기압 서비스 유닛(압축공기 조정 유닛)의 기능으로 적합하지 않은 것은?

① 압축공기 속에 포함된 이물질을 제거한다.
② 진공을 발생시킨다.
③ 공기압 제어밸브와 실린더에 공급되는 압축공기의 압력을 조절한다.
④ 압축공기 속에 윤활유를 섞어서 공급한다.

[해설] 공기압 서비스 유닛은 필터, 압력조절기, 윤활기로 구성된다. 진공은 진공발생기로 발생시켜야 한다.

15. 시리얼 통신의 전송 속도를 나타내는 것은?

① bit　　② byte
③ bus　　④ baud

16. 다음 중 PLC에서 가장 많이 사용되고 있는 방식으로써 릴레이 회로와 유사한 형태로 표시할 수 있도록 작성하는 프로그래밍 입력 방식은?

① 래더도 방식
② 명령어 방식
③ 논리기호 방식
④ 플로차트 방식

17. 되먹임 제어계에서 목표값 또는 기준입력에 대한 출력의 시간적 변화를 무엇이라고 하는가?

① 진폭 감쇠비　　② 시간 응답
③ 최대 오버슈트　　④ 되먹임

18. 다음 중 서보모터의 관성을 줄이고 기계적 시상수를 줄이기 위한 조치가 아닌 것은?

① 회전자의 크기를 가능한 크게 한다.
② 코어리스(coreless)구조로 모터를 만든다.
③ 모터 회전자의 중량을 줄인다.
④ 모터 회전자의 지름을 작게 하고 축 방향으로 길게 한 구조로 한다.

[해설] 회전자의 지름을 작게 해야 관성이 작아진다.

19. 다음 중 응답이 최초로 희망값의 50%까지 도달하는 데 요하는 시간을 무엇이라고 하는가?

① 상승시간(rise time)
② 지연시간(delay time)
③ 응답시간(response time)
④ 정정시간(setting time)

[해설]
• 상승시간 : 응답이 희망값의 10%에서부터 90%까지 도달하는 데 필요한 시간
• 지연시간 : 응답이 최초로 희망값의 50%까지 도달하는 데 필요한 시간
• 응답시간 : 응답이 허용오차 범위 내에 들어가는 데 필요한 시간(=정정시간)

20. 다음 중 유압의 특징이 아닌 것은?

① 소형장치로 큰 힘(출력)이 발생한다.
② 과부하에 대한 안정장치가 간단하고 정확하다.
③ 전기·전자의 조합으로 자동제어가 가능하다.
④ 유온의 영향을 받지 않아 정확한 속도와 제어가 가능하다.

[해설] 유압유는 온도에 따라 점성이 변하기 때문에 유온에 따라 속도가 변화할 수 있으므로 주의해야 한다.

정답 14.② 15.④ 16.① 17.② 18.① 19.② 20.④

2과목   기계 요소 설계

21. KS 나사가 다음과 같이 표기될 때 이에 대한 설명으로 옳은 것은?

> "왼 2줄 M50×2-6H"

① 나사산의 감긴 방향은 왼쪽이고, 2줄 나사이다.
② 미터 보통 나사로 피치가 6mm이다.
③ 수나사이고, 공차 등급은 6급, 공차 위치는 H이다.
④ 이 기호만으로는 암나사인지 수나사인지 알 수 없다.

해설
- M50×2 : 미터 가는 나사, 피치 2mm
- 6H : 암나사 6급

22. 호칭 지름이 3/8인치이고, 1인치 사이에 나사산이 16개인 유니파이 보통나사의 표기로 옳은 것은?

① UNF 3/8-16
② 3/8-16 UNF
③ UNC 3/8-16
④ 3/8-16 UNC

해설 3/8-16 UNC
- 3/8 : 나사의 지름
- 16 : 나사산의 수
- UNC : 나사의 종류(유니파이 보통나사)

23. 나사의 표기법 중 관용 평행나사 "A"급을 나타내는 방법으로 옳은 것은?

① Rc 1/2 A   ② G 1/2 A
③ A Rc 1/2   ④ A G 1/2

해설 G 1/2   A : 관용 평행나사(G 1/2) A급
             └─ 나사의 등급
    └─ 나사의 호칭

24. 나사를 다음과 같이 나타낼 때, 이에 대한 설명으로 틀린 것은?

> L 2N M10-6H/6g

① 나사의 감김 방향은 오른쪽이다.
② 나사의 종류는 미터나사이다.
③ 암나사 등급은 6H, 수나사 등급은 6g이다.
④ 2줄 나사이며 나사의 바깥지름은 10mm이다.

해설 L 2N M10-6H/6g
- L : 왼나사
- 2N : 2줄 나사
- M10 : 미터나사, 바깥지름은 10mm
- 6H/6g : 암나사 등급은 6H, 수나사 등급은 6g

25. 나사의 종류 중 ISO 규격에 있는 관용 테이퍼 나사에서 테이퍼 암나사를 표시하는 기호는?

① PT   ② PS
③ Rp   ④ Rc

해설
- PT : ISO 규격에 없는 관용 테이퍼 나사
- PS : ISO 규격에 없는 관용 평행 암나사
- Rp : ISO 규격에 있는 관용 평행 암나사

26. 스프링용 스테인리스 강선의 KS 재료 기호로 옳은 것은?

① STC   ② STD
③ STF   ④ STS

정답 21.①   22.④   23.②   24.①   25.④   26.④

해설 스프링용 스테인리스 강선(STS)은 KS D 3535에, 합금 공구 강재(STS)는 KS D 3735에 규정되어 있다.

27. 재료 기호를 "SS275"로 나타냈을 때, 이 재료의 명칭은?

① 탄소강 단강품
② 용접 구조용 주강품
③ 기계 구조용 탄소 강재
④ 일반 구조용 압연 강재

해설 SS 275는 최저 인장 강도가 $275\,\text{N/mm}^2$인 일반 구조용 압연 강재이다.

28. 도면의 재질란에 "SPCC"로 표시된 재료 기호의 명칭으로 옳은 것은?

① 기계 구조용 탄소 강관
② 냉간 압연 강관 및 강대
③ 일반 구조용 탄소 강관
④ 열간 압연 강관 및 강대

해설 • 기계 구조용 탄소 강관 : STKM
• 냉간 압연 강관 및 강대 : SPCC
• 일반 구조용 탄소 강관 : SPS
• 열간 압연 강관 및 강대 : SPHC

29. 크로뮴 몰리브데넘강의 KS 재료 기호는?

① SMn
② SMnC
③ SCr
④ SCM

해설 • SMn : 망간강
• SMnC : 망간 크로뮴강
• SCr : 크로뮴강
• SCM : 크로뮴 몰리브데넘강

30. 두께 5.5mm인 강판을 사용하여 그림과 같은 물탱크를 만들려고 할 때 필요한 강판의 질량은 약 몇 kg인가? (단, 강판의 비중은 7.85로 계산하고, 탱크는 전체 6면의 두께가 동일하다.)

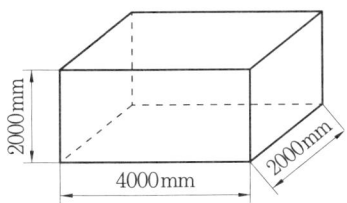

① 1638
② 1727
③ 1836
④ 1928

해설 • 앞뒤 부피 = $(400 \times 200 \times 0.55) \times 2$
= 88000
• 좌우 부피 = $(200 \times 200 \times 0.55) \times 2$
= 44000
• 위아래 부피 = $(400 \times 200 \times 0.55) \times 2$
= 88000
• 전체 부피 = 88000 + 44000 + 88000
= $220000\,\text{cm}^3$
∴ 질량(m) = 부피(V) × 비중(p)
= 220000 × 7.85
= 1727000 g
= 1727 kg

다른해설
• 앞뒤 질량 = $\dfrac{(400 \times 200 \times 0.55) \times 2 \times 7.85}{1000}$
= 690.8
• 좌우 질량 = $\dfrac{(200 \times 200 \times 0.55) \times 2 \times 7.85}{1000}$
= 345.4
• 위아래 질량 = 앞뒤 질량
= 690.8
∴ 질량(m) = 690.8 + 345.4 + 690.8
= 1727 kg

정답 27. ④ 28. ② 29. ④ 30. ②

31. 그림과 같이 하나의 그림으로 정육면체의 세 면 중 한 면만을 중점적으로 엄밀 정확하게 표현하는 것으로, 캐비닛도가 이에 해당하는 투상법은?

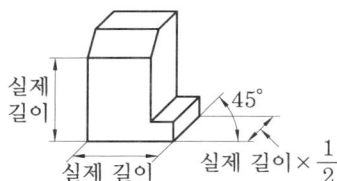

① 사투상법 ② 등각투상법
③ 정투상법 ④ 투시도법

해설 사투상법이란 기준선 위에 물체의 정면을 실물과 같은 모양으로 나타내고, 각 꼭짓점에서 기준선과 45°를 이루는 경사선을 나란히 그은 후 이 선 위에 물체의 안쪽 길이를 실제 길이의 $\frac{1}{2}$의 비율로 그려서 나타내는 투상법이다.

32. 제1각법에 관한 설명으로 옳은 것은?
① 정면도 우측에 좌측면도가 배치된다.
② 정면도 아래에 저면도가 배치된다.
③ 평면도 아래에 저면도가 배치된다.
④ 정면도 위에 평면도가 배치된다.

해설 제1각법

A : 정면도
B : 평면도
C : 좌측면도
D : 우측면도
E : 저면도
F : 배면도

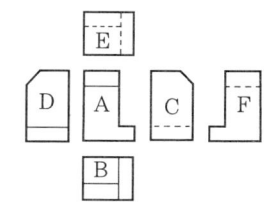

33. 어느 브레이크에서 제동 동력이 3kW, 브레이크 용량이 0.8N/mm²·m/s일 때 브레이크 마찰 넓이는 약 몇 mm²인가?

①
우측면도	정면도
	평면도

②
평면도	
정면도	우측면도

③
	평면도
좌측면도	정면도

④
|좌측면도|정면도|
| |저면도|

해설 제3각법

A : 정면도
B : 평면도
C : 좌측면도
D : 우측면도
E : 저면도
F : 배면도

34. 그림과 같은 입체도를 화살표 방향에서 본 투상도로 가장 적합한 것은?

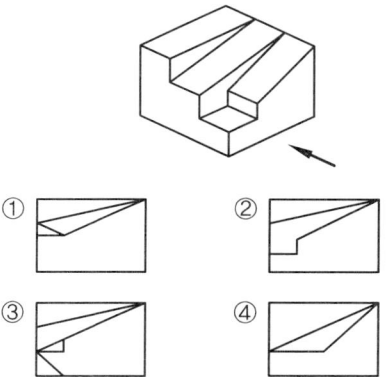

35. 제3각법으로 그린 다음과 같은 3면도 중에서 각 도면 간의 관계가 바르게 그려진 것은?

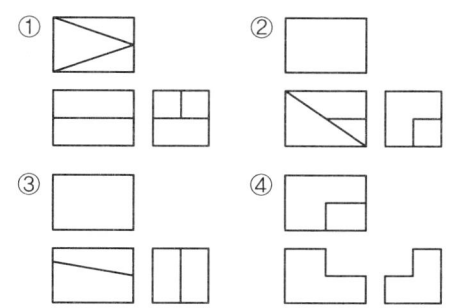

36. 그림과 같은 평면도에 대한 정면도로 가장 옳은 것은?

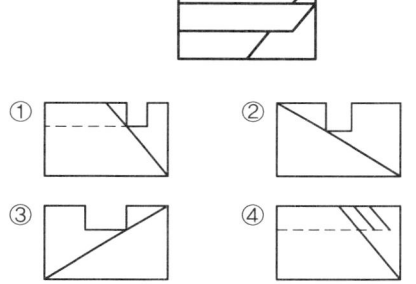

37. 그림과 같은 입체도를 제3각법으로 투상하였을 때 가장 적합한 투상도는?

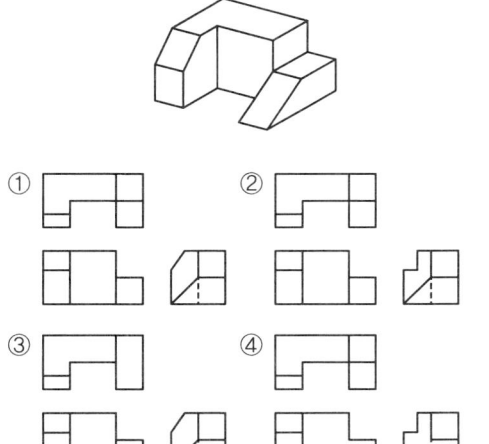

38. 제3각 투상법으로 정면도와 평면도를 그림과 같이 나타낼 경우 가장 적합한 우측면도는?

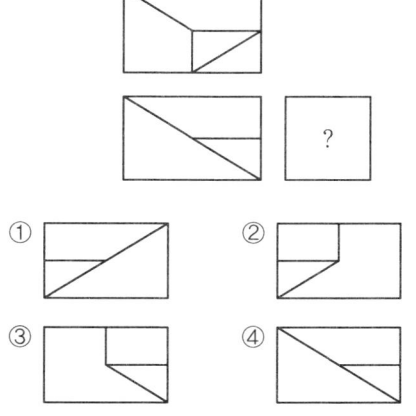

39. 제3각법으로 투상되는 다음 투상도의 좌측면도로 가장 적합한 것은?

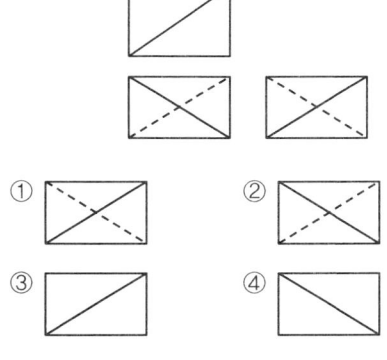

40. 다음 도면에 대한 설명으로 옳은 것은?

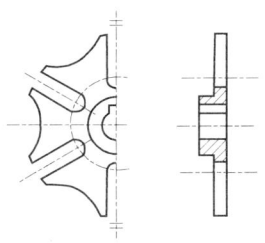

정답 36. ④ 37. ① 38. ① 39. ① 40. ③

① 부분 확대하여 도시하였다.
② 반복되는 형상을 모두 나타내었다.
③ 대칭되는 도형을 생략하여 도시하였다.
④ 회전 도시 단면도를 이용하여 키 홈을 표현하였다.

해설 중심축에 대해 대칭인 경우에는 투상도의 대칭이 되는 중심선의 한쪽을 생략하여 도시할 수 있다.

3과목 공유압

41. 다음 공압 액추에이터 중 회전 각도의 범위가 가장 큰 것은?
① 피스톤형
② 크랭크형
③ 베인형
④ 래크와 피니언형

해설 스크루형은 100~370°, 크랭크형은 110° 이내, 베인형에서 싱글형은 300° 이내, 더블형은 90~120°, 래크와 피니언형은 45~720°이며, 상업화된 회전 범위는 45°, 90°, 180°, 290°~720°이고, 270°는 사용하지 않는다.

42. 공압 요동형 액추에이터 중 피스톤 로드에 기어의 형상이 있으며, 피스톤의 직선 운동을 피니언의 회전 운동으로 변화시키는 것은?
① 베인 실린더
② 회전 실린더
③ 공압 모터
④ 터빈 모터

해설 회전 실린더 : 피스톤 로드가 기어의 형상을 하고 있으며 기어를 구동시켜 직선 운동을 회전 운동으로 변화시키는 실린더

43. 피스톤의 왕복 운동을 회전 운동으로 변환하며 양방향의 출력 토크가 같은 요동형 액추에이터는?
① 베인형 액추에이터
② 기어형 액추에이터
③ 스크루형 액추에이터
④ 래크와 피니언형 액추에이터

해설 래크와 피니언형 액추에이터 : 피스톤 로드의 직선 왕복 운동이 래크와 피니언의 상대 운동에 의해 회전 운동으로 변환되는 요동 액추에이터

44. 공기압 요동형 액추에이터에 관한 설명으로 틀린 것은?
① 속도 조정은 속도 제어 밸브를 미터 인 방식으로 접속한다.
② 부하의 운동 에너지가 기기의 허용 운동 에너지보다 큰 경우에는 외부 완충기구를 설치한다.
③ 외부 완충기구는 부하 쪽 지름이 큰 곳에 설치하여 내구성의 향상과 정지 정밀도를 확보할 수 있게 한다.
④ 축과 베어링에 과부하가 작용되지 않도록 과대 부하를 직접 액추에이터 축에 부착하지 않고, 부하가 축에 적게 작용하도록 부착한다.

해설 속도 조정은 미터 아웃 방식으로 접속한다.

45. 흡착식 건조기에 관한 설명으로 옳은 것은?
① 일시적으로 사용한다.
② 외부 에너지 공급이 필요하다.
③ 사용되는 건조제는 염화리튬 수용액, 폴리에틸렌 등이 있다.

정답 41. ④ 42. ② 43. ④ 44. ① 45. ④

④ 물리적 방식을 사용하여 반영구적으로 사용할 수 있다.

해설 흡착식 건조기(드라이어)는 −70℃의 저노점이 가능하며, 물리적 방식을 사용하여 반영구적으로 사용할 수 있다.

46. 압축공기 중에 포함된 수분을 제거하기 위한 공기 건조기의 건조 방식이 아닌 것은?
① 냉동식 ② 흡수식
③ 흡착식 ④ 압력식

해설 공기 건조기의 건조 방식에는 냉동식, 흡수식, 흡착식이 있다.

47. 공기압 조정 유닛의 구성 기기로 적합하지 않은 것은?
① 공압 필터
② 건조기
③ 압력 조절 밸브
④ 윤활기

해설 건조기는 공기 청정화 기구이다.

48. 공기압 조정 유닛에 대한 설명 중 잘못된 것은?
① 윤활기에 공급되는 기름은 스핀들 오일이 적당하다.
② 에어 서비스 유닛이라고도 한다.
③ 공압 필터-압력 조절 밸브-윤활기 순서로 조립한다.
④ FRL 콤비네이션이라고도 한다.

해설 공기 조정 유닛(air control unit, air service unit)은 공기 필터, 압력계가 부착된 압축공기 조정기, 윤활기가 한 조로 이루어진 것으로 윤활유로는 터빈 오일을 권장한다.

49. 다음 중 서비스 유닛의 구성 요소에 포함되지 않는 것은?
① 필터 ② 소음기
③ 압력 조절기 ④ 드레인 배출기

해설 서비스 유닛의 구성 : 필터, 압력 조절기, 윤활기

50. 공기압 기기 중 서비스 유닛에 있는 압력 조절기에 대한 설명으로 맞는 것은 어느 것인가?
① 압력 조절기는 방향 전환 밸브의 일종이다.
② 일정 압력 이상이 되어야 순차적으로 동작되는 밸브이다.
③ 높은 압력의 1차 측 압력을 2차 측에서 설정압에 맞게 일정한 저압으로 조절한다.
④ 설정 압력보다 낮은 압력이 1차 측에 공급되면 설정 압력이 출력된다.

해설 압력 조절기는 공기의 압력을 사용 공기압 장치에 맞는 압력으로 공급하기 위해 사용된다.

51. 기체 봉입형 어큐뮬레이터(accumulator)에 밀봉하여 넣는 기체의 종류는?
① 산소
② 수소
③ 질소
④ 이산화탄소

52. 피스톤형 축압기의 특징으로 옳지 않은 것은?
① 대용량도 제작이 용이하다.
② 공기 에너지를 저장할 수 있다.
③ 형상이 간단하고 구성품이 적다.
④ 유실에 가스 침입의 염려가 있다.

정답 46. ④ 47. ② 48. ① 49. ② 50. ③ 51. ③ 52. ②

해설 피스톤형 축압기 : 피스톤 로드가 없는 유압 실린더와 같은 구조로 되어 있으며, 자유 부동 피스톤이 오일과 가스를 분리하고 있다. 피스톤은 매끈한 내면을 따라 운동하게 되어 있고, 오일과 가스를 분리하기 위한 패킹이 끼워져 있으며, 이중 패킹인 경우는 오일 압력을 줄이기 위해 브리더(breather)를 두고 있다. 이 축압기는 크기에 비해 높은 출력을 내고 또한 작동이 매우 정확하지만, 가스 혼입 및 오일 누출의 문제가 있다.

53. 다음 중 유압 작동유의 구비 조건으로 맞는 것은?
① 압축성일 것
② 녹이나 부식의 발생을 촉진시킬 것
③ 적당한 유막 강도를 가질 것
④ 휘발성이 좋을 것

54. 유압 시스템에서 사용되는 작동유에 대한 수분의 영향과 가장 거리가 먼 것은 어느 것인가?
① 밀봉 작용이 저하된다.
② 작동유의 방청성을 저하시킨다.
③ 금속 촉매 작용을 저하시킨다.
④ 작동유의 산화 및 열화를 촉진시킨다.

해설 수분은 금속의 부식을 촉진시킨다.

55. 유압 시스템에 사용되는 작동유에 대한 수분의 영향과 거리가 먼 것은?
① 작동유의 윤활성을 향상시킨다.
② 작동유의 방청성을 저하시킨다.
③ 밀봉 작용이 저하된다.
④ 작동유의 산화 및 열화를 촉진시킨다.

해설 수분은 작동유의 윤활성을 저하시킨다.

56. 다음 설명에서 ( )에 알맞은 용어는 무엇인가?

> • 유압 장치의 최적 온도는 45~55℃이다.
> • 작동유가 60℃ 이하에서는 ( )가(이) 비교적 완만하다.
> • 60℃를 넘으면 ( )가(이) 크다.
> • 0.5℃ 상승 때마다 수명이 반감하므로 펌프 흡인력의 온도는 55℃를 넘겨서는 안 된다.

① 마찰계수
② 산화 속도
③ 동력
④ 기계적 효율

해설 유압 장치의 작동유 최적 온도는 45~55℃로 알려져 있으며, 작동유가 60℃ 이하에서는 산화 속도가 비교적 완만하나, 60℃를 넘으면 산화 속도가 크다.

57. 작동유의 점도가 너무 높은 경우 어떤 현상이 발생하는가?
① 내부 마찰 증대와 온도 상승
② 내부 누설 및 외부 누설
③ 동력 손실의 감소
④ 마찰 부분의 마모 증대

해설 작동유의 점도

점도가 너무 낮은 경우	점도가 너무 높은 경우
• 내부 누설 및 외부 누설 • 마찰력 증대 • 조절과 제어 곤란	• 온도 상승 • 내부 마찰 증대 • 압력 및 동력 손실 증대 • 작동유의 비활성

정답 53. ③ 54. ③ 55. ① 56. ② 57. ①

58. 유압 장치에서 유압유의 점성이 지나치게 큰 경우에 나타날 수 있는 현상은 어느 것인가?
① 각 부품 사이에서 누출 손실이 커진다.
② 부품 사이의 윤활 작용을 하지 못하므로 마멸이 심해진다.
③ 유동의 저항이 급격히 감소한다.
④ 밸브나 파이프를 통과할 때 압력 손실이 커진다.

59. 유압 작동유의 점도가 너무 낮을 경우 발생되는 현상이 아닌 것은?
① 내부 누설 및 외부 누설
② 마찰 부분 마모 증대
③ 정밀한 조절과 제어 곤란
④ 작동유의 응답성 저하

60. 윤활유에 사용되는 소포제로 가장 적당한 것은?
① 실리콘유   ② 나프텐계유
③ 파라핀유   ④ 중화수유

해설 소포성(消泡性) : 작동유에는 보통 용적비율로 5~10%의 공기가 용해되어 있고 용해량은 압력 증가에 따라 증량한다. 이러한 작동유를 고속 분출시키거나 압력을 저하시키면 용해된 공기가 분리되어 물거품이 일어나 작동유의 손실뿐만 아니라, 펌프의 작동을 불능하게 한다. 작동유 중에 공기가 혼입하면 물의 경우와 마찬가지로 윤활 작용의 저하, 산화 촉진을 야기시키고, 압축성이 증대되어 유압기기의 작동이 불규칙하게 되고, 펌프에서 공동 현상 발생의 원인이 된다. 그러므로 작동유는 소포성이 좋아야 하고 만일 물거품이 발생하더라도 유조 내에서 **빠르게 소멸**되어야 한다. 작동유의 소포제로서 실리콘유가 사용된다.

정답 58. ④ 59. ④ 60. ①

자동화설비 산업기사

제17회 CBT 대비 실전문제

1과목 자동 제어

1. 다음 제어기 중 제어 속도가 가장 느린 제어기는?

① 비례(P) 제어기
② 미분(D) 제어기
③ 적분(I) 제어기
④ 비례-미분(PD) 제어기

2. 다음 중 제어 시스템의 안정도 판별 방법이 아닌 것은?

① 나이퀴스트 판별법
② 보드 선도
③ 블록 선도
④ 루쓰-허위츠 판별법

해설
- 안정한 제어계는 외력이 가해지지 않으면 정지 상태로 있고, 외력이 가해져도 모든 외력이 제거되면 정지 상태로 되돌아가는 제어계이다.
- 시스템이 안정되기 위한 조건은 유한한 입력에 대해서 유한한 출력을 내야 하며, 제어계의 입력이 없으면 초깃값에 관계없이 출력이 0이 되어야 한다.
- 안정도를 판별하는 방법에는 근궤적법, 루쓰-허위츠(Routh-Hurwitz), 나이퀴스트(Nyquist), 니콜스(Nichols) 선도, 보드(Bode) 선도 등의 판별법이 있다.

3. PC 기반제어에서 사용되는 BUS 중 거리가 먼 것은?

① ISA BUS
② PCI BUS
③ VESA BUS
④ CAD BUS

4. 다음 블록 선도에서 전달 함수 $G(s)[C/R]$의 값은?

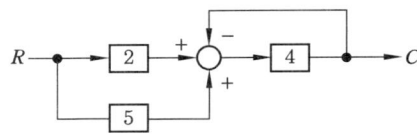

① $\dfrac{8}{5}$
② $\dfrac{18}{5}$
③ $\dfrac{28}{5}$
④ $\dfrac{38}{5}$

해설 다음 그림과 같이 가합점에서의 출력을 E라 하고 계산한다.

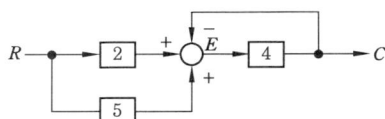

$2R+5R-C=E$
$4E=C$ ……①
$E=\dfrac{C}{4}$ ……②

식 ②를 식 ①에 대입하면,
$7R-C=\dfrac{C}{4},\ 7R=\dfrac{5}{4}C$

$\therefore \dfrac{C}{R}=\dfrac{28}{5}$

5. 피드백 제어 시스템의 제어동작에 대한 설명으로 옳은 것은?

① 미분동작은 잔류편차를 없애준다.
② 비례적분동작은 오버슈트량을 줄여주고 응답속도가 향상된다.

정답 1. ③ 2. ③ 3. ④ 4. ③ 5. ③

③ 비례·적분·미분동작은 과도 응답 특성을 개선하고 잔류편차를 없애주므로 정상상태 특성을 개선한다.
④ 비례미분동작은 목표치의 변화나 외란에 대해 항상 잔류편차가 발생한다.

6. 다음 그림과 같은 되먹임 제어계의 전달 함수는?

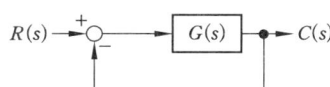

① $\dfrac{C(s)}{1+R(s)}$ ② $\dfrac{C(s)}{1-C(s)}$
③ $\dfrac{G(s)}{1+G(s)}$ ④ $\dfrac{G(s)}{1-R(s)}$

해설
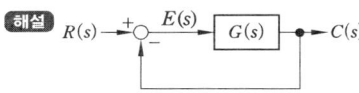

$E(s) = R(s) - C(s)$
$C(s) = E(s) \cdot G(s)$
$\dfrac{C(s)}{G(s)} = R(s) - C(s)$
$C(s) = R(s)G(s) - C(s)G(s)$
$C(s) + C(s)G(s) = R(s)G(s)$
$(1+G(s))C(s) = R(s)G(s)$
$\dfrac{C(s)}{R(s)} = \dfrac{G(s)}{1+G(s)}$

7. 전동기의 출력이 300kW이고 회전수가 1,500rpm인 경우 전동기의 토크(kgf·m)는 얼마인가?
① 195 ② 300
③ 390 ④ 500

해설 $T = 974 \times \dfrac{H[\text{kw}]}{n[\text{rpm}]}$
$= 974 \times \dfrac{300}{1,500} = 195\,\text{kgf}\cdot\text{m}$

8. 개회로 제어계와 폐회로 제어계의 가장 큰 차이점으로 적당한 것은?
① 목표값 ② 궤환 요소
③ 제어 대상 ④ 제어 요소

해설 궤환 요소(feedback element)란 제어량을 검출하여 궤환 신호를 만드는 요소로서 검출부라고도 한다. 개회로 제어계에는 궤환 요소가 없다.

9. NC 기계의 동력 전달 방법으로 서보모터와 볼 스크루 축을 직접 연결하여 연결 부위의 백래시 발생을 방지시키는 기계 요소로 가장 적합한 것은?
① 기어 ② 타이밍 벨트
③ 엔코더 ④ 커플링

10. "목표값 100℃의 전기로에서 열전온도계의 지시에 따라 전압조정기로 전압을 조정하여 온도를 일정하게 유지시킨다"면 제어량은 다음 중 어느 것인가?
① 전압조정기 ② 전압
③ 열전온도계 ④ 온도

11. 다음 중 PLC에서 입·출력 데이터를 일시적으로 기억할 수 있는 것은?
① 릴레이
② 리니어 스케일
③ 레지스터
④ 볼 스크루

해설 레지스터는 CPU에 들어 있는 극히 소량의 데이터 기억장치이다. PLC에서는 입·출력 데이터를 연산 처리하기 위해 일시적으로 레지스터에 저장한다.

12. 1차 시스템의 시정수에 관한 다음 설명 중 옳은 것은?
① 시정수가 클수록 오버슈트가 크다.
② 시정수가 클수록 정상상태 오차가 작다.
③ 시정수가 작을수록 응답속도가 빠르다.
④ 시정수는 정상상태 오차에 영향을 주지 않는다.

13. 다음 서보모터를 사용하여 구동시키는 제어 방식 중 CNC 공작기계에 가장 많이 사용되는 방식은?
① 개방회로 방식
② 폐쇄회로 방식
③ 반폐쇄회로 방식
④ 복합회로 서보 방식

해설 반폐쇄회로 방식은 위치와 속도를 서보모터의 축이나 볼나사의 회전 각도로 검출하는 방식으로서 최근 CNC 공작기계에 가장 많이 사용된다.

14. 어떤 제어계의 입력신호를 $A(s)$, 출력신호를 $B(s)$, 전달 함수를 $G(s)$라 할 때 이들 관계식의 표현을 알맞게 한 것은?

$$A(s) \rightarrow \boxed{G(s)} \rightarrow B(s)$$

① $B(s) = A(s) + G(s)$
② $B(s) = A(s) - G(s)$
③ $B(s) = A(s) \cdot G(s)$
④ $B(s) = A(s)/G(s)$

15. 다음 중에서 불연속형 조절기는 무엇인가?
① 비례동작 기구
② 비례적분동작 기구
③ 2위치 동작 조절기
④ 비례미분동작 기구

해설 연속형 조절기는 제어량과 목표값을 항상 비교하여 편차가 있을 때는 수시로 수정하는 방식이고, 불연속형 조절기는 제어편차가 일정한 값 이상이 되었을 때 ON/OFF 되는 방식으로, 2위치 동작 조절기가 이에 속한다.

16. 범용 PLC가 갖추고 있는 기능이 아닌 것은?
① 영상 처리
② A/D 변환
③ 데이터 전송
④ 논리 연산

17. 전달 함수 $G(s) = 1|sT$인 제어계에서 $wT = 1,000$일 때, 이득은 약 몇 dB인가?
① 70
② 60
③ 50
④ 40

해설 $G(jw) = 1jwT$이므로
이득 $= 20\log_{10}|G(jw)| = 20\log_{10}|1+jwT|$
$= 20\log_{10}|1+j1,000|$
$= 20\log_{10}\sqrt{1^2 + 1,000^2}$
$= 20\log_{10}\sqrt{1,000,000} = 20\log_{10}1,000$
$= 20 \times 3 = 60\,\text{dB}$

18. 릴레이 제어와 비교한 PLC 제어의 특징이 아닌 것은?
① 시스템 확장 및 유지보수가 용이하다.
② 산술, 논리 연산이 가능하다.
③ 컴퓨터 등과 같은 외부 장치와 통신이 가능하다.
④ 수정, 변경은 릴레이 제어 방식보다 어렵다.

해설 릴레이 제어에서는 전기 배선을 다시 하여 수정하지만 PLC 제어는 프로그램만 수정하면 되므로 더 쉽다.

정답 12. ③ 13. ③ 14. ③ 15. ③ 16. ① 17. ② 18. ④

19. 다음 중 유압회로에서 유압 실린더나 액추에이터로 공급하는 유체 흐름의 양을 제어하는 밸브는?

① 유량제어 밸브
② 체크 밸브
③ 압력 변환기
④ 방향제어 밸브

20. 그림과 같은 편 로드 실린더에서 의 힘을 발생시키려면 최소 얼마의 유압이 필요한가? (단, 실린더의 안지름의 단면적은 0.2m²이다.)

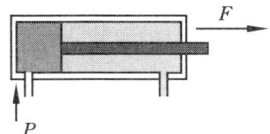

① 40 Pa
② 500 Pa
③ 1,000 Pa
④ 2,000 Pa

해설 $P = \dfrac{F}{A} = \dfrac{200}{0.2} = 1,000 \text{N/m}^2 = 1,000 \text{Pa}$

2과목　기계 요소 설계

21. 유연성(flexible) 커플링이 아닌 것은?

① 기어 커플링
② 셀러 커플링
③ 롤러 체인 커플링
④ 벨로스 커플링

해설 플렉시블(유연성) 커플링에는 기어형, 체인형, 벨로스형, 고무형, 다이어프램형이 있다.

22. 커플링에 대한 설명으로 옳은 것은?

① 플랜지 커플링은 축심이 어긋나 진동하기 쉬운 데 사용한다.
② 플렉시블 커플링은 양 축의 중심선이 일치하는 경우에만 사용한다.
③ 올덤 커플링은 두 축이 평행으로 있으면서 축심이 어긋났을 때 사용한다.
④ 원통 커플링의 지름은 축 중심선이 임의의 각도로 교차되었을 때 사용한다.

해설 올덤 커플링은 두 축의 거리가 짧고 평행이며 중심이 어긋나 있을 때 사용한다.

23. 자전거의 래칫 휠에 사용되는 클러치는?

① 맞물림 클러치
② 마찰 클러치
③ 일방향 클러치
④ 원심 클러치

해설 일방향 클러치 : 원동축이 종동축보다 속도가 늦어졌을 때 종동축이 공전할 수 있도록 일방향에만 동력을 전달하는 클러치이다.

24. 유체 클러치의 일종인 유체 토크 컨버터의 특징을 설명한 것 중 틀린 것은?

① 부하에 의한 원동기의 정지가 없다.
② 장치 내에 스테이터가 있을 경우 작동 효율을 97% 수준까지 올릴 수 있다.
③ 무단 변속이 가능하다.
④ 진동 및 충격을 완충하기 때문에 기계에 무리가 없다.

해설 토크 컨버터 : 펌프에서 유출되는 액체가 터빈을 통해 날개바퀴를 지나 펌프로 되돌아가는 원리이며, 토크의 변환이 수반되는 변속장치이다.

25. 두 축의 중심선이 어느 각도로 교차되고, 그 사이 각도가 운전 중 다소 변하여도 자유로이 운동을 전달할 수 있는 축이음은?

정답 19. ① 20. ③ 21. ② 22. ③ 23. ③ 24. ② 25. ④

① 플랜지 이음   ② 셀러 이음
③ 올덤 이음   ④ 유니버설 이음

해설 유니버설 이음은 회전하면서 축의 중심선 위치가 달라지는 것에 동력을 전달할 때 사용한다.

26. 그림과 같은 평면도로 가장 적합한 것은?

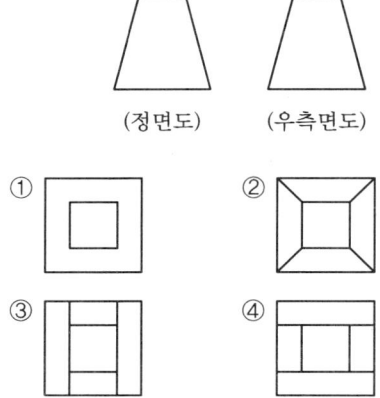

27. 그림과 같이 정면도와 평면도가 표시될 때 우측면도가 될 수 없는 것은?

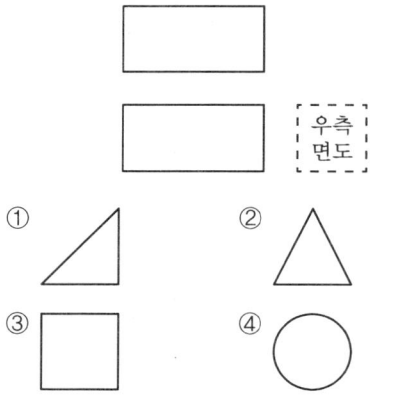

28. 다음과 같은 간략도의 전체를 표현한 것으로 가장 적합한 것은?

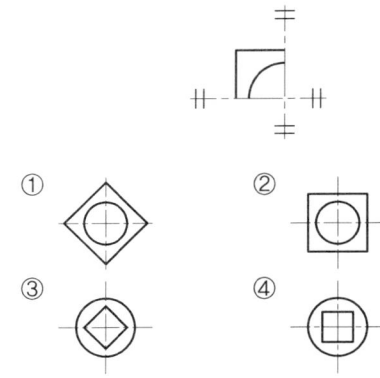

29. 그림과 같은 제3각 정투상도의 입체도로 적합한 것은?

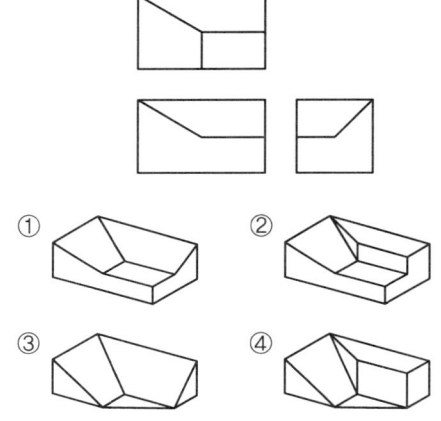

30. 평행 투상법에 의한 3차원상의 표시법 중에서 경사 투상법에 속하지 않는 것은?
① 캐벌리어 투상법
② 캐비닛 투상법
③ 다이메트릭 투상법
④ 플라노메트릭 투상법

해설 경사 투상법
• 캐벌리어 투상법 : 투사선이 투상면에 45° 인 경사진 투상법

정답 26. ② 27. ② 28. ② 29. ① 30. ③

- 캐비닛 투상법 : 투사선이 투상면에 60°인 경사진 투상법
- 플라노메트릭 투상법 : 투사선이 투상면에 30°인 경사진 투상법

31. 물체의 한쪽 면이 경사되어 평면도나 측면도로는 물체의 형상을 나타내기 어려울 경우 가장 적합한 투상법은?

① 요점 투상법
② 국부 투상법
③ 부분 투상법
④ 보조 투상법

[해설]
- 국부 투상법 : 물체의 구멍이나 홈 등 일부분의 모양을 특정 부분만 그려서 나타내는 투상법
- 부분 투상법 : 그림의 일부를 나타내는 것으로 충분할 때 그 필요한 부분만 나타내는 투상법

32. 일반적으로 길이 방향으로 단면하여 나타내어도 무방한 것은?

① 볼트(bolt)
② 키(key)
③ 리벳(rivet)
④ 미끄럼 베어링(sliding bearing)

[해설] 부시, 칼라, 베어링, 몸체 등은 길이 방향으로 단면할 수 있다.

33. 핸들이나 바퀴 등의 암 및 림, 리브 등 절단선의 연장선 위에 90° 회전하여 실선으로 그리는 단면도는?

① 온 단면도
② 한쪽 단면도
③ 조합 단면도
④ 회전 도시 단면도

[해설] 회전 도시 단면도 : 물체의 절단면을 그 자리에서 90° 회전시켜 투상하는 단면도법으로 주로 바퀴, 리브, 형강, 훅, 축, 림, 핸들, 벨트 풀리, 기어 등에 적용되는 단면 기법이며, 도형 안에 나타낼 때는 가는 실선, 도형 밖에 나타낼 때는 굵은 실선으로 표시한다.

34. 투상도 중 KS 제도 통칙에 따라 올바르게 작동된 투상도는?

①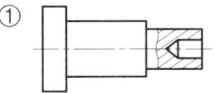
②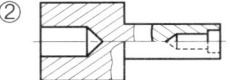
③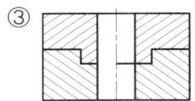
④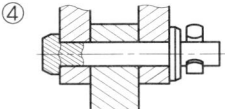

35. 대칭인 물체의 중심선을 기준으로 내부 모양과 외부 모양을 동시에 표시하여 나타내는 단면도는?

① 부분 단면도
② 한쪽 단면도
③ 조합에 의한 단면도
④ 회전 도시 단면도

[해설] 부분 단면도는 물체의 일부분을 절단하고 필요한 내부 형상을 나타내기 위한 방법이고, 회전 도시 단면도는 암(arm), 리브(rib), 훅(hook), 축(shaft)과 구조물에 사용하는 형강 등의 절단면은 일반 투상법으로 표시하기 어려우므로 물체를 수직인 단면으로 절단하

여 90°로 회전시켜 투상도의 안이나 밖에 그린다.

36. 그림과 같이 나타낸 단면도의 명칭은?

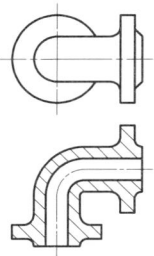

① 온 단면도
② 회전 도시 단면도
③ 한쪽 단면도
④ 부분 단면도

해설 온 단면도는 물체 전체를 중심을 기준으로 1/2로 절단하여 앞부분은 잘라내고, 남은 뒷부분의 단면 모양을 도시한 단면도이다.

37. 다음 중 단면도의 특징이 다른 하나는?

①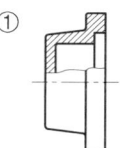
②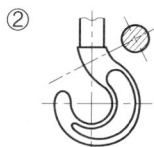
③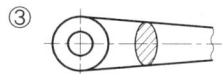
④

해설 ①은 부분 단면도, ②, ③, ④는 회전 도시 단면도이다.

38. 개스킷, 박판, 형강 등과 같이 절단면이 얇은 경우 이를 나타내는 방법으로 옳은 것은?
① 실제 치수와 관계없이 1개의 가는 1점 쇄선으로 나타낸다.
② 실제 치수와 관계없이 1개의 극히 굵은 실선으로 나타낸다.
③ 실제 치수와 관계없이 1개의 굵은 1점 쇄선으로 나타낸다.
④ 실제 치수와 관계없이 1개의 극히 굵은 2점 쇄선으로 나타낸다.

해설 개스킷, 박판, 형강 등의 얇은 제품의 단면은 1개의 극히 굵은 실선으로 나타낸다.

39. 투상도법에 대한 설명으로 올바른 것은?
① 제1각법은 물체와 눈 사이에 투상면이 있는 것이다.
② 제3각법은 평면도가 정면도 위에, 우측면도가 정면도 오른쪽에 있다.
③ 제1각법은 우측면도가 정면도 오른쪽에 있다.
④ 제3각법은 정면도 위에 배면도가 있고 우측면도는 왼쪽에 있다.

해설
• 제1각법은 물체가 눈과 투상면 사이에 있으며, 우측면도가 정면도 왼쪽에 있다.
• 제3각법은 정면도 위에 평면도가 있으며, 우측면도는 정면도 오른쪽에 있다.

40. 단면도의 절단된 부분을 나타내는 해칭선을 그리는 선은?
① 가는 2점 쇄선   ② 가는 파선
③ 가는 실선   ④ 가는 1점 쇄선

해설 해칭선은 가는 실선으로 그리며, 도형의 한정된 특정 부분을 다른 부분과 구별하는 데 사용한다.

정답 36. ① 37. ① 38. ② 39. ② 40. ③

3과목 공유압

41. 공기압 기기 중 압력 조절기에 대한 설명으로 맞는 것은?

① 압력 조절기는 방향 전환 밸브의 일종이다.
② 일정 압력 이상으로 압력이 상승하는 것을 방지하기 위하여 사용한다.
③ 공기의 압력을 사용 공기압 장치에 맞는 압력으로 공급하기 위해 사용된다.
④ 설정 압력보다 낮은 압력이 1차 측에 공급되면 설정 압력이 출력된다.

42. 다음 중 공기 압축기에서 공급되는 공기압을 보다 낮은 일정의 적정한 압력으로 감압하여 안정된 공기압으로 하여 공압기기에 공급하는 기능을 하는 밸브는?

① 감압 밸브
② 릴리프 밸브
③ 교축 밸브
④ 시퀀스 밸브

해설 공기압에 사용되는 압력 조절 밸브(감압 밸브)는 회로 내의 압력을 감압, 일정하게 유지시킨다.

43. 다음은 감압 밸브에 대하여 설명한 것이다. 맞는 것은?

① 입구 압력을 일정하게 유지하는 밸브이다.
② 감압 밸브는 무부하 밸브로 사용될 수 있다.
③ 감압 밸브는 정상 상태 열림형이다.
④ 2-way 감압 밸브는 출구의 스스로 과도한 압력을 제거한다.

해설 릴리프 밸브는 정상 닫힘 밸브이고, 감압 밸브는 정상 열림 밸브이다.

44. 진공 발생기에서 진공이 형성되는 원리와 가장 관련이 깊은 것은?

① 샤를의 법칙
② 보일의 법칙
③ 파스칼의 원리
④ 벤투리의 원리

해설 ㉠ 벤투리의 원리 : 관 내 유체가 직경이 작은 좁은 부분을 지날 때 압력이 감소하는 현상이다.
㉡ 파스칼의 원리 : 정지된 유체 내의 모든 위치에서의 압력은 방향에 관계없이 항상 같으며, 또한 유체를 통하여 전달된다.

45. 윤활유를 분무 급유하는 루브리케이터(lubricator)의 작동 원리는?

① 파스칼 원리
② 베르누이의 원리
③ 벤투리 원리
④ 연속의 원리

해설 루브리케이터는 벤투리 원리를 이용한 것으로 전량식과 선택식 등이 있고, 전량식에는 고정 벤투리식, 가변 벤투리식이 있다.

46. 공압 장치의 윤활기에 관한 일반적인 사항 중 잘못 설명된 것은?

① 과도한 윤활은 부품의 오동작을 야기한다.
② 윤활기의 세척은 중성세제를 사용한다.
③ 윤활기는 밸브나 실린더 가까운 곳에 설치한다.
④ 윤활기의 원리는 베르누이의 정리를 응용한 것이다.

해설 베르누이의 정리(Bernoulli's theorem) : 손실이 없는 경우에 유체의 위치, 속도 및 압력 수두의 합으로 표시된다. 오리피스 유량계도 이 원리를 이용한 것이다.

정답 41. ③ 42. ① 43. ③ 44. ④ 45. ③ 46. ④

47. 다음 중 윤활기의 목적으로 적합하지 않은 것은?

① 내구성 향상
② 마찰력 감소
③ 기기 효율 상승
④ 실(seal)의 고착

해설 윤활 관리의 주요 기능
㉠ 마찰 손실 방지
㉡ 마모 방지
㉢ 녹아 붙음 및 소부 현상 방지
㉣ 밀봉 작용
㉤ 냉각 효과
㉥ 방청 및 방진 작용

48. 공압 윤활기에서 사용되는 윤활유의 설명으로 틀린 것은?

① 윤활성이 좋아야 한다.
② 마찰계수가 적어야 한다.
③ 열화의 정도가 적어야 한다.
④ 일반적으로 윤활유는 ISO VG 45 이상을 사용한다.

해설 윤활유는 마찰계수가 적고 윤활성이 있으며, 마멸, 발열화의 정도가 적을 것 등을 필요로 한다. 공압기기 내에 실(seal) 등을 침식시켜서도 안 된다. 즉, 공압 장치를 구성하는 모든 기기에 좋지 않은 영향을 끼치지 않는 것도 중요하며, 윤활유로는 터빈 오일 1종(무첨가) ISO VG 32와 터빈 오일 2종(첨가) ISO VG 32를 권장하고 있다.

49. 공기 압축기로부터 애프터 쿨러 또는 공기 탱크까지 연결되는 라인이며, 고온 고압과 진동이 수반되는 부분은?

① 이송 라인
② 제어 라인
③ 토출 라인
④ 흡입 라인

해설 압축기 토출 이후 라인으로 토출 라인이다.

50. 공기압 저장 탱크의 기능으로 적합하지 않은 것은?

① 넓은 표면적에 의해 압축공기를 냉각시킨다.
② 공기 압력의 맥동을 없애는 역할을 한다.
③ 정전에 대비 짧은 시간 운전이 가능하다.
④ 공기의 소모량을 줄인다.

해설 공압 탱크의 기능
㉠ 압축기로부터 배출된 공기 압력의 맥동을 방지하거나 평준화한다.
㉡ 일시적으로 다량의 공기가 소비되는 경우의 급격한 압력강하를 방지한다.
㉢ 정전 등 비상시에도 일정 시간 공기를 공급하여 운전이 가능하게 한다.

51. 유압 서보 시스템에 대한 설명으로 옳지 않은 것은?

① 서보 기구는 토크 모터, 유압 증폭부, 안내 밸브의 3요소로 구성된다.
② 서보 유압 밸브의 노즐 플래퍼는 기계적 변위를 유압으로 변환하는 기구이다.
③ 전기 신호를 기계적 변위로 바꾸는 기구는 스풀이다.
④ 서보 시스템의 구성을 위하여 피드백 신호가 있어야 한다.

해설 서보 유압 밸브는 전기나 그 밖의 입력 신호에 따라서 비교적 높은 압력의 공급원으로부터 오일의 유량과 압력을 상당한 응답 속도로 제어하는 밸브를 말한다.

정답 47.④ 48.④ 49.③ 50.④ 51.③

52. ISO-1219 표준(문자식 표현)에 의한 공압밸브의 연결구 표시 방법에 따라 A, B, C 등으로 표현되어야 하는 것은?

① 배기구
② 제어 라인
③ 작업 라인
④ 압축 공기 공급 라인

[해설] 포트 기호

연결구 약칭	라인	기호
A, B, C	작업 라인	2, 4, 6
P	공급 라인	1
R, S, T	배기 라인	3, 5, 7
L	누출 라인	9
Z, Y, X	제어 라인	12, 14, 16

53. 미끄럼 면에서 사용되는 유체의 누설 방지용으로 사용하는 요소는?

① 램   ② 슬리브
③ 패킹 ④ 플랜지

[해설] 패킹(packing) : 회전 또는 왕복 운동하는 곳에 그 운동 부분의 밀봉에 사용되는 실의 총칭

54. 마름모(◇)가 기본이 되는 공유압 기호가 아닌 것은?

① 여과기
② 열교환기
③ 차압계
④ 루브리케이터

[해설] 마름모의 기호는 유체 조정 기기를 뜻하며, 필터, 드레인 분리기, 주유기, 열교환기 등이 이에 속한다.

55. 기기의 보호와 조작자의 안전을 목적으로 기기의 동작 상태를 나타내는 접점을 이용하여 기기의 동작을 금지하는 회로는 어느 것인가?

① 인터록 회로
② 플리커 회로
③ 정지 우선 회로
④ 시동 우선 회로

[해설] 인터록(interlock) 회로 : 위험과 이상 동작을 방지하기 위하여 어느 동작에 대하여 이상이 생기는 다른 동작이 일어나지 않도록 제어하는 회로

56. 유압 회로에서 주회로 압력보다 저압으로 해서 사용하고자 할 때 사용하는 밸브는 어느 것인가?

① 감압 밸브
② 시퀀스 밸브
③ 언로드 밸브
④ 카운터 밸런스 밸브

[해설] 감압 밸브(pressure reducing valve)

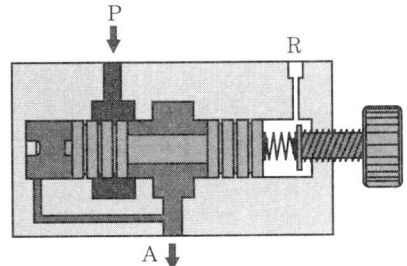

57. 메모리 방식으로 조작력이나 제어 신호를 제거하여도 정상 상태로 복귀하지 않고 반대 신호가 주어질 때까지 그 상태를 유지하는 방식을 무엇이라 하는가?

[정답] 52. ③ 53. ③ 54. ③ 55. ① 56. ① 57. ①

① 디텐트 방식
② 스프링 복귀 방식
③ 파일럿 방식
④ 정상 상태 열림 방식

해설 디텐트(detent) : 밸브나 스위치의 몸체를 어느 위치에 유지하는 기구로 전기 스위치에서는 로커 스위치라고도 한다.

58. 다음 그림과 같은 유압 펌프의 종류는 무엇인가?

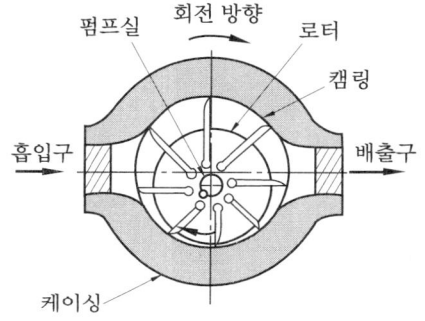

① 나사 펌프
② 베인 펌프
③ 로브 펌프
④ 피스톤 펌프

해설 베인 펌프(vane pump) : 케이싱(캠 링)에 접해 있는 베인을 로터 내에 설치하여 베인 사이에 흡입된 액체를 흡입 쪽으로부터 토출 쪽으로 밀어내는 형식의 펌프

59. 유압 실린더의 전진 운동 시 유압유가 공급되는 입구 쪽에 체크 밸브 위치를 차단되게 일방향 유량 제어 밸브를 설치하여 전진 속도를 제어하는 회로는?
① 재생 회로
② 미터 인 회로
③ 블리드 오프 회로
④ 미터 아웃 회로

60. 회로 내의 압력이 설정압 이상이 되면 자동으로 작동되어 탱크 또는 공압 기기의 안전을 위하여 사용되는 밸브는?
① 안전 밸브
② 체크 밸브
③ 시퀀스 밸브
④ 리밋 밸브

해설 안전 밸브(safety valve) : 기기나 관 등의 파괴를 방지하기 위하여 회로의 최고 압력을 한정하는 밸브

정답 58. ② 59. ② 60. ①

제18회 CBT 대비 실전문제

자동화설비 산업기사

1과목 자동 제어

1. 과도응답에서 상승시간은 응답이 최종값의 몇 %까지의 시간으로 정의되는가?
① 0~10
② 10~90
③ 30~70
④ 0~100

해설 • 오버슈트(over shoot) : 응답 중에 생기는 입력과 출력 사이의 최대편차량
• 지연시간(time delay ; T_d) : 응답이 최초로 희망값의 50%에 도달하는 데 필요한 시간 (응답의 속응성)
• 상승시간(rising time ; T_r) : 응답이 최종 희망값의 10%에서 90%까지 도달하는 데 필요한 시간
• 정정시간(setting time ; T_s) : 응답시간이라고도 하며 응답이 정해진 허용 범위(최종 희망값의 5%) 이내로 정착되는 시간
• 백분율 최대 오버슈트 :
$$\frac{최대 오버슈트}{최대 희망값} \times 100\%$$
• 감쇠비 : $\dfrac{제2\ 오버슈트}{최대\ 오버슈트}$

2. 다음 블록선도의 전달 함수의 값은?

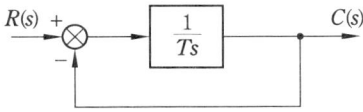

① $\dfrac{1}{Ts}$ ② $\dfrac{1}{Ts+1}$
③ $Ts+1$ ④ Ts

해설 단위 피드백 제어계 전달 특성
$$\frac{C(s)}{R(s)} = \frac{\dfrac{1}{Ts}}{1+\dfrac{1}{Ts}} = \frac{1}{Ts+1}$$

3. PLC에서 프로그램을 한 사이클 실행하는 데 소요되는 시간을 무엇이라 하는가?
① 로딩 타임(loading time)
② 딜레이 타임(delay time)
③ 스캔 타임(scan time)
④ 코딩 타임(coding time)

해설 스캔 타임 : PLC의 연산 처리 방법은 입력 리프레시된 상태에서 이들 조건으로 프로그램을 처음부터 마지막까지 순차적으로 연산을 실행하고 출력 리프레시를 한다. 이러한 동작은 고속으로 반복되는데, 한 번 실행하는 데 걸리는 시간을 1스캔 타임이라 한다.

4. 다음 중 시퀀스 제어에 속하지 않는 것은?
① 전기로의 온도제어
② 자동 판매기 제어
③ 교통신호등 제어
④ 컨베이어 제어

해설 시퀀스 제어=순차제어
• 자동 판매기 제어
• 컨베이어 제어
• 교통신호 제어
• 자동세탁기 제어

정답 1. ② 2. ② 3. ③ 4. ①

5. 다음 PLC프로그램을 실행하는 데 걸리는 시간은 총 몇 ms인가?

"총 5,000스텝의 PLC 프로그램으로 입력 응답시간 5ms, 출력응답시간 15ms, 1명령어 실행시간이 2μs이다."

① 25　　② 30
③ 35　　④ 85

해설 $T = 5\,\mathrm{ms} + 2\mu\mathrm{s} \times 5,000 + 15\,\mathrm{ms} = 30\,\mathrm{ms}$

6. 제어량의 종류를 기준으로 온도, 압력, 유량, 액면 등의 상태량을 제어량으로 하는 제어는?

① 프로세스 제어
② 서보기구
③ 시퀀스 제어
④ 자동 조정

해설 ・공정제어(process control)
〈제어량〉 온도, 유량, 압력, 액위, 밀도, PH, 점도
・서보기구
〈제어량〉 물체의 위치, 방위, 자세
〈용 도〉 비행기, 선박의 항법제어 시스템, 미사일 발사대의 자동위치제어 시스템, 자동조타장치, 추적용레이더, 공작기계, 자동평형기록계
・자동조정 : 부하에 관계없이 출력을 일정하게 유지
〈제어량〉 전압, 전류, 주파수, 회전속도
〈용 도〉 정전압장치, 발전기의 조속기, 자동전원 조정장치

7. 다음 그림과 같은 기호는 무엇을 뜻하는가?

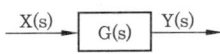

① 전달요소
② 가합점
③ 인출점
④ 출력점

해설 ・전달요소

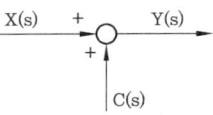

・가합점

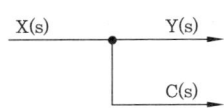

・인출점

X(s) ────●──── Y(s)
　　　　　│
　　　　　C(s)

8. 서보기구에 대한 설명으로 틀린 것은?

① 제어량이 기계적 변위인 자동제어계를 의미한다.
② 일반적으로 신호변환부와 파워변환부로 구성된다.
③ 신호변환 시 전기식보다는 공압식이 많이 사용된다.
④ 서보기구의 파워변환부는 중력 및 조작을 행하는 부분이다.

해설 서보기구 : 제어량이 기계적 위치가 되도록 되어 있는 자동제어 기구. 일반적으로 피드백 제어에 의해 그 기구의 운동 부분이 물체의 위치・방위・자세 등의 목표값의 임의의 변화에 추종하도록 제어하는 기구로, 기계를 명령대로 작동시키는 장치이다.

9. 주파수 전달 함수가 $G(jw)=1+j$일 때 보드 선도의 위상은?
① 0° ② 45°
③ 90° ④ 135°

해설 $\theta = \angle 1+jwT = \tan^{-1}wT = \tan^{-1}1 = 45°$

10. 다음 그림은 방향제어 밸브의 기호이다. 명칭으로 옳은 것은?

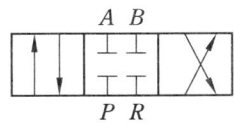

① 3포트 3위치 밸브
② 4포트 3위치 밸브
③ 3포트 4위치 밸브
④ 4포트 2위치 밸브

해설 사각형의 수는 밸브의 스위칭 수를 나타내며 밸브의 포트 표시는 짧은 선분을 사각형 박스의 외부에 나타내어 표기한다.

11. 유압펌프의 기계효율이 90%이고 용적효율이 90%일 경우 펌프의 전 효율(overall efficiency)은 얼마인가?
① 45% ② 81%
③ 85% ④ 90%

해설 η = 기계효율 × 용적효율
= 90% × 90% = 81%

12. 완전한 진공을 '0'으로 하는 압력의 세기는?
① 최고압력
② 평균압력
③ 절대압력
④ 게이지압력

해설
- 절대압력 : 완전한 진공상태를 0으로 기준해서 측정한 압력
- 게이지압력 : 대기압상태를 0으로 기준해서 측정한 압력

13. 자동제어의 필요성으로 부적합한 것은?
① 생산속도의 상승
② 제품의 품질 균일화
③ 인건비 증가
④ 노동조건의 향상

해설 노동력의 감소 효과로 인하여 인건비의 절약 효과를 기대할 수 있다.

14. 다음 그림과 같이 결합된 2개의 전달 함수의 값 $G(s)$는?

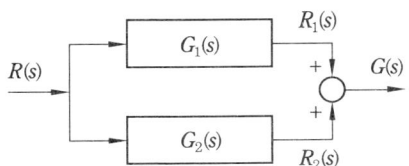

① $G(s) = G_1(s) \times G_2(s)$
② $G(s) = G_1(s) + G_2(s)$
③ $G(s) = G_2(s) \div G_2(s)$
④ $G(s) = G_1(s) \div G_2(s)$

해설 가합점 : $G(s) = G_1(s) + G_2(s)$

15. 어떤 제어계에 입력신호를 가한 다음 출력신호가 정상상태에 도달할 때까지를 무엇이라 하는가?
① 선형 상태 ② 과도 상태
③ 무동작 상태 ④ 안정 상태

해설 과도 상태 : 어떤 제어계에 입력신호를 가한 다음 출력신호가 정상상태에 도달할 때까지를 말한다.

16. 개회로 제어 시스템(open loop control system)을 적용하기에 적합하지 않은 제어계는?

① 외란 변수의 변화가 매우 작은 경우
② 여러 개의 외란 변수가 존재하는 경우
③ 외란 변수에 의한 영향이 무시할 정도로 작은 경우
④ 외란 변수의 특징과 영향을 확실히 알고 있는 경우

해설 개회로 시스템
- 장점 : 간단하고 저가이다.
- 단점 : 여러 개의 외란 변수가 존재하는 경우에 대해 정확한 제어가 불가능하고 정확성면에서 떨어진다.

17. 주파수 응답에 주로 사용되는 입력은?

① 계단입력
② 임펄스 입력
③ 램프입력
④ 정현파 입력

해설
- 전달 함수의 입력신호 : 계단입력, 임펄스 입력, 램프입력, 포물선 입력
- 주파수 응답입력신호 : 정현파 입력, 여현파 입력

18. 유압 시스템에서 유압유의 선택 시 필요한 조건 중 틀린 것은?

① 확실한 동력을 전달하기 위하여 압축성일 것
② 녹이나 부식 발생이 없을 것
③ 화재의 위험이 없을 것
④ 수분을 쉽게 분리시킬 수 있을 것

해설 유압유는 확실한 동력을 전달하기 위하여 비압축성이어야 한다.

19. 릴레이제어에 비해 PLC 제어의 특징을 설명한 것으로 틀린 것은?

① 제어 내용의 변경이 어렵다.
② 회로배선이 간소화된다.
③ 신뢰성이 향상된다.
④ 보수가 용이하다.

해설 릴레이제어와 PLC제어 비교

항 목	릴레이 제어	PLC 제어
동작의 빈번도	적은 경우에 사용한다.	많은 경우에 사용한다.
수명	수명이 짧다.	반영구적이다.
동작속도	늦으며 한계가 있다. (ms)	빠르다. (μs)
주위온도	온도 특성이 양호하다.	열에 약하며 보호 대책이 필요하다.
환경조건	진동이나 충격에 약하다.	나쁜 환경에 잘 견딘다.
서지	전기적 노이즈에 안정하다.	약하며, 보호대책이 필요하다.
소비전력	많다.	적다.
작동 확인상태	용이하다.	테스터에 의한 점검을 할 수 있다.
제어장치의 외형	일반적으로 크다.	작아진다.
입·출력 수	독립된 다수의 출력을 동시에 얻을 수 있다.	다수 입력, 소수 출력에 용이하다.
가격	소규모에서 염가이다.	대규모에서 염가이다.
전원	별도 전원이 필요 없다.	별도 전원이 필요하다.

정답 16. ② 17. ④ 18. ① 19. ①

20. 압축공기를 공급하는 파이프 지름을 결정할 때 고려해야 할 항목이 아닌 것은?

① 압축공기 공급 유량
② 파이프 길이
③ 파이프 라인 내의 교축 효과를 주는 부속 요소의 양
④ 파이프 경사 각도

해설 파이프의 직경을 결정 : 파이프는 유량, 파이프 길이, 허용 가능한 압력강하, 작업압력, 파이프 라인 내의 교축에 의한 손실 등을 고려하여 선정한다.

2과목 기계 요소 설계

21. 400rpm으로 전동축을 지지하고 있는 미끄럼 베어링에서 저널의 지름은 6cm이고 길이는 10cm라고 한다. 4.2kN의 레이디얼 하중이 작용할 때 베어링 압력은 약 몇 MPa인가?

① 0.5 ② 0.6
③ 0.7 ④ 0.8

해설 $p = \dfrac{W}{dl} = \dfrac{4200}{60 \times 100} = 0.7\,\text{MPa}$

22. 미끄럼 베어링 재료에 요구되는 성질로 거리가 먼 것은?

① 하중 및 피로에 대한 충분한 강도를 가질 것
② 내부식성이 강할 것
③ 유막의 형성이 용이할 것
④ 열전도율이 작을 것

해설 미끄럼 베어링 재료의 구비 조건
• 축의 재료보다 연하면서 마모에 견딜 것
• 축과의 마찰계수가 작고 내마멸성이 높을 것
• 내식성과 내열성이 높을 것
• 마찰열의 발산이 잘 되도록 열전도율이 클 것
• 가공성이 좋으며 유지 및 보수가 쉬울 것

23. 다음 중 볼 베어링의 수명에 대한 설명으로 맞는 것은?

① 베어링에 작용하는 하중의 3승에 비례한다.
② 베어링에 작용하는 하중의 3승에 반비례한다.
③ 베어링에 작용하는 하중의 10/3승에 비례한다.
④ 베어링에 작용하는 하중의 10/3승에 반비례한다.

해설 $L_h = 500 \left(\dfrac{C}{P} \right)^3 \dfrac{33.3}{N}$

∴ 수명(L_h)은 하중(P)의 3승에 반비례한다.

24. 축 중심선에 직각 방향과 축 방향으로 힘을 동시에 받는 데 쓰이는 베어링으로 가장 적합한 것은?

① 앵귤러 볼 베어링
② 원통 롤러 베어링
③ 스러스트 볼 베어링
④ 레이디얼 볼 베어링

해설
• 레이디얼 베어링은 축선에 직각 방향으로, 스러스트 베어링은 축선 방향(세로 방향)으로 하중을 받는 데 쓰인다.
• 앵귤러 베어링은 축선에 직각 방향과 축 방향의 힘을 동시에 받는 데 쓰인다.

25. 작용 하중의 방향에 따른 베어링의 분류 중에서 축선에 직각으로 작용하는 하중과 축선 방향으로 작용하는 하중이 동시에 작용하는 데 사용하는 베어링은?

정답 20. ④ 21. ③ 22. ④ 23. ② 24. ① 25. ③

① 레이디얼 베어링(radial bearing)
② 스러스트 베어링(thrust bearing)
③ 테이퍼 베어링(taper bearing)
④ 칼라 베어링(collar bearing)

해설 칼라 베어링은 축에 설치한 칼라에 의해 축 방향의 힘을 받는 베어링이다.

26. 물체의 경사진 부분을 그대로 투상하면 이해가 곤란하므로 경사면에 평행한 별도의 투상면을 설정하여 나타낸 투상도의 명칭을 무엇이라 하는가?

① 회전 투상도
② 보조 투상도
③ 전개 투상도
④ 부분 투상도

해설 보조 투상도 : 경사면이 있는 물체를 정투상도로 나타내면 실제 형상이 그대로 나타나지 않으므로 필요한 부분만 실제 형상으로 나타내는 투상도이다.

27. 암, 리브, 핸들 등의 전단면을 그림과 같이 나타내는 단면도를 무엇이라 하는가?

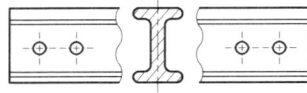

① 온단면도
② 회전 도시 단면도
③ 부분 단면도
④ 한쪽 단면도

해설 회전 도시 단면도 : 물체의 절단면을 그 자리에서 90° 회전시켜 투상하는 단면도로 바퀴, 리브, 형강, 훅 등의 절단면을 나타낼 때 주로 사용한다.

28. 절단면의 표시 방법인 해칭에 대한 설명으로 틀린 것은?

① 같은 절단면상에 나타나는 같은 부품의 단면에는 같은 해칭을 한다.
② 해칭은 주된 중심선에 대해 45°로 하는 것이 좋다.
③ 인접한 단면의 해칭은 선의 방향 또는 각도를 변경하거나 그 간격을 변경하여 구별한다.
④ 해칭을 하는 부분에 글자 또는 기호를 기입할 경우에는 해칭선을 중단하지 말고 그 위에 기입한다.

해설 치수, 문자, 기호는 해칭선보다 우선이므로 해칭이나 스머징을 중단하고, 그 위에 기입한다.

29. 그림과 같은 수직 원통형을 30° 정도 경사지게 일직선으로 자른 경우의 전개도로 가장 적합한 형상은?

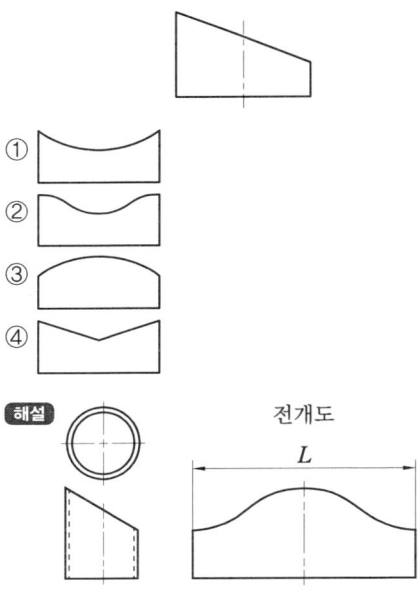

정답 26. ② 27. ② 28. ④ 29. ②

30. 재료의 제거 가공으로 이루어진 상태든 아니든 제조 공정에서의 결과로 나온 표면 상태가 그대로인 것을 지시하는 것은?

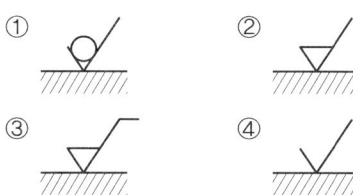

해설 표면의 결 도시

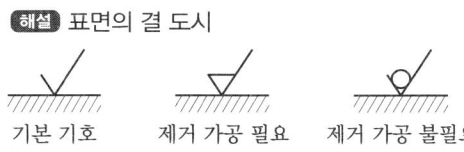

기본 기호   제거 가공 필요   제거 가공 불필요

31. 그림과 같은 표면의 상태를 기호로 표시하기 위한 표면의 결 표시 기호에서 d는 무엇을 나타내는가?

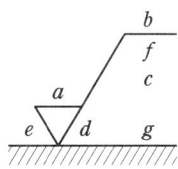

① a에 대한 기준 길이 또는 컷오프값
② 기준 길이, 평가 길이
③ 줄무늬 방향의 기호
④ 가공 방법

해설
• a : 산술 평균 거칠기값
• b : 가공 방법
• c : 기준 길이
• d : 줄무늬 방향 기호
• e : 다듬질 여유
• f : Ra 이외의 파라미터값
• g : 표면 파상도

32. 도면에 표면 거칠기 표시가 다음과 같을 때 $L=8$이 의미하는 것은?

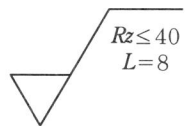

① 기준 길이   ② 상한치
③ 가공 형태   ④ 하한치

해설 기준 길이의 지시 방법 : 기준 길이에 규정하는 값에서 선택하여 표면 거칠기의 지시값 아래쪽에 기입한다.

33. 표면의 결 도시 기호가 그림과 같을 때 설명으로 틀린 것은?

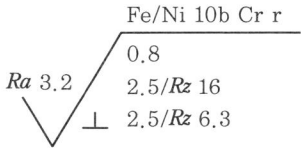

① 니켈-크롬 코팅이 적용되어 있다.
② 가공 여유는 0.8mm를 준다.
③ 샘플링 길이 2.5mm에서는 Rz 6.3~16μm를 만족해야 한다.
④ 투상면에 대해 대략 수직인 줄무늬 방향이다.

해설 0.8은 컷오프값이다.

34. 다음 그림과 같은 기호에서 "G"가 나타내는 것은?

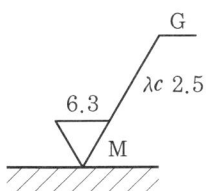

① 표면 거칠기의 상한치
② 표면 거칠기의 하한치
③ 가공 방법

④ 줄무늬 방향

해설 G는 가공 방법으로 연삭 가공을 의미한다.

35. 표면 결 도시 방법 및 면의 지시 기호에서 가공으로 생긴 선 모양의 약호로 "C"의 의미는?

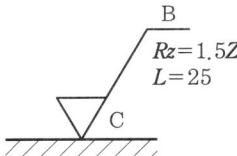

① 거의 동심원
② 다방면으로 교차
③ 거의 방사상
④ 거의 무방향

해설 B는 보링 머신 가공을 의미하고, C는 동심원을 뜻하며, 다방면으로 교차 또는 무방향은 M, 방사상은 R로 나타낸다.

36. 아래 그림은 가공에 의한 커터의 줄무늬 기호 그림에 대한 설명이다. 맞는 것은?

① 기호가 적용되는 표면의 중심에 대해 대략 동심원 모양이다.
② 기호가 적용되는 표면의 중심에 대해 대략 반지름 방향이다.
③ 기호가 사용되는 투상면에 대해 2개의 경사면에 수직이다.
④ 기호가 사용되는 투상면에 평행이다.

해설 ① : C
② : R
③ : ×
④ : =

37. 가공 방법에 따른 KS 가공 방법의 기호가 바르게 연결된 것은?

① 방전 가공 : SPED
② 전해 가공 : SPU
③ 전해 연삭 : SPEC
④ 초음파 가공 : SPLB

해설 • 전해 가공 : SPEC
• 전해 연삭 : SPEG
• 초음파 가공 : SPU

38. 가공 방법과 그 기호의 관계가 틀린 것은?

① 호닝 가공 : GH
② 래핑 : FL
③ 스크레이핑 : FS
④ 줄 다듬질 : FB

해설 줄 다듬질은 FF이다.

39. 가공 방법에 관한 약호에서 스크레이퍼 가공을 의미하는 것은?

① FR
② FL
③ FF
④ FS

해설 • FR : 리머 가공
• FL : 래핑 다듬질
• FF : 줄 다듬질

40. 가공 방법의 기호 중 주조의 기호는?

① D
② B
③ GS
④ C

해설 • D : 인발
• B : 보링 머신 가공
• GS : 평면 연삭

정답 35. ① 36. ① 37. ④ 38. ④ 39. ④ 40. ④

3과목 공유압

41. 그림과 같은 유압 회로의 명칭은?

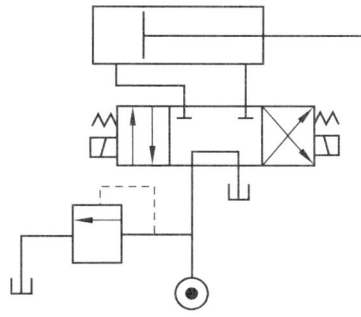

① 감속 회로
② 차동 회로
③ 로킹 회로
④ 정토크 구동 회로

해설 중립 위치에서 A, B 포트가 모두 닫히고 실린더는 임의의 위치에서 고정된다. 또 P 포트와 T 포트가 서로 통하게 되므로 펌프를 무부하시킬 수 있다.

42. 다음 중 실린더의 속도를 제어할 수 있는 기능을 가진 밸브는?

① AND 밸브
② 3/2-way 밸브
③ 압력 시퀀스 밸브
④ 일방향 유량 제어 밸브

해설 액추에이터 속도는 배관 내의 유체 유량에 따라 제어되므로 유량 제어 밸브가 곧 속도 제어 밸브이다.

43. 공유압 변환기를 에어 하이드로 실린더와 조합하여 사용할 경우 주의사항으로 틀린 것은?

① 열원의 가까이에서 사용하지 않는다.
② 공유압 변환기는 수평 방향으로 설치한다.
③ 에어 하이드로 실린더보다 높은 위치에 설치한다.
④ 작동유가 통하는 배관에 누설, 공기 흡입이 없도록 밀봉을 철저히 한다.

해설 공유압 변환기는 액추에이터보다 높은 위치에 수직 방향으로 설치한다.

44. 공압 실린더를 순차적으로 작동시키기 위해서 사용되는 밸브의 명칭은 무엇인가?

① 시퀀스 밸브　② 무부하 밸브
③ 압력 스위치　④ 교축 밸브

해설 시퀀스 밸브는 다수의 액추에이터를 순차적으로 작동시키는 데 사용된다.

45. 자기 현상을 이용한 스위치로 빠른 전환 사이클이 요구될 때 사용되는 스위치는 어느 것인가?

① 압력 스위치
② 전기 리드 스위치
③ 광전 스위치
④ 전기 리밋 스위치

해설 전기 리드 스위치는 근접 스위치 중의 하나로 자석으로 작동이 빠른 전환 사이클이 요구될 때 적당하며, 스위치 자체는 전기 부품이지만, 실린더의 작동 검출에 사용하고 있으므로 공유압 기기의 부속 기기로 생각해도 된다.

46. 공압 밸브에 부착되어 있는 소음기의 역할에 관한 설명으로 옳은 것은?

① 배기 속도를 빠르게 한다.
② 공압 작동부의 출력이 커진다.
③ 공압 기기의 에너지 효율이 좋아진다.

정답 41. ③　42. ④　43. ②　44. ①　45. ②　46. ④

④ 압축 공기 흐름에 저항이 부여되고 배압이 생긴다.

해설 소음기는 일반적으로 배기 속도를 줄이고 배기음을 저감하기 위하여 사용되고 있으나, 소음기로 인해 공기의 흐름에 저항이 부여되고 배압이 생기기 때문에 공기압 기기의 효율 면에서는 좋지 않다.

47. 연속적으로 공기를 빼내는 공기 구멍을 나타내는 기호는?

해설 ① : 연속적으로 공기를 빼는 경우
② : 어느 시기에 공기를 빼고 나머지 시간은 닫아 놓는 경우
③ : 필요에 따라 체크 기구를 조작하여 공기를 빼는 경우
④ : 어큐뮬레이터의 일반 기호

48. 공기 청정화 장치로 이용되는 공기 필터에 관한 설명으로 적합하지 않은 것은?
① 압축 공기에 포함된 이물질을 제거하여 문제가 발생하지 않도록 사용한다.
② 압축 공기는 필터를 통과하면서 응축된 물과 오물을 제거하는 역할을 한다.
③ 투명의 수지로 되어 있는 필터통은 가정용 중성 세제로 세척하여 사용해야 한다.
④ 필터에 의하여 걸러진 응축물은 필터통에 꽉 차여져 있어야 추가적인 이물질 공급이 차단되어 효율적이다.

해설 응축수는 가급적 빨리 제거시켜 주어야 한다.

49. 유압 탱크의 구비 조건이 아닌 것은?
① 필요한 기름의 양을 저장할 수 있을 것
② 복귀관 측과 흡입관 측 사이에 격판을 설치할 것
③ 펌프의 출구 측에 스트레이너가 설치되어 있을 것
④ 적당한 크기의 주유구와 배유구가 설치되어 있을 것

해설 스트레이너는 펌프 흡입 측에 설치한다.

50. 공압 실린더나 공압 탱크의 공기를 급속히 방출할 필요가 있을 때 또는 공압 실린더 속도를 증가시킬 필요가 있을 때 사용되는 밸브로 가장 적당한 것은?
① 2압 밸브
② 셔틀 밸브
③ 체크 밸브
④ 급속 배기 밸브

해설 급속 배기 밸브(quick release valve or quick exhaust valve)는 가능한 액추에이터 가까이에 설치하며, 충격 방출기는 급속 배기 밸브를 이용한 것이다.

51. 접속된 관로를 나타내는 기호는?

해설 관로 기호

명칭	기호
접속	─•─ ─•┬
교차	─┬─ ─┼─

52. 루브리케이터(lubricator)에 사용되는 적정한 윤활유는?

① 기계유 1종(ISO VG 32)
② 터빈유 1종, 2종(ISO VG 32)
③ 그리스유 3종, 4종(ISO VG 32)
④ 스핀들유 3종, 4종(ISO VG 32)

해설 윤활기의 윤활유는 터빈 오일 1종(무첨가) ISO VG 32와 터빈 오일 2종(첨가) ISO VG 32를 권장하고 있다.

53. 유압 펌프의 성능을 표현하는 것으로 단위시간당 에너지를 의미하는 것은?

① 동력   ② 전력
③ 항력   ④ 추력

해설 $L(동력) = \dfrac{일량}{시간}$

54. 회로 설계 시 주의하여야 할 부하 중 과주성 부하에 관한 설명으로 옳지 않은 것은 어느 것인가?

① 음의 부하이다.
② 저항성 부하이다.
③ 운동량을 증가시킨다.
④ 액추에이터의 운동 방향과 동일하게 작용한다.

55. 전기 제어의 동작 상태에 관한 설명으로 옳지 않은 것은?

① 기기의 미소 시간 동작을 위해 조작 동작되는 것을 조깅이라 한다.
② 계전기 코일에 전류를 흘려 자화 성질을 얻게 하는 것을 여자라 한다.
③ 계전기 코일에 전류를 차단하여 자화 성질을 잃게 하는 것을 소자라 한다.
④ 계전기가 소자된 후에도 동작 기능이 유효하게 하는 것을 인터록이라 한다.

해설 인터록(interlock) : 위험과 이상 동작을 방지하기 위하여 어느 동작에 대하여 이상이 생기는 다른 동작이 일어나지 않도록 제어 회로상 방지하는 수단

56. 액추에이터의 공급쪽 관로 내의 흐름을 제어함으로써 속도를 제어하는 그림과 같은 회로는 무슨 방식인가?

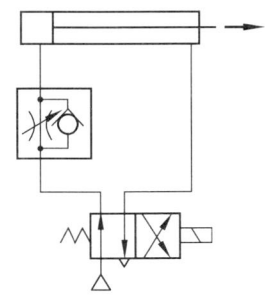

① 미터 인
② 미터 아웃
③ 블리드 온
④ 블리드 오프

해설 그림의 회로는 미터 인 실린더 전진 속도 제어 회로이다.

57. 다음 중 공압 모터의 장점인 것은?

① 배기음이 작다.
② 에너지 변환 효율이 높다.
③ 폭발의 위험성이 거의 없다.
④ 공기의 압축성에 의해 제어성이 우수하다.

해설 공압 모터의 특징
(1) 장점
• 값이 싼 제어 밸브만으로 속도, 토크를 자유롭게 조절할 수 있다.

정답 52. ② 53. ① 54. ② 55. ④ 56. ① 57. ③

- 과부하 시에도 아무런 위험이 없고, 폭발성도 없다.
- 시동, 정지, 역전 등에서 어떤 충격도 일어나지 않고 원활하게 이루어진다.
- 에너지를 축적할 수 있어 정전 시 비상용으로 유효하다.

(2) 단점
- 에너지의 변환 효율이 낮고, 배출음이 크다.
- 공기의 압축성 때문에 제어성이 그다지 좋지 않다.
- 부하에 의한 회전 때문에 변동이 크고, 일정 속도를 높은 정확도로 유지하기 어렵다.

58. 유압 펌프의 동력을 산출하는 방법으로 옳은 것은?

① 힘×거리
② 압력×유량
③ 질량×가속도
④ 압력×수압면적

해설 동력$(L) = PAV = PQ$
여기서, P : 압력, A : 관의 단면적, V : 속도, Q : 유량

59. 유압 실린더가 중력으로 인하여 제어속도 이상 낙하하는 것을 방지하는 밸브는?

① 감압 밸브
② 시퀀스 밸브
③ 무부하 밸브
④ 카운터 밸런스 밸브

해설 카운터 밸런스 밸브(counter balance valve) : 회로의 일부에 배압을 발생시키고자 할 때 사용하는 밸브로, 조작 중 부하가 급속하게 제거되어 연직 방향으로 작동하는 램이 중력에 의하여 낙하하는 것을 방지하고자 할 경우에 사용한다.

60. 실린더 로드의 지름을 크게 하여 부하에 대한 위험을 줄인 실린더는?

① 램형 실린더
② 탠덤 실린더
③ 다위치 실린더
④ 텔레스코프 실린더

해설 램형 실린더 : 피스톤 지름과 로드 지름 차가 없는 수압 가동 부분을 갖는 것으로 좌굴 하중 등 강성을 요할 때 사용한다.

정답 58. ② 59. ④ 60. ①

자동화설비 산업기사

제19회 CBT 대비 실전문제

1과목 자동 제어

1. 다음 중 전달 함수 $G(s)=\dfrac{(s+b)}{(s+a)}$를 갖는 회로가 진상보상회로의 특성을 갖기 위한 조건은? (단, a와 b의 값은 절댓값이다.)

① $a>b$ ② $b>a$
③ $s-b$ ④ $s=a$

해설 보상회로
- 진상보상회로(lead compensation, 앞섬 보상) : 과도 응답을 개선시킨다.
- 지상보상회로(lag compensation, 뒤섬 보상) : 정상 상태 정확도를 개선시킨다.
- 전달 함수가 일반적으로 $G(s)=K\dfrac{s+z}{s+p}$라고 할 때 진상보상회로는 $z>p$이어야 한다.

2. 다음 중 전기자 반작용에 의한 여자작용을 이용하는 회전증폭기는?

① 로터트롤 ② 앰플리다인
③ 자기증폭기 ④ 차동증폭기

해설 회전증폭기는 전기량을 증폭하기 위하여 사용되는 직류발전기의 일종으로 전기적 제어 요소에 속하며 앰플리다인, 로터트롤이 있다.
1. 제어용 기기
   - 기계적 요소(스프링, 피스톤, 다이어프램 등)
   - 전기적 요소(회전증폭기, 자기증폭기, 차동변압기 등)
2. 회전증폭기
   - 앰플리다인(amplidyne) : 전기자 반작용에 의한 여자작용을 이용
   - 로트트롤(rototrol) : 계자권선의 자기 여자작용을 이용

3. 아날로그 센서에서 출력되는 전기신호를 컴퓨터에서 처리할 수 있도록 디지털 값으로 변환해 주는 장치는?

① OP 앰프 ② 인버터
③ D/A 컨버터 ④ A/D 컨버터

4. 1차 시스템의 시정수에 관한 다음 설명 중 옳은 것은?

① 시정수가 클수록 오버슈트가 크다.
② 시정수가 클수록 정상 상태 오차가 작다.
③ 시정수가 작을수록 응답속도가 빠르다.
④ 시정수는 응답속도에 영향을 주지 않는다.

5. 공기압 발생장치에서 보내온 공기 중 수분, 먼지 등이 포함되어 있다. 이러한 것을 막아 공압기기를 보호하기 위해 설치하는 것은?

① 압축공기 필터
② 압축공기 조절기
③ 압축공기 드라이어
④ 압축공기 윤활기

해설
- 압축공기 필터 : 응축된 물과 먼지 등을 제거한다.
- 압축공기 조절기 : 감압 밸브를 이용하여 압력을 조절한다.
- 압축공기 드라이어 : 압축공기를 건조시킨다.
- 압축공기 윤활기 : 공압기기의 마찰을 감소시키고 부식을 방지한다.

정답 1. ① 2. ② 3. ④ 4. ③ 5. ①

6. 다음 중 제어량을 어떤 일정한 목표값으로 유지하는 것을 목적으로 하는 정치제어에 속하지 않는 것은?
① 암모니아 합성 프로세서 제어
② 주파수 제어
③ 자동전압 조정장치
④ 발전기의 조속기

7. 다음 중 입력이 어떤 정상 상태에서 다른 상태로 변화했을 때, 출력이 정상 상태에서 도달할 때까지의 응답은?
① 과도 응답   ② 스텝 응답
③ 램프 응답   ④ 임펄스 응답

8. 시퀀스 제어와 비교한 되먹임 제어의 가장 큰 특징은?
① 출력을 검출하는 장치가 있다.
② 입력과 출력을 비교하는 장치가 있다.
③ 응답속도를 빠르게 하는 장치가 있다.
④ 비상 정지를 할 수 있는 장치가 있다.

9. 다음 중 유압 회로에서 유압 실린더나 액추에이터로 공급하는 유체의 흐름의 양을 변화시키는 밸브는?
① 유량제어 밸브   ② 압력제어 밸브
③ 압력 스위치   ④ 방향제어 밸브

10. 다음 중 되먹임 제어의 특징과 관계없는 것은?
① 제어기 성능이 나빠지더라도 큰 영향을 받지 않는다.
② 전체 제어계가 불안정해질 수 있다.
③ 제어 특성이 향상되고 목표값에 정확히 도달할 수 있다.
④ 구조가 간단해지므로 설치비가 저렴하다.

해설 되먹임 제어는 구조가 복잡하고 설치비가 많이 든다.

11. 다음 서보기구에 대한 설명 중 옳지 않은 것은?
① 제어량이 기계적 변위인 자동제어계를 의미한다.
② 일반적으로 신호변환부와 파워변환부로 구성된다.
③ 신호 변환 시 전기식보다는 유압식이 많이 사용된다.
④ 서보기구의 파워변환부는 증력 및 조작을 행하는 부분이다.

12. 다음 제어기 중에서 제어 결과에 빨리 도달하도록 미분동작을 부가하여 응답속도만을 개선한 것은?
① P제어기   ② PI제어기
③ PD제어기   ④ PID제어기

해설
• P제어기 : proportional controller (비례제어기)
• PI제어기 : proportional integral controller(비례적분제어기)
• PD제어기 : proportional differential controller(비례미분제어기)
• PID제어기 : proportional integral differential controller(비례적분미분제어기)

13. 릴리프 밸브 등에서 밸브 시트를 두들겨서 비교적 높은 음을 발생시키는 일종의 자력 진동현상은?
① 캐비테이션   ② 서지압력
③ 채터링   ④ 크래킹압력

정답 6.① 7.① 8.② 9.① 10.④ 11.③ 12.③ 13.③

14. $F(t)te^{-t}$의 라플라스(laplace) 변환을 구한 것은?

① $\dfrac{1}{(s+1)^2}$ ② $\dfrac{1}{s+1}$

③ $\dfrac{1}{s-1}$ ④ $\dfrac{1}{(s-1)^2}$

해설 $f(t)=t^n e^{-at}$의 라플라스 변환공식은 $F(s)=\dfrac{n!}{(s+a)^{n+1}}$이다.
$n=1$, $a=1$인 경우이므로 위 식에 대입하면 $F(s)=\dfrac{1!}{(s+a)^{1+1}}=\dfrac{1}{(s+a)^2}$이 된다.

15. 물체의 위치, 방위, 자세 등의 기계적 변위를 제어량으로 해서 목표값의 임의의 변화에 추종하도록 구성된 제어계는?

① 서보기구 ② 프로세스 제어
③ 자동 조정 ④ 정치제어

16. 다음 중 로터리 인코더에서 출력되는 펄스 신호를 PLC에 입력시키기 위해서 사용하는 특수 유닛 명칭은?

① 컴퓨터 링크 유닛
② PID 유닛
③ 고속 카운터 유닛
④ 위치 결정 유닛

17. 전달 함수 $G(s)=1+sT$인 제어계에서 $wT=1,000$일 때, 이득은 약 몇 dB인가?

① 80 ② 60
③ 30 ④ 10

18. PLC에서 입력시키는 프로그램을 기억하기 위해 RAM을 사용하는 메모리는?

① 연산제어 메모리
② 제어용 메모리
③ 입출력 메모리
④ 프로그램 메모리

19. 다음 개루프 전달 함수에 대한 제어 시스템의 근궤적의 개수는?

$$G(s)H(s)=\dfrac{K(s+1)}{\{s(s+2)(s+3)\}}$$

① 1 ② 2
③ 3 ④ 4

해설 근궤적이란 개루프 전달 함수의 이득정수 를 0에서 ∞까지 변화시켰을 때의 특성방정식의 근의 이동 궤적을 말한다. 근궤적의 개수는 극점의 수와 같다. 여기서, 특성방정식이란 전달 함수의 분모를 0으로 놓은 방정식을 말한다.

참고 폐루프 시스템의 블록 선도가 그림과 같을 때 되먹임 신호는 $B(s)=H(s)C(s)$

개루프 전달 함수는 $\dfrac{B(s)}{E(s)}=G(s)H(s)$

앞먹임 전달 함수는 $\dfrac{C(s)}{E(s)}=G(s)$

폐루프 전달 함수는 $\dfrac{C(s)}{R(s)}=\dfrac{G(s)}{1+G(s)H(s)}$

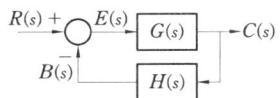

20. PC 제어의 장점이 아닌 것은?

① 비용 절감
② 호환성 증대
③ 유지보수 용이
④ 메이커 전용의 카드 사용

정답 14. ① 15. ① 16. ③ 17. ② 18. ④ 19. ③ 20. ④

2과목 기계 요소 설계

21. 마찰차의 응용 범위에 대한 설명으로 옳지 않은 것은?

① 전달해야 할 힘이 그다지 크지 않고 정확한 속도비를 중요시하지 않는 경우
② 양 축 사이를 빈번하게 단속할 필요가 없는 경우
③ 회전 속도가 커서 보통의 기어를 사용할 수 없는 경우
④ 무단 변속을 하는 경우

해설 양 축 사이를 빈번하게 단속할 필요가 있을 경우 마찰차를 사용한다.

22. 다음 마찰차 중 무단 변속장치로 이용할 수 없는 것은?

① 홈 마찰차
② 에반스 마찰차
③ 원판 마찰차
④ 구면 마찰차

해설 홈 마찰차는 크레인, 윈치 등의 물건을 감아 올릴 때 사용한다.

23. 다음 중 동력 전달장치로서 운전이 조용하고, 무단 변속을 할 수 있으나 일정한 속도비를 얻기가 힘든 것은?

① 마찰차
② 기어
③ 체인
④ 플라이 휠

해설 작은 힘을 전달하거나 정확한 회전 운동을 하지 않는 곳에 쓰이는 동력 전달장치는 마찰차이다.

24. 마찰차에 대한 설명 중 틀린 것은?

① 원통 마찰차는 두 축이 직교한다.
② 홈 붙이 마찰차는 두 축이 평행한다.
③ 원뿔 마찰차는 두 축이 만난다.
④ 변속 마찰차는 변속이 가능하다.

해설 원통 마찰차는 두 축이 평행한다.

25. 축간 거리 $C = 240\,mm$, $n_1 = 120$, $n_2 = 60$ 인 마찰차의 D_1, D_2는? (단, $D_1 = \dfrac{1}{2}D_2$)

① $D_1 = 400\,mm$, $D_2 = 200\,mm$
② $D_1 = 160\,mm$, $D_2 = 320\,mm$
③ $D_1 = 150\,mm$, $D_2 = 300\,mm$
④ $D_1 = 250\,mm$, $D_2 = 500\,mm$

해설 $D_1 = \dfrac{1}{2} \times D_2$ 이므로

$$C = \frac{D_1 + D_2}{2} = \frac{\frac{1}{s}D_2 + D_2}{2} = \frac{3}{4}D_2$$

$$C = \frac{3}{4}D_2,\ 3D_2 = 4C,\ D_2 = \frac{4}{3}C$$

$C = 240$ 이므로 $D_2 = \dfrac{4}{3} \times 240 = 320\,mm$

$D_1 = \dfrac{1}{2}D_2 = \dfrac{1}{2} \times 320 = 160\,mm$

26. 다음 중 치수 공차가 가장 작은 것은?

① 50 ± 0.01
② $50^{+0.01}_{-0.02}$
③ $50^{+0.02}_{-0.01}$
④ $50^{+0.03}_{+0.02}$

해설 치수 공차는 ①은 0.02, ②는 0.03, ③은 0.03, ④는 0.01이다.

27. 치수가 $80^{+0.008}_{+0.002}$로 나타날 경우 위 치수 허용차는?

① 0.008 ② 0.002 ③ 0.010 ④ 0.006

정답 21. ② 22. ① 23. ① 24. ① 25. ② 26. ④ 27. ①

[해설] 위 치수 허용차
= 최대 허용 치수 - 기준 치수
= 80.008 - 80 = 0.008
예를 들어 $100^{+0.05}_{-0.03}$에서 위 치수 허용차는 0.05이고, 아래 치수 허용차는 -0.03이다.

28. 기준 치수 49.000 mm, 최대 허용 치수 49.011 mm, 최소 허용 치수 48.985일 때, 위 치수 허용차와 아래 치수 허용차는?

（위 치수 허용차）　（아래 치수 허용차）
① + 0.011 mm　　- 0.085 mm
② - 0.015 mm　　+ 0.011 mm
③ - 0.025 mm　　+ 0.025 mm
④ + 0.011 mm　　- 0.015 mm

[해설] • 위 치수 허용차 = 49.011 - 49.000
　　　　　　　　 = 0.011 mm
• 아래 치수 허용차 = 48.985 - 49.000
　　　　　　　　 = -0.015 mm

29. 어떤 치수가 $50^{+0.035}_{-0.012}$일 때 치수 공차는 얼마인가?

① 0.013　　② 0.023
③ 0.047　　④ 0.012

[해설] 치수 공차 = 50.035 - 49.988 = 0.047

30. 치수가 다음과 같이 명기되어 있을 때 치수 공차는 얼마인가?

$$\phi 120^{+0.04}_{+0.02}$$

① 0.04　　② 0.80
③ 0.06　　④ 0.02

[해설] 치수 공차는 최대 허용 치수와 최소 허용 치수의 차이이므로 0.04 - 0.02 = 0.02이다.

31. 도면과 같이 A와 B 두 개 부품이 조립 상태에 있다. A와 B의 치수가 올바르게 설명된 것은?

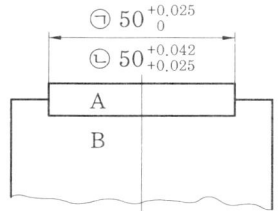

① ㉡은 부품 A의 치수이고, 최대 허용 치수는 50.042 mm
② ㉠은 부품 A의 치수이고, 최소 허용 치수는 50.000 mm
③ ㉡은 부품 B의 치수이고, 최대 허용 치수는 50.042 mm
④ ㉠은 부품 B의 치수이고, 최소 허용 치수는 50.025 mm

[해설] ㉠은 부품 B의 구멍의 치수이고, ㉡은 부품 A의 치수이다.

32. 치수 공차와 끼워맞춤 공차에 사용하는 용어의 설명이다. 이에 대한 설명으로 잘못된 것은?

① 틈새 : 구멍의 치수가 축의 치수보다 클 때 구멍과 축의 치수 차
② 위 치수 허용차 : 최대 허용 치수에서 기준 치수를 뺀 값
③ 헐거운 끼워맞춤 : 항상 틈새가 있는 끼워맞춤
④ 치수 공차 : 기준 치수에서 아래 치수 허용차를 뺀 값

[해설] 치수 공차 : 최대 허용 한계 치수에서 최소 허용 한계 치수를 뺀 값

정답 28. ④　29. ③　30. ④　31. ①　32. ④

33. 다음 중 최대 죔새를 나타낸 것은? (단, 조립 전 치수를 기준으로 한다.)
① 구멍의 최대 허용 치수-축의 최대 허용 치수
② 축의 최소 허용 치수-구멍의 최대 허용 치수
③ 축의 최대 허용 치수-구멍의 최소 허용 치수
④ 구멍의 최소 허용 치수-축의 최소 허용 치수

해설 최소 죔새=축의 최소 허용 치수-구멍의 최대 허용 치수

34. 구멍의 치수가 $\phi 50^{+0.005}_{-0.004}$이고 축의 치수가 $\phi 50^{+0.005}_{-0.004}$일 때 최대 틈새는?
① 0.004   ② 0.005
③ 0.009   ④ 0.008

해설 최대 틈새
=구멍의 최대 허용 치수-축의 최소 허용 치수
$=(50+0.005)-(50-0.004)=0.009$

35. 그림과 같은 축 A와 부시 B의 끼워맞춤에서 최소 틈새가 0.30mm이고, 축의 공차가 0.20mm일 때 축 A의 최대 치수와 최소 치수는?

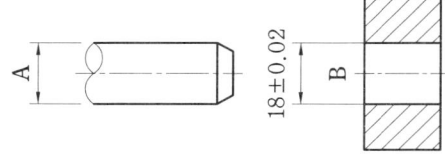

① 최대 : 17.58mm, 최소 : 17.38mm
② 최대 : 17.68mm, 최소 : 17.48mm
③ 최대 : 18.38mm, 최소 : 18.08mm
④ 최대 : 18.58mm, 최소 : 18.38mm

해설 • 최대 치수=18-(0.30+0.02)
         =17.68
• 최소 치수=18-(0.5+0.02)=17.48

36. 구멍의 치수가 $\phi 50^{+0.025}_{0}$이고, 축의 치수가 $\phi 50^{-0.015}_{-0.050}$이면 무슨 끼워맞춤인가?
① 헐거운 끼워맞춤   ② 중간 끼워맞춤
③ 억지 끼워맞춤   ④ 가열 끼워맞춤

해설 구멍과 축을 조립했을 때 구멍의 지름이 축의 지름보다 크면 틈새가 생겨서 헐겁게 끼워맞춰지는데, 이를 헐거운 끼워맞춤이라 한다.

37. 기계 제도에서 치수선을 나타내는 방법에 해당하지 않는 것은?

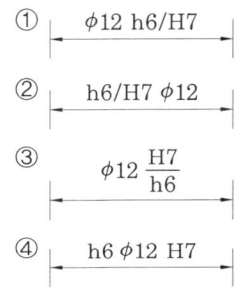

38. 끼워맞춤에서 H7/r6은 어떤 끼워맞춤인가?
① 구멍 기준식 중간 끼워맞춤
② 구멍 기준식 억지 끼워맞춤
③ 구멍 기준식 헐거운 끼워맞춤
④ 구멍 기준식 고정 끼워맞춤

해설 H는 대문자이므로 구멍 기호이며, r6는 억지 끼워맞춤이다.

39. H7 구멍과 가장 헐겁게 끼워지는 축의 공차는?
① f6   ② h6

③ k6　　　　④ g6

해설 헐거운 끼워맞춤은 e, f, g, h 순서이다.

40. 구멍 기준식(H7) 끼워맞춤에서 조립되는 축의 끼워맞춤 공차가 다음과 같을 때 억지 끼워맞춤에 해당되는 것은?

① p6　　　　② h6
③ g6　　　　④ f6

해설 f, h, g는 헐거운 끼워맞춤이다.

3과목　　공유압

41. 전기적인 입력신호를 얻어 전기신호를 개폐하는 기기로 반복동작을 할 수 있는 기기는?

① 차동 밸브
② 압력 스위치
③ 시퀀스 밸브
④ 전자 릴레이

해설 전자 릴레이 : 전자 코일에 전류가 흐르면 전자석이 되어 그 전자력에 의해 접점을 개폐하는 기능을 가진 장치로 일반 시퀀스 회로의 분기나 접속, 저압 전원의 투입이나 차단 등에 사용된다.

42. 유관의 안지름을 2.5cm, 유속을 10cm/s로 하면 최대 유량(Q)은 약 몇 cm³/s인가?

① 49　　　　② 98
③ 196　　　　④ 250

해설 단면적 $A=\dfrac{\pi d^2}{4}=\dfrac{\pi \times 2.5^2}{4}=4.9\,\text{cm}^2$, 연속의 법칙에서 $Q=AV$이므로 유량 $Q=4.9\times 10=49\,\text{cm}^3/\text{s}$이다.

43. 유압 회로에서 유량이 필요하지 않게 되었을 때 작동유를 탱크로 귀환시키는 회로는 어느 것인가?

① 무부하 회로　　② 동조 회로
③ 시퀀스 회로　　④ 브레이크 회로

해설 무부하 회로(언로드 회로) : 유압 펌프의 유량이 필요하지 않게 되었을 때 작동유를 저압으로 탱크에 귀환시켜 펌프를 무부하로 만드는 회로

44. 유압 실린더를 그림과 같은 회로를 이용하여 단조 기계와 같이 큰 외력에 대항하여 행정의 중간 위치에서 정지시키고자 할 때 점선 안에 들어갈 적당한 밸브는?

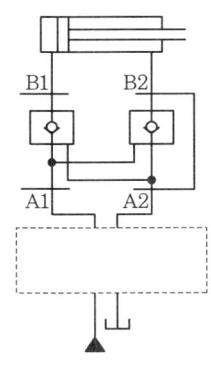

①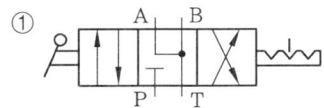

②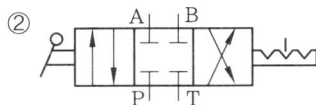

③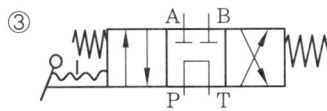

④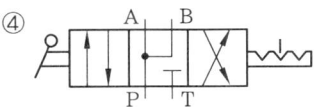

정답 40. ①　41. ④　42. ①　43. ①　44. ①

해설 이 회로는 파일럿 조작 체크 밸브를 이용한 완전 로크 회로의 한 종류로 1개의 유압원으로 2조 이상의 유압 실린더를 독립적으로 자동 운전시키고자 할 때 사용하는 것이다.

45. 유압장치의 장점을 설명한 것으로 틀린 것은?
① 에너지의 축적이 용이하다.
② 힘의 변속이 무단으로 가능하다.
③ 일의 방향을 쉽게 변환할 수 있다.
④ 작은 장치로 큰 힘을 얻을 수 있다.

해설 공압장치는 에너지 축적이 우수하나 유압장치는 축압기를 이용한 1회성 에너지 축적만 가능하다.

46. 도면에서 밸브 ㉠의 입력으로 A가 on되고, ㉡의 신호 B를 off로 해서 출력 out이 on되게 한 다음 신호 A를 off로 한다면 출력은 어떻게 되는가?

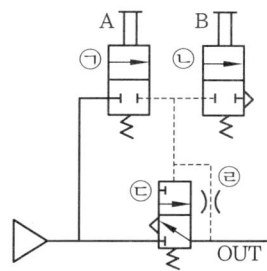

① out은 off로 된다.
② out은 on이 유지된다.
③ ㉢의 밸브가 off로 된다.
④ ㉡의 밸브에서 대기 방출이 된다.

해설 플립플롭 회로는 먼저 도달한 신호가 우선되어 작동되며, 다음 신호가 입력될 때까지 처음 신호가 유지된다.

47. 램형 실린더의 장점이 아닌 것은?
① 피스톤이 필요 없다.
② 공기빼기장치가 필요 없다.
③ 실린더 자체 중량이 가볍다.
④ 압축력에 대한 휨에 강하다.

해설 램형 실린더 : 좌굴 등 강성을 요할 때 사용하는 실린더로 피스톤 지름과 로드 지름 차가 없는 수압 가동 부분을 갖는 것이므로 실린더 자체 중량이 무겁다.

48. 상시 개방 접점과 상시 폐쇄 접점의 2가지 기능을 모두 갖고 있는 접점은?
① 메이크 접점   ② 전환 접점
③ 브레이크 접점 ④ 유지 접점

해설 상시 개방 접점은 a 접점, 상시 폐쇄 접점은 b 접점이며, 이 두 접점을 합한 접점은 c 접점인 전환 접점이다.

49. 다음 중 흡수식 공기 건조기의 특징이 아닌 것은?
① 취급이 간편하다.
② 장비의 설치가 간단하다.
③ 외부 에너지 공급원이 필요 없다.
④ 건조기에 움직이는 부분이 많으므로 기계적 마모가 많다.

해설 흡수식은 화학적 방식이므로 기계적 마모가 적다.

50. 토크가 T[kgf·m]이고, n[rpm]으로 회전하는 공압 모터의 출력(PS)을 구하는 식은 어느 것인가?
① $\dfrac{nT}{716.2}$ ② $\dfrac{716.2}{nT}$
③ $\dfrac{716.2T}{n}$ ④ $\dfrac{716.2n}{T}$

정답 45. ① 46. ② 47. ③ 48. ② 49. ④ 50. ①

해설 $H_{PS} = \dfrac{FV}{75} = \dfrac{T\omega}{75 \times 100}$

$T = \dfrac{450000}{2\pi} \times \dfrac{H_{PS}}{n} = \dfrac{71620 H_{PS}}{n} [\text{kgf} \cdot \text{cm}]$

$T = \dfrac{716.2 H_{PS}}{n} [\text{kgf} \cdot \text{m}]$

$H_{PS} = \dfrac{nT}{716.2}$

51. 공유압 제어 밸브를 기능에 따라 분류하였을 때 다음 중 해당되지 않는 것은 어느 것인가?

① 방향 제어 밸브
② 압력 제어 밸브
③ 유량 제어 밸브
④ 온도 제어 밸브

해설 공유압 제어 밸브는 기능에 따라 압력 제어 밸브, 유량 제어 밸브, 방향 제어 밸브 3가지로 분류한다.

52. 표와 같은 진리값을 갖는 논리 제어 회로는?

입력 신호		출력
A	B	C
0	0	0
0	1	0
1	0	0
1	1	1

① OR 회로
② AND 회로
③ NOT 회로
④ NOR 회로

해설 AND 회로 : 두 개의 입력 신호 A, B가 모두 있어야만 출력이 있는 논리

53. 유압 제어 밸브의 분류에서 압력 제어 밸브에 해당되지 않는 것은?

① 릴리프 밸브(relief valve)
② 스로틀 밸브(throttle valve)
③ 시퀀스 밸브(sequence valve)
④ 카운터 밸런스 밸브(counter balance valve)

해설 스로틀 밸브는 유량 제어 밸브이다.

54. 다음 중 2개의 입력 신호 중에서 높은 압력만을 출력하는 OR 밸브는?

① 셔틀 밸브   ② 이압 밸브
③ 체크 밸브   ④ 시퀀스 밸브

해설 고압 우선 셔틀 밸브는 OR 밸브 또는 셔틀 밸브라 하고, 저압 우선 셔틀 밸브는 이압 밸브, AND 밸브라고 하며, 체크 밸브는 역류 방지 밸브, 시퀀스 밸브는 순차 밸브이다.

55. 그림에 해당되는 제어 방법으로 옳은 것은?

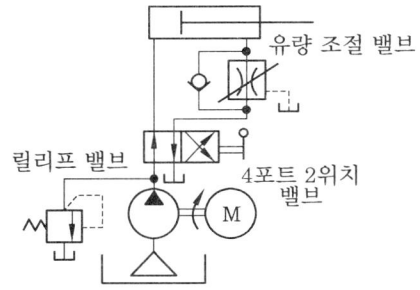

① 미터 인 방식의 전진 행정 제어 회로
② 미터 인 방식의 후진 행정 제어 회로
③ 미터 아웃 방식의 전진 행정 제어 회로
④ 미터 아웃 방식의 후진 행정 제어 회로

해설 이 회로는 한 방향 유량 제어를 한 미터 아웃 전진 속도 제어 회로이다.

정답 51. ④ 52. ② 53. ② 54. ① 55. ③

56. 공기 탱크와 공기압 회로 내의 공기 압력이 규정 이상의 공기 압력으로 될 때에 공기 압력이 상승하지 않도록 대기와 다른 공기압 회로 내로 빼내주는 기능을 갖는 밸브는?

① 감압 밸브 ② 시퀀스 밸브
③ 릴리프 밸브 ④ 압력 스위치

해설 릴리프 밸브는 정상적인 압력에서는 닫혀 있으나, 어느 제한 압력에 도달하면 열려서 회로 내의 압력 상승을 제한하는 밸브로 주로 안전 밸브로 사용된다.

57. 펌프의 송출 압력이 50 kgf/cm², 송출량이 20 L/min인 유압 펌프의 펌프 동력은 약 몇 kW인가?

① 1.0 ② 1.2
③ 1.6 ④ 2.2

해설 $L_{kW} = \dfrac{PQ}{612} = \dfrac{50 \times 20}{612} ≒ 1.63\,\text{kW}$

58. 방향 제어 밸브의 조작 방식 중 기계 방식의 밸브 기호는?

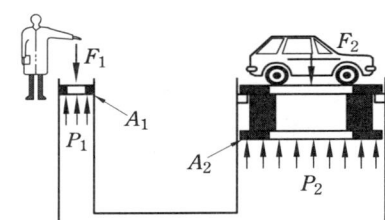

해설 ① : 인력 조작의 일반 기호, ② : 레버 방식, ③ : 페달 방식, ④ : 롤러 방식

59. 다음 유압 기호의 명칭으로 옳은 것은?

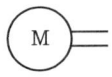

① 공기 탱크
② 전동기
③ 내연기관
④ 축압기

60. 그림에서처럼 밀폐된 시스템이 평형 상태를 유지할 경우 힘 F_1을 옳게 표현한 식은 어느 것인가?

① $\dfrac{A_1 \times A_2}{F_2}$ ② $\dfrac{A_1 \times F_2}{A_2}$

③ $\dfrac{F_2}{A_1 \times A_2}$ ④ $\dfrac{A_2}{A_1 \times F_2}$

해설 $P = \dfrac{F_1}{A_1} = \dfrac{F_2}{A_2}$ ∴ $F_1 = \dfrac{A_1 F_2}{A_2}$

정답 56. ③ 57. ③ 58. ④ 59. ② 60. ②

제20회 CBT 대비 실전문제

자동화설비 산업기사

1과목 자동 제어

1. 제어계의 시간역에서의 성능에 해당되지 않는 것은?
① 퍼센트 오버슈트 ② 정착시간
③ 상승시간 ④ 감도

2. DC 서보모터의 설계 시 응답을 개선하기 위하여 고려할 사항이 아닌 것은?
① 전기적 시정수(인덕턴스/저항)를 크게 한다.
② 기계적 시정수를 작게 한다.
③ 순시 최대 토크까지의 직선성을 높인다.
④ 토크 맥동을 작게 한다.

해설 시정수가 크다는 것은 응답이 느리다는 것이다. 서보모터는 시정수를 줄여서 응답이 빨라지도록 설계되어야 한다.

3. 전자계전기 자신의 a접점을 이용하여 회로를 구성하여 스스로 동작을 유지하는 회로는?
① 우선회로 ② 순차회로
③ 자기유지회로 ④ 유극회로

4. PC 기반제어에 대해 잘못 설명한 것은?
① 특별한 가동 조건에서의 시뮬레이션이 가능하다.
② 제어 시스템의 일부분만 교체하는 것은 불가능하다.
③ 아날로그 신호를 샘플링하여 모니터링하는 것이 가능하다.
④ 제어신호와 데이터를 외부 컴퓨터와 연결하는 것이 용이하다.

해설 PC 기반제어는 범용 하드웨어와 소프트웨어를 사용하며 일반적인 데이터 통신 구조를 갖고 있으므로 시스템을 변경하거나 확장할 때 제어 시스템의 일부분만 교체하거나 소프트웨어만 수정하기도 한다.

5. 제어계에 있어서 제어량을 지배하기 위해서 제어 대상에 가하는 양은?
① 기준압력 ② 동작신호
③ 제어량 ④ 조작량

6. 제어계의 응답이 빠르지 않지만 잔류편차를 없앨 수 있는 장점을 가지는 제어동작은?
① 비례제어 ② 적분제어
③ 미분제어 ④ 비례적분미분제어

7. 다음 전달 함수에 대한 설명 중 옳지 않은 것은?

$$G(s)=K_p\left(1+\frac{1}{sT_i}+sT_D\right)$$

① K_p를 조절기의 비례이득이라고 한다.
② T_D는 리셋률(reset rate)이라 한다.
③ T_i는 적분시간이다.
④ 이 조절기는 비례적분미분 동작조절기이다.

해설 T_D는 미분시간이다. 리셋률은 $\frac{1}{T_i}$이다.

정답 1. ④ 2. ① 3. ③ 4. ② 5. ④ 6. ② 7. ②

8. 상수 K를 라플라스 변환한 값은?

① $\dfrac{1}{K}$ ② K^2
③ $\dfrac{K}{s}$ ④ $\dfrac{K}{s^6}$

해설 $f(t)=K$일 때
$$\mathscr{L}[f(t)]=F(s)=K\int_0^\infty 1\cdot e^{-st}dt$$
$$=-\dfrac{K}{s}\cdot[e^{-st}]_0^\infty=-\dfrac{K}{s}(0-1)=\dfrac{K}{s}$$

9. 다음 중 가변 용량형이면서 양방향 유동인 유압펌프의 기호는?

10. 다음 중 PLC에서 사용하는 프로그래밍 방식이 아닌 것은?
① 래더 다이어그램
② 명령어
③ 순서도
④ 클램프

11. 다음의 관계식 중 옳지 않은 것은?
① $\lim\limits_{t\to 0} f(t) = \lim\limits_{s\to 0} sF(s)$
② $\lim\limits_{t\to \infty} f(t) = \lim\limits_{s\to 0} sF(s)$
③ $\mathscr{L}[af_1(t)\pm bf_2(t)] = aF_1(s)\pm bF_2(s)$
④ $\mathscr{L}\left[f\left(\dfrac{t}{a}\right)\right] = aF(as),\ (a>0)$

해설 라플라스 변환의 초깃값 정리이다.
$\lim\limits_{t\to 0} f(t) = \lim\limits_{s\to \infty} sF(s)$

12. 로봇 관절을 위치(각도)제어하려고 할 때 흔히 쓰이는 센서가 아닌 것은?
① 인코더   ② 포텐셔미터
③ 스트레인 게이지 ④ 리졸버

해설 스트레인 게이지는 일반적으로 변형이나 하중을 측정하는 데 사용된다.

13. 다음 그림에서 서보기구의 제어방식으로 맞는 것은?

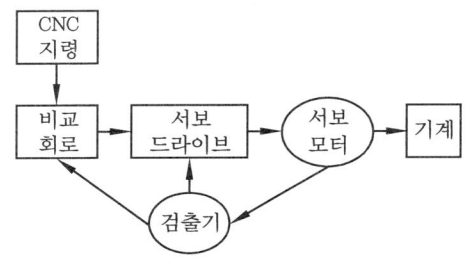

① 개방회로 방식
② 반폐쇄회로 방식
③ 폐쇄회로 방식
④ 하이브리드 방식

14. 그림에서 전달 함수 G는?

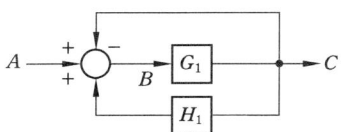

① $\dfrac{G_1}{1+H_1G_1-G_1}$ ② $\dfrac{G_1}{1+G_1-G_1H_1}$
③ $\dfrac{G_1A}{1+H_1G_1-G_1}$ ④ $\dfrac{G_1A}{1+AG_1-G_1H_1}$

해설 $B=A+H_1C-C$ ············· ①
$C=G_1B$
$B=\dfrac{C}{G_1}$ ························· ②

식 ①의 B에 식 ②를 대입하면,

정답 8. ③ 9. ④ 10. ④ 11. ① 12. ③ 13. ② 14. ②

$$\frac{C}{G_1} = A - C + H_1 C$$

$$\frac{C}{G_1} + C - H_1 C = A$$

양변에 G_1을 곱하면,

$$C + G_1 C - G_1 H_1 C = G_1 A$$

$$(1 + G_1 - G_1 H_1)C = G_1 A$$

전달 함수를 구하면,

$$\frac{C}{A} = \frac{G_1}{1 + G_1 - G_1 H_1}$$

15. 다음 중 전자력을 이용하여 유체의 방향을 제어하는 조작방식으로 사용되는 것은?
① 솔레노이드 밸브
② 공기압 작동 밸브
③ 기계 작동 밸브
④ 수동 방식

16. 다음 중 서보기구의 제어량으로 가장 적합한 것은?
① 위치, 방향, 자세
② 온도, 유량, 압력
③ 조성, 품질, 효율
④ 각도, 유량, 품질

17. 다음 중 서보공압장치의 특징에 대한 설명으로 적합하지 않은 것은?
① 실린더 이동 속도가 빠르다.
② 표준품 실린더를 사용하기 때문에 행정거리의 조절이 어렵다.
③ 높은 위치 정밀도를 구현할 수 있다.
④ 구동장치가 견고하다.

18. 다음 중 서보모터에 사용되고 있는 회전속도 검출기로 적합하지 않은 것은?

① 인코더
② 태코 제너레이터
③ 리밋 스위치
④ 리졸버

19. 전압, 주파수를 제어량으로 하고 목표값을 장시간 일정하게 유지하도록 하는 제어는?
① 추종제어
② 비율제어
③ 자동조정
④ 서보기구

20. 제어계의 응답에서 처음 희망하는 값의 10%에서 90%까지 도달하는 데 필요한 시간을 의미하는 용어는?
① 오버슈트
② 지연시간
③ 응답시간
④ 상승시간

2과목   기계 요소 설계

21. 속도비 3 : 1, 모듈 3, 피니언(작은 기어) 잇수가 30인 한 쌍의 표준 스퍼 기어에서 축간 거리는 몇 mm인가?
① 60   ② 100   ③ 140   ④ 180

해설 $i = \frac{n_2}{n_1} = \frac{Z_1}{Z_2} = \frac{30}{Z_2} = \frac{1}{3}$, $Z_2 = 90$

$\therefore C = \frac{m(Z_1 + Z_2)}{2} = \frac{3(30 + 90)}{2} = 180 \text{ mm}$

22. 웜을 구동축으로 할 때 웜의 줄수를 3, 웜 휠의 잇수를 60이라 하면 웜 기어 장치의 감속 비율은?
① 1/10
② 1/20
③ 1/30
④ 1/60

해설 $i = \frac{Z_n}{Z} = \frac{3}{60} = \frac{1}{20}$

정답 15. ① 16. ① 17. ② 18. ③ 19. ③ 20. ④ 21. ④ 22. ②

23. 이끝원 지름이 104mm, 잇수가 50인 표준 스퍼 기어의 모듈은?

① 5
② 4
③ 3
④ 2

해설 $D_0 = m(Z+2)$

∴ $m = \dfrac{D_0}{Z+2} = \dfrac{104}{50+2} = 2$

24. 표준 스퍼 기어에서 모듈 4, 잇수 21개, 압력각이 20°라고 할 때, 법선 피치(P_n)는 약 몇 mm인가?

① 11.8
② 14.8
③ 15.6
④ 18.2

해설 $P_n = \pi m \cos\alpha = \pi \times 4 \times \cos 20° ≒ 11.8\,\text{mm}$

25. 축간 거리 55cm인 평행한 두 축 사이에 회전을 전달하는 한 쌍의 스퍼 기어에서 피니언이 124회전할 때 기어를 96회전시키려면 피니언의 피치원 지름은?

① 48cm
② 62cm
③ 96cm
④ 124cm

해설 $C = \dfrac{D_1 + D_2}{2} = 55$에서 $D_1 = 110 - D_2$

$\dfrac{n_2}{n_1} = \dfrac{D_1}{D_2}$에서 $D_1 = \dfrac{n_2}{n_1} \times D_2$

$110 - D_2 = \dfrac{96}{124} \times D_2$, $D_2 = 62\,\text{cm}$

∴ $D_1 = 110 - 62 = 48\,\text{cm}$

26. 기하 공차 중 단독 형체에 관한 것들로만 짝지어진 것은?

① 진직도, 평면도, 경사도
② 평면도, 진원도, 원통도
③ 진직도, 동축도, 대칭도
④ 진직도, 동축도, 경사도

해설 경사도, 동축도(동심도), 대칭도는 관련 형체이다.

27. 다음 도면에서 기하 공차에 관한 설명으로 가장 적합한 것은?

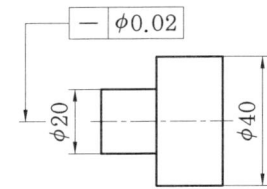

① $\phi 20$ 부분만 원통도가 $\phi 0.01$ 범위 내에 있어야 한다.
② $\phi 20$과 $\phi 40$ 부분의 원통도가 $\phi 0.02$ 범위 내에 있어야 한다.
③ $\phi 20$과 $\phi 40$ 부분의 진직도가 $\phi 0.02$ 범위 내에 있어야 한다.
④ $\phi 20$ 부분만 진직도가 $\phi 0.02$ 범위 내에 있어야 한다.

해설 데이텀 없이 사용되는 단독 형체 모양의 공차 진직도는 공차값 앞에 ϕ를 붙여서 지시하면 지름의 원통 공차 영역으로 제한되며, 평면(폭 공차)을 규제할 때는 ϕ를 붙이지 않는다.

- ─ : 진직도
- $\phi 0.02$: $\phi 20$과 $\phi 40$ 부분의 진직도 공차가 0.02mm 이내라는 의미이다.

28. 그림과 같은 기하 공차의 해석으로 가장 적합한 것은?

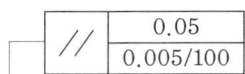

① 지정 길이 100mm에 대하여 0.05mm, 전체 길이에 대해 0.005mm의 대칭도

② 지정 길이 100mm에 대하여 0.05mm, 전체 길이에 대해 0.005mm의 평행도
③ 지정 길이 100mm에 대하여 0.005mm, 전체 길이에 대해 0.05mm의 대칭도
④ 지정 길이 100mm에 대하여 0.005mm, 전체 길이에 대해 0.05mm의 평행도

해설 // 는 평행도, 0.05는 형상의 전체 공차값, 0.005는 지정 길이의 공차값, 100은 지정 길이를 의미한다.

29. 기하학적 형상 공차를 사용하는 이유로 거리가 먼 것은?

① 최대 생산 공차를 주어 생산성을 높인다.
② 끼워맞춤 부품의 호환성을 보증한다.
③ 직각 좌표의 치수 방법을 변환시켜 간편하게 표시한다.
④ 끼워맞춤, 조립 등 그 형상이 요구하는 기능을 보증한다.

해설 기하학적 형상 공차는 제품을 가장 경제적이고 효율적으로 생산할 수 있도록 하며, 검사를 용이하게 한다.

30. 다음과 같은 기하 공차에 대한 설명으로 틀린 것은?

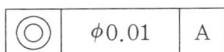

① 동심도의 허용 공차가 0.01 이내이다.
② 데이텀 A에 대한 기하 공차를 나타낸다.
③ 데이텀 A는 생략할 수 있다.
④ 데이텀 A에 대한 중심의 편차가 최대 0.01 이내로 제한된다.

해설 동심도는 위치 공차이며, 위치 공차는 관련 형체이므로 데이텀을 생략할 수 없다.

31. 기하 공차 기호 중 데이텀을 적용해야 되는 것은?

① ○ ② ⌰
③ ∠ ④ ▱

해설 ① 진원도, ② 원통도, ④ 평면도는 데이텀 없이 사용한다.

32. 다음 기하 공차에 대한 설명으로 틀린 것은 어느 것인가?

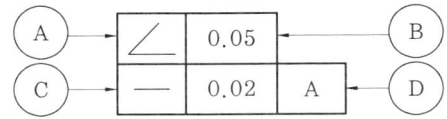

① Ⓐ : 경사도 공차
② Ⓑ : 공차값
③ Ⓒ : 직각도 공차
④ Ⓓ : 데이텀을 지시하는 문자 기호

해설 ― : 진직도 공차

33. 그림과 같이 지시선의 화살표에 온 흔들림 공차를 적용하고자 할 때 옳게 나타낸 것은?

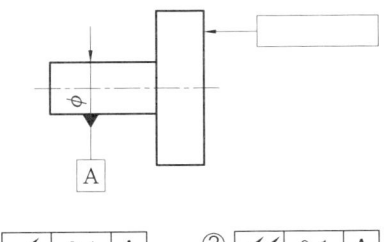

해설 ╱ 는 원주 흔들림, ╱╱ 는 온 흔들림을 나타낸다.

34. 다음 중 MMC(최대 실체 조건) 원리가 적용될 수 있는 기하 공차는?

① 진원도
② 위치도
③ 원주 흔들림
④ 원통도

[해설] MMC(최대 실체 조건) 원리가 적용될 수 있는 기하 공차는 자세 공차(평행도, 직각도, 경사도)와 위치 공차(위치도, 대칭도)이다.

35. 다음 도면에서 기하 공차에 관한 설명으로 가장 적합한 것은?

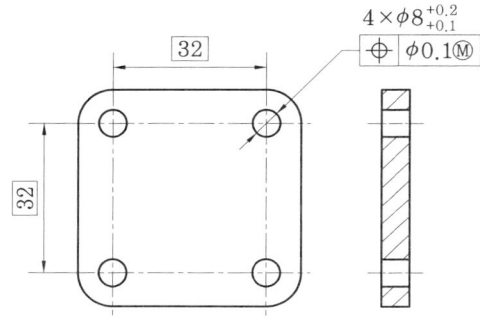

① 각 형태의 실제 부분의 크기에 대한 허용 공차 0.1의 범위에 속해야 하며, 각 형태는 $\phi 8.1$과 $\phi 8.2$ 사이에서 변할 수 있다.
② 각 형태의 지름이 $\phi 8.2$인 최소 재료의 크기일 경우 각 형태의 축은 $\phi 0.1$인 허용 공차 영역 내에서 변할 수 있다.
③ 각 형태의 지름이 $\phi 8.1$인 최대 재료의 크기일 경우 각 형태의 축은 $\phi 0.1$인 위치 허용 공차 범위에 속해야 한다.
④ 모든 허용 공차가 적용된 형태는 실질 조건 경계, 즉 $\phi 8(= \phi 8.1 - 0.1)$의 완전한 형태의 내접 원주를 지켜야 한다.

[해설] 각 형태의 지름이 $\phi 8.2$인 최소 재료 크기(부피가 최소)일 경우 각 형태의 축은 $\phi 0.2$인 허용 공차 영역 내에서 변할 수 있다.

36. 그림과 같이 표시된 기호에서 Ⓜ은 무엇을 나타내는가?

| ⌖ | 0.01 | AⓂ |

① A의 원통 정도를 나타낸다.
② 기계 가공을 나타낸다.
③ 최대 실체 공차 방식을 나타낸다.
④ A의 위치를 나타낸다.

[해설] Ⓜ : 최대 실체 공차 방식으로, 해당 부분의 실체가 최대 질량을 가질 수 있도록 치수를 정하라는 의미이다.

37. 다음 그림과 같은 도면에서 구멍 지름을 측정한 결과 10.1일 때 평행도 공차의 최대 허용치는?

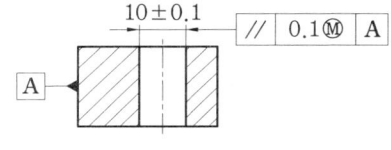

① 0   ② 0.1
③ 0.2   ④ 0.3

[해설] 이용 가능한 치수 공차
= 10.1 − 9.9 = 0.2
∴ 이용 가능한 평행도 공차
= 이용 가능한 치수 공차 + 평행도 공차
= 0.2 + 0.1 = 0.3

38. 다음 설명에 적합한 기하 공차 기호는?

구 형상의 중심은 데이텀 평면 A로부터 30mm, B로부터 25mm 떨어져 있고, 데이텀 C의 중심선 위에 있는 점의 위치를 기준으로 지름 0.3mm 구 안에 있어야 한다.

정답 34. ② 35. ② 36. ③ 37. ④ 38. ①

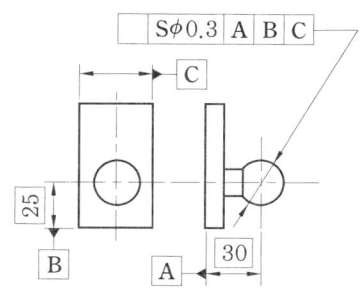

① ⊕ ② ∠
③ ⊥ ④ ◎

해설 • 위치도 : ⊕   • 경사도 : ∠
• 직각도 : ⊥   • 동심도 : ◎

39. 기하 공차를 나타내는 데 있어서 대상면의 표면은 0.1mm만큼 떨어진 두 개의 평행한 평면 사이에 있어야 한다는 것을 나타내는 것은?

① ─ 0.1   ② ▱ 0.1
③ ⌀ 0.1   ④ ⊥ 0.1 A

해설 평면도는 공차역만큼 떨어진 두 개의 평행한 평면 사이에 끼인 영역으로, 단독 형체이므로 데이텀이 필요하지 않다.

40. 다음과 같은 공차 기호에서 최대 실체 공차 방식을 표시하는 기호는?

◎ ⌀0.04 AⓂ

① ◎   ② A
③ Ⓜ   ④ ⌀

해설 • ◎ : 동축도(동심도)
• ⌀0.04 : 공차값
• A : 데이텀 기호
• Ⓜ : 최대 실체 공차 방식

3과목   공유압

41. OR 논리를 만족시키는 밸브는?
① 2압 밸브
② 급속배기 밸브
③ 셔틀 밸브
④ 압력 시퀀스 밸브

42. 다음과 같이 1개의 입력 포트와 1개의 출력 포트를 가지고 입력 포트에 입력이 되지 않은 경우에만 출력 포트에 출력이 나타나는 회로는?

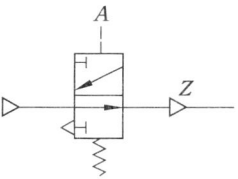

① NOR 회로   ② AND 회로
③ NOT 회로   ④ OR 회로

43. 다음의 변위 단계 선도에서 실린더 동작 순서가 옳은 것은? (단, + : 실린더의 전진, - : 실린더의 후진)

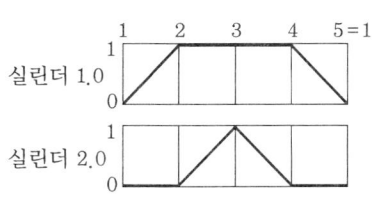

① 1.0+ 2.0+ 2.0- 1.0-
② 1.0- 2.0- 2.0+ 1.0+
③ 2.0+ 1.0+ 1.0- 2.0-
④ 2.0- 1.0- 1.0+ 2.0+

해설 실린더 A전진 → B전진 → B후진 → A후진

44. 공압장치인 서비스 유닛의 구성품으로 맞는 것은?

① 윤활기, 필터, 감압 밸브
② 윤활기, 실린더, 압축기
③ 압축기, 탱크, 필터
④ 압축기, 필터, 모터

해설 서비스 유닛 : 공기필터, 압축공기 조정기, 압력계, 윤활기가 한 조로 이루어진 것

45. 압력 제어 밸브에서 급격한 압력 변동에 따른 밸브 시트를 두드리는 미세한 진동이 생기는 현상은?

① 노킹
② 채터링
③ 해머링
④ 캐비테이션

해설 채터링(chattering) : 릴리프 밸브 등에서 밸브 시트를 두드려 비교적 높은 음을 발생시키는 일종의 자려 진동 현상

46. 유압에서 이용되는 속도 제어의 3가지 기본 회로는?

① 미터인 회로, 미터아웃 회로, 로킹 회로
② 블리드 오프 회로, 로킹 회로, 미터아웃 회로
③ 미터아웃 회로, 블리드 오프 회로, 로킹 회로
④ 미터인 회로, 블리드 오프 회로, 미터아웃 회로

해설 공유압에서 이용되는 속도 제어의 3가지 기본 회로는 미터인 회로, 미터아웃 회로, 블리드 오프 회로 3가지가 있다.

47. 다음은 어큐뮬레이터를 설치할 때 주의사항을 열거한 것이다. 다음 중 틀린 것은 어느 것인가?

① 어큐뮬레이터와 펌프 사이에는 역류 방지 밸브를 설치한다.
② 어큐뮬레이터의 기름을 모두 배출시킬 수 있는 셧-오프 밸브를 설치한다.
③ 펌프 맥동 방지용은 펌프 토출측에 설치한다.
④ 어큐뮬레이터는 수평으로 설치한다.

해설 어큐뮬레이터는 수직으로 설치한다.

48. 탠덤 실린더를 사용하여 실린더의 램을 전진시켜 높지 않은 압력으로 강력한 압축력을 얻을 수 있는 회로는?

① 시퀀스 회로
② 무부하 회로
③ 증강 회로
④ 블리드 오프 회로

해설 증강 회로(force multiplication circuit) : 유효 면적이 다른 2개의 탠덤 실린더를 사용하거나, 실린더를 탠덤(tandem)으로 접속하여 병렬 회로로 한 것인데 실린더의 램을 급속히 전진시켜 그리 높지 않은 압력으로 강력한 압축력을 얻을 수 있는 힘의 증대 회로

49. 방향 전환 밸브의 포핏식이 갖고 있는 특징으로 맞는 것은?

① 이동거리가 짧고, 밀봉이 완벽하다.
② 이물질의 영향을 잘 받는다.
③ 작은 힘으로 밸브가 작동한다.
④ 윤활이 필요하며 수명이 짧다.

해설 포핏식 밸브의 특징
(1) 장점

정답 44. ① 45. ② 46. ④ 47. ④ 48. ③ 49. ①

- 구조가 간단하여 이물질의 영향을 잘 받지 않는다.
- 짧은 거리에서 밸브의 개폐를 할 수 있다.
- 시트(seat)는 탄성이 있는 실에 의해 밀봉되기 때문에 공기가 새어나가기 어렵다.
- 활동부가 없어 윤활이 불필요하고 수명이 길다.

(2) 단점
- 공급압력이 밸브에 작용하기 때문에 큰 변환조작이 필요하다.
- 다방향 밸브로 되면 구조가 복잡하게 된다.

50. 입력신호 A, B에 대한 출력 C가 갖는 회로의 이름은?

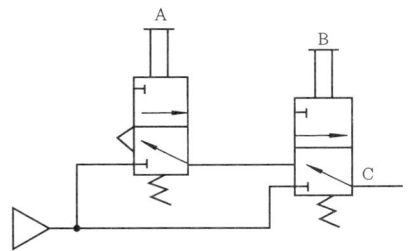

① AND 회로 ② OR 회로
③ NOT 회로 ④ NOR 회로

51. 유압 펌프에서 축 토크를 T_p[kg·cm], 축동력을 L이라 할 때 회전수 n[rev/s]을 구하는 식은?

① $n = 2\pi T_p$
② $n = \dfrac{T_p}{2\pi L}$
③ $n = \dfrac{L}{2\pi T_p}$
④ $n = \dfrac{2\pi L}{T_p}$

해설 축동력(L) = $2\pi n T_p$이므로 $n = \dfrac{L}{2\pi T_p}$

52. 흡착식 공기 건조기에서 사용되는 고체 흡착제는?
① 암모니아 ② 실리카겔
③ 프레온 가스 ④ 진한 황산

해설 흡착식 건조기의 건조제로는 실리카겔, 활성 알루미나 등을 사용한다.

53. 다음 중 유압회로에서 주요 밸브가 아닌 것은?
① 압력 제어 밸브
② 회로 제어 밸브
③ 유량 제어 밸브
④ 방향 제어 밸브

해설 밸브는 기능상 압력 제어 밸브, 유량 제어 밸브, 방향 제어 밸브 3가지로 분류한다.

54. 호스 이음 재료로 틀린 것은?
① 강 ② 황동
③ 고무 ④ 스테인리스강

해설 호스 이음 재질은 강, 황동, 스테인리스강 등으로 되어 있으나, 플라스틱으로 제작된 것도 있다.

55. 공기압축기를 출력에 의해서 분류한 것 중 중형에 해당하는 것은?
① 0.2~14kW
② 15~75kW
③ 76~150kW
④ 150kW 이상

해설 (1) 출력에 의한 분류
- 소형: 0.2~14kW
- 중형: 15~75kW
- 대형: 75kW 이상

(2) 토출압력에 의한 분류
- 저압 : 0.7~0.8 MPa
- 중압 : 1~1.5 MPa
- 고압 : 1.5 MPa 이상

56. 다음의 기호를 보고 알 수 없는 것은?

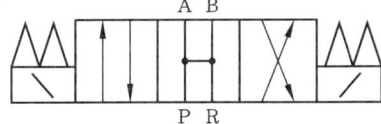

① 4 포트 밸브
② 오픈 센터
③ 개스킷 접속
④ 3 위치 밸브

해설 이 밸브는 오픈 센터 타입 방향 제어 밸브로 4/3way 밸브이다.

57. 다음 중 공압 발생장치의 구성상 필요 없는 장치는?

① 방향 제어 밸브
② 공기 탱크
③ 압축기
④ 냉각기

해설 공압 발생장치는 공기를 압축하는 공기 압축기, 압축된 공기를 냉각하여 수분을 제거하는 냉각기, 압축 공기를 저장하는 공기 탱크, 압축 공기를 건조시키는 공기 건조기 등으로 구성되어 있다.

58. 회전속도가 높고 전체 효율이 가장 좋은 펌프는 어느 것인가?

① 축방향 피스톤식
② 베인 펌프식
③ 내접 기어식
④ 외접 기어식

해설 피스톤 펌프(piston pump) 특징
(1) 고속, 고압의 유압장치에 적합하다.
(2) 다른 유압펌프에 비해 효율이 가장 좋다.
(3) 가변용량형 펌프로 많이 사용된다.
(4) 구조가 복잡하고 가격이 고가이다.
(5) 흡입능력이 가장 낮다.

59. 기체의 온도를 내리면 기체의 체적은 줄어든다. 체적이 0이 될 때 기체의 온도는 −273.15℃이다. 이 온도를 무엇이라고 하는가?

① 영하온도
② 섭씨온도
③ 상대온도
④ 절대온도

해설 켈빈 온도라고도 하며, 모든 분자가 −273.15℃에서 그 운동이 정지되며 그 이하의 온도는 존재하지 않으므로 이를 절대 0도라 하고, 이를 기점으로 켈빈(K) 단위로 나타낸 것이 절대온도이다.

60. 실린더 행정 중 임의의 위치에 실린더를 고정하고자 할 때 사용하는 회로는?

① 로킹 회로
② 무부하 회로
③ 동조 회로
④ 릴리프 회로

해설 로킹 회로는 실린더 피스톤을 임의 위치에서 고정하는 회로이다.

정답 56. ③   57. ①   58. ①   59. ④   60. ①

자동화설비산업기사
필기 기출문제

2026년 1월 10일 인쇄
2026년 1월 15일 발행

저자 : 이학재
펴낸이 : 이정일

펴낸곳 : 도서출판 **일진사**
www.iljinsa.com

(우) 04317 서울시 용산구 효창원로 64길 6
대표전화 : 704-1616, 팩스 : 715-3536
이메일 : webmaster@iljinsa.com
등록번호 : 제1979-000009호(1979.4.2)

값 18,000원

ISBN : 978-89-429-2062-4

* 이 책에 실린 글이나 사진은 문서에 의한 출판사의
  동의 없이 무단 전재·복제를 금합니다.